Steinkamp
Mechanik verstehen mit Python

E-Book inklusive

Mit folgendem Code können Sie die E-Book-Ausgabe dieses Buches downloaden:

`tzvhn-4fhsz-hdt2y-k2rzq-en87l`

Registrieren Sie sich unter

plus.hanser-fachbuch.de/ebookinklusive

Das E-Book können Sie auf Ihrem Rechner*, Tablet-PC und E-Book-Reader nutzen.

* Systemvoraussetzungen: Internet-Verbindung und Adobe® Reader®

Veit Steinkamp

Mechanik verstehen mit Python

HANSER

Der Autor: Veit Steinkamp, Lübbecke

MIX
Papier | Fördert gute Waldnutzung
FSC® C016368
FSC
www.fsc.org

Print-ISBN: 978-3-446-48223-4
E-Book-ISBN: 978-3-446-48479-5

Bibliografische Information der Deutschen Nationalbibliothek:
Die Deutsche Nationalbibliothek verzeichnet diese Publikation in der Deutschen Nationalbibliografie; detaillierte bibliografische Daten sind im Internet unter http://dnb.d-nb.de abrufbar.

Vilshofener Straße 10 | 81679 München | info@hanser.de
www.hanser-fachbuch.de
Lektorat: Brigitte Bauer-Schiewek, Kristin Rothe
Herstellung: Gina Lada
Copy editing: Petra Kienle, Fürstenfeldbruck
Covergestaltung: Thomas West
Titelmotiv: © Max Kostopoulos, unter Verwendung von Grafiken von stock.adobe.com/Vitaly und shutterstock.com/Sudowoodo
Satz: Eberl & Koesel Studio, Kempten
Druck: Elanders Waiblingen GmbH, Waiblingen
Printed in Germany

Inhalt

1 Einführung

Physik ist neben der Mathematik ein wichtiges Grundlagenfach der Ingenieurwissenschaften. Ohne solides physikalisches und mathematisches Wissen kann ein Studium der Ingenieurwissenschaften nicht erfolgreich abgeschlossen werden. Dieses Wissen sollte eigentlich in den allgemeinbildenden Schulen vermittelt werden. Doch Lehrkräftemangel in den MINT-Fächern und fehlendes Problembewusstsein der Verantwortlichen stärken den negativen Trend defizitärer naturwissenschaftlicher Grundbildung. Für eine prosperierende und innovative Wirtschaftsentwicklung sind naturwissenschaftliche Kenntnisse der Akteure unerlässlich: Es braucht mehr qualifizierte Ingenieure und Naturwissenschaftler, die die Probleme von Gegenwart und Zukunft lösen können. Dieses Buch soll einen Beitrag dazu leisten, das Interesse an der Physik und Informatik zu wecken. Um den Lernumfang zu begrenzen, wird nur eine grundlegende Teildisziplin der Physik behandelt: die Mechanik.

1.1 Das Konzept

Es stellt sich zunächst die Frage, ob es überhaupt sinnvoll ist, eigene Programme zu schreiben, mit denen mechanische Gesetzmäßigkeiten simuliert werden können. Zahlreiche Simulationsprogramme unterstützen bereits die Lernenden bei ihren Lernprozessen. Sie verbergen aber ihre Arbeitsweise, die Lernenden wissen nicht, wie die Ergebnisse zustande gekommen sind. Wie wäre es, wenn sie selbst versuchen würden, eigene Simulationsprogramme zu schreiben? Der Lernaufwand wäre zunächst mit einer zusätzlichen Anstrengung verbunden. Er würde sich aber lohnen, weil man (fast nebenbei) eine Programmiersprache erlernen würde. Und was vielleicht noch stärker zu gewichten ist: Beim Programmieren entdeckt man eventuell Verständnisschwierigkeiten, die einem vorher so nicht bewusst waren. Eine Programmiersprache, die sich besonders gut dazu eignet, physikalische Prozesse zu visualisieren, ist Python. Mithilfe der Erweiterungsmodule VPython und Matplotlib können mit relativ geringem Aufwand Animations- und Simulationsprogramme erstellt werden.

Fast jedes Kapitel beginnt mit einem interaktiven VPython-Programm. Wenn Sie dieses Programm starten, können Sie einzelne Parameter ändern und die Auswirkungen auf die Animation beobachten. Sie verschaffen sich so einen ersten Zugang zum Thema des jeweiligen Kapitels. Anschließend folgen Matplotlib-Programme, mit denen die Thematik weiter vertieft wird. Die Quelltexte der VPython-Programme werden nicht mit abgedruckt, Sie können diese kommentierten Quelltexte aber mit einer Python-Entwicklungsumgebung öffnen, analysieren und gegebenenfalls nach eigenen Wünschen ändern. Die übrigen Python-Quelltexte werden abgedruckt und besprochen.

Die Beispiele stammen zu einem großen Anteil aus dem Sport: Golf, Hammerwurf, Fußball, Radfahren usw. Die Matplotlib-Programme simulieren und animieren Flugbahnen, Schwingungen und Wellen. Differenzialgleichungen werden mit SciPy (Modul für numerische Berechnungen) und SymPy (Modul für symbolische Berechnungen) gelöst. Bevor ein Programm vorgestellt wird, werden die theoretischen Grundlagen kurz dargestellt. Die Programmanalyse erfolgt fallbezogen, es werden nur diejenigen Aspekte besprochen, die in dem Programm neu sind.

Wie können Sie dieses Buch nutzen? Sie können es kapitelweise durcharbeiten, die Programme testen und analysieren sowie die vorgeschlagenen Übungen ausführen. Sie können aber auch, je nach eigenem Interesse, einzelne Programme auswählen und starten, ohne den Quelltext genau verstanden zu haben. Die Programme eignen sich sowohl für individuelle Übungen als auch für Vorträge zum Einstieg in ein Thema.

Dieses Buch soll und kann kein Physiklehrbuch ersetzen. Es verfolgt ein didaktisches Ziel: Das Lernen physikalischer Zusammenhänge soll durch interaktive Visualisierung unterstützt werden. Gegebenenfalls sollten Sie zur fachlichen Ergänzung ein Physiklehrbuch ihrer Wahl heranziehen.

An welchen Leserkreis richtet sich dieses Buch? Das Buch richtet sich an alle Studentinnen und Studenten der Physik, des Maschinenbaus, der Mechatronik und Elektrotechnik. Auch Schülerinnen und Schüler, die sich für einen Leistungskurs Physik an einer gymnasialen Oberstufe entschieden haben, sollten sich angesprochen fühlen.

Den Code aller Beispiele aus dem Buch sowie die Musterlösungen der Übungsaufgaben finden Sie unter *https://drsteinkamp.de*.

1.2 Die Programmiersprache Python

Python ist eine universell einsetzbare Programmiersprache. Sie wurde Anfang der 1990er-Jahre von Guido van Rossum entwickelt. Die Namensgebung hat nichts mit der gleichnamigen Schlangengattung Python zu tun; sie bezieht sich auf die englische

Komikergruppe Monty Python. Laut PYPL-Index (Januar 2025) ist Python weltweit die beliebteste Programmiersprache.

1.2.1 Eigenschaften von Python

Die besonderen Eigenschaften von Python sind:

- Python-Quelltexte werden interpretiert, d. h., bei jedem neuen Programmstart wird das Programm Zeile für Zeile neu übersetzt. Die Ausführungszeit von Python-Programmen verlängert sich zwar dadurch, für Programmieranfänger sind interpretierende Programmiersprachen jedoch gegenüber Compilersprachen (C, C++, Pascal usw.) vorzuziehen, weil die Reaktionen des Interpreters auf Änderungen im Quelltext schneller erfolgen als bei einer Kompilierung. Die Interaktion zwischen Benutzer und einer Python-Entwicklungsumgebung gestaltet sich dadurch flexibler.
- Python unterstützt das imperative, das funktionale und das objektorientierte Programmierparadigma (Programmierstil).
- Python kann plattformübergreifend eingesetzt werden. Es läuft auf den Betriebssystemen Linux, macOS und Windows.
- Im Vergleich zu anderen Programmiersprachen sind Python-Programme wesentlich kompakter. Die Fehlersuche gestaltet sich deshalb einfacher und die Entwicklungszeiten verkürzen sich.
- Python kann durch Module (Programmbibliotheken, engl. *program library*) erweitert werden. Das gilt zwar auch für andere Programmiersprachen. In Python lassen sich diese Erweiterungsmodule jedoch besonders einfach in eigene Programme integrieren.

1.2.2 Erweiterungsmodule für Python

Die Funktionalität von Python lässt sich durch Module erheblich erweitern. In diesem Buch werden die Module NumPy (*numeric python*), Matplotlib, SciPy (*scientific python*), Numdifftools, SymPy (*symbolic python*) und VPython (*visual python*) benutzt, um Gesetzmäßigkeiten der Mechanik zu simulieren und zu visualisieren.

NumPy (*https://numpy.org*) stellt alle trigonometrischen Funktionen zur Verfügung. Es können n-dimensionale Arrays erzeugt werden, alle mathematischen Operationen auf Matrizen sind möglich, umfangreiche lineare Gleichungssysteme können gelöst werden.

Mit Matplotlib (*https://matplotlib.org*) können zwei- oder dreidimensionale Funktionsplots und Animationen erstellt werden. Verschiedene Varianten von Koordinatenachsen können aussagekräftig beschriftet werden. Mathematische Formeln können mithilfe der LaTex-Notation auf der Zeichenfläche platziert werden. Auch interaktive Steuerelemente (*Slider, Button, Radio Button* usw.) sind verfügbar. Die Funktionsplots können als Datei in allen gebräuchlichen Grafikformaten auf eine Festplatte gespeichert werden.

Das Modul SciPy (*https://scipy.org*) stellt Algorithmen für Optimierung, Integration, Interpolation, Eigenwertprobleme, algebraische Gleichungen, Differentialgleichungen, Statistik und vieles mehr zur Verfügung.

Das Modul Numdifftools (*https://pypi.org/project/numdifftools*) ist ein Werkzeug für die numerische Differentiation. Es können Ableitung bis zur 10. Ordnung numerisch berechnet werden.

SymPy (*https://www.sympy.org/en/index.html*) ist ein Modul für symbolische Mathematik. Vereinfachung mathematischer Terme, symbolisches Differenzieren und Integrieren sind möglich. Gleichungen, Gleichungssysteme und lineare Differenzialgleichungen können symbolisch gelöst werden. Ziel ist es, ein voll funktionsfähiges Computeralgebra-System (CAS) zur Verfügung zu stellen.

Mit VPython (*https://vpython.org*) kann man fotorealistische 3D-Animationen programmieren: Bälle bewegen sich durch den Raum, Feder-Masse-Systeme schwingen, mechanische Wellen breiten sich aus (usw.).

1.3 Entwicklungsumgebungen

Eine Entwicklungsumgebung für Python (engl. *integrated development environment*, IDE) ist ein Programm, mit dem man eigene Programme schreiben und testen kann. Eine IDE besteht mindestens aus einem Texteditor, einem Interpreter und einem Debugger. In den Texteditor wird der Quelltext (Programmcode) des Programms eingegeben. Jeder Python-Texteditor rückt den Quelltext automatisch ein, wenn nach einer Anweisungszeile ein Doppelpunkt eingegeben wird. Suchen und automatisches Ersetzen gehören ebenso zum Funktionsumfang einer Python-IDE.

Mit einem Klick auf einen Startbutton oder durch Betätigen der Funktionstaste F5 wird das Programm gestartet. Alternativ kann man auch im Menü **Ausführen** auf den Menüeintrag **Ausführen** klicken (gilt für Thonny und Spyder). Nach dem Programmstart wird das Programm Zeile für Zeile vom Python-Interpreter übersetzt. Das Ergebnis wird in der Python-Shell (Kommandozeile bei Thonny, Konsole bei Spyder) ausgegeben. Wenn der Quelltext nicht den vorgeschriebenen Syntaxregeln entspricht, erscheint nach dem Programmstart eine Fehlermeldung in der Python-Shell. Bei der Fehlersuche unterstützt Sie ein Fehlersuchprogramm, das in der Fachsprache der praktischen Informatik als Debugger bezeichnet wird.

Es gibt zahlreiche Entwicklungsumgebungen für Python. Es sollen hier aber nur zwei Entwicklungsumgebungen kurz vorgestellt werden: Thonny und Spyder. Wenn Sie sich für diese Entwicklungsumgebungen entscheiden, müssen Sie den Python-Interpreter nicht extra installieren. In beide IDEs ist bereits ein Interpreter integriert.

1.3.1 Thonny

Thonny ist eine Entwicklungsumgebung, die speziell für Programmieranfänger konzipiert wurde. Die Installation von Python-Erweiterungsmodulen ist mit Thonny besonders einfach, denn sie wird menügesteuert durchgeführt (funktioniert nur für die Windows- und macOs-Version). Sie können sich Thonny unter der URL *https://thonny.org* aus dem Internet herunterladen und auf Ihren PC-installieren. Die Nutzung ist kostenfrei. Bild 1.1 zeigt den Screenshot der Benutzeroberfläche.

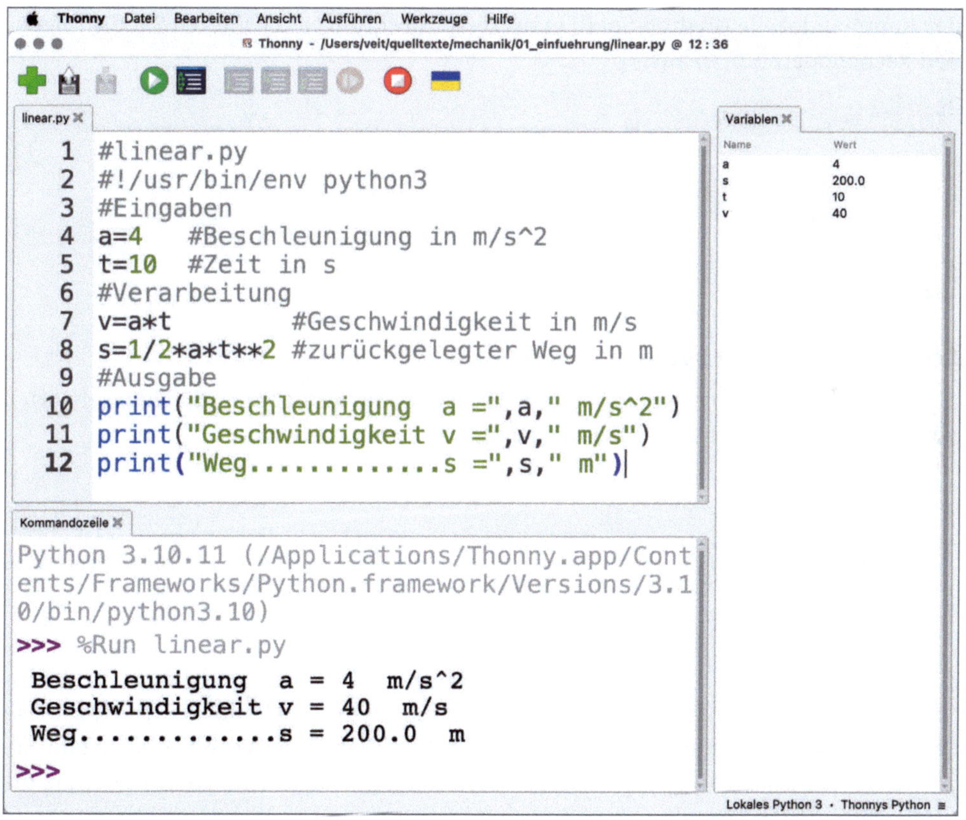

Bild 1.1 Entwicklungsumgebung von Thonny

Der Texteditor ist im oberen linken Fenster angeordnet. Die Registerkarte (Reiter) zeigt den Dateinamen des geöffneten Programms an. In diesem Fenster müssen Sie Ihren Quelltext (Programmcode) eingeben. Wenn Sie auf das grüne Icon (Startbutton) klicken, wird das Programm ausgeführt. Das Ergebnis erscheint in dem direkt darunter liegenden Fenster, der **Kommandozeile** (andere Bezeichnung für die Python-Shell). Mit der Tastenkombination **Strg** + **K** (macOs) oder **Strg** + **L** (Windows) können Sie den Inhalt der Kommandozeile löschen. Das rechte Fenster mit der Registrierkarte **Variablen** gibt die Namen der im Programm verwendeten Variablen und deren Werte aus.

Thonny bietet verschiedene Designs der Benutzeroberfläche an. Wenn Sie das Erscheinungsbild der IDE ändern wollen, müssen Sie im Menü **Werkzeuge** den Menüeintrag **Optionen** auswählen, dann auf die Registerkarte **Theme & Schriftart** klicken und abschließend in dem Aufklapp-Menü das gewünschte Design auswählen. In Bild 1.1 ist das **UI Theme** *Raspbery Pi* dargestellt.

Berechnungen mit der Python-Shell

Wenn Sie die Installation von Thonny abgeschlossen haben, können Sie bereits mit der Kommandozeile (Python-Shell) erste Tests durchführen. Probieren Sie die folgenden Rechenoperationen aus:

```
>>> 3+4
7
>>> 7/2
3.5
>>> 7//2  #Ganzzahldivision
3
>>> 12*4-2*3
42
```

Schlüsselwörter von Python

Mit den Befehlen `import keyword` und `keyword.kwlist` werden die 35 Schlüsselwörter von Python in der Python-Shell eingegeben.

```
>>> import keyword
>>> keyword.kwlist
['False', 'None', 'True', 'and', 'as', 'assert', 'async', 'await', 'break', 'class',
'continue', 'def', 'del', 'elif', 'else', 'except', 'finally', 'for', 'from', 'global',
'if', 'import', 'in', 'is', 'lambda', 'nonlocal', 'not', 'or', 'pass', 'raise',
'return', 'try', 'while', 'with', 'yield']
>>> len(keyword.kwlist)
35
```

Schlüsselwörter sind festgelegte Bezeichner für Python-Befehle. Sie dürfen diese Schlüsselwörter nicht als Namen (Bezeichner) für Variablen verwenden. Wenn Sie z. B. das Schlüsselwort `for` als Variable verwenden und ihr einen Wert zuweisen, erhalten Sie eine Fehlermeldung:

```
>>> for=12
  File "<stdin>", line 1
    for=12
       ^
SyntaxError: invalid syntax
```

Um einfache Python-Programme zu schreiben, benötigen Sie nur die Schlüsselwörter `if`, `else`, `elif`, `while` und die eingebaute Python-Funktion `print()`.

1.3.2 Spyder

Spyder ist eine professionelle Entwicklungsumgebung. Sie ist ebenfalls für macOs, Windows und Linux verfügbar. Sie können Spyder unter der URL *https://www.spyder-ide.org/download* aus dem Internet herunterladen und auf Ihrem PC installieren. Ein besonderer Vorteil dieser IDE besteht darin, dass die Module NumPy, Matplotlib, SymPy und SciPy bereits installiert sind. Probleme, die bei der Installation dieser Module auftreten können, werden so von vornherein ausgeschlossen. Bild 1.2 zeigt den Screenshot der Benutzeroberfläche.

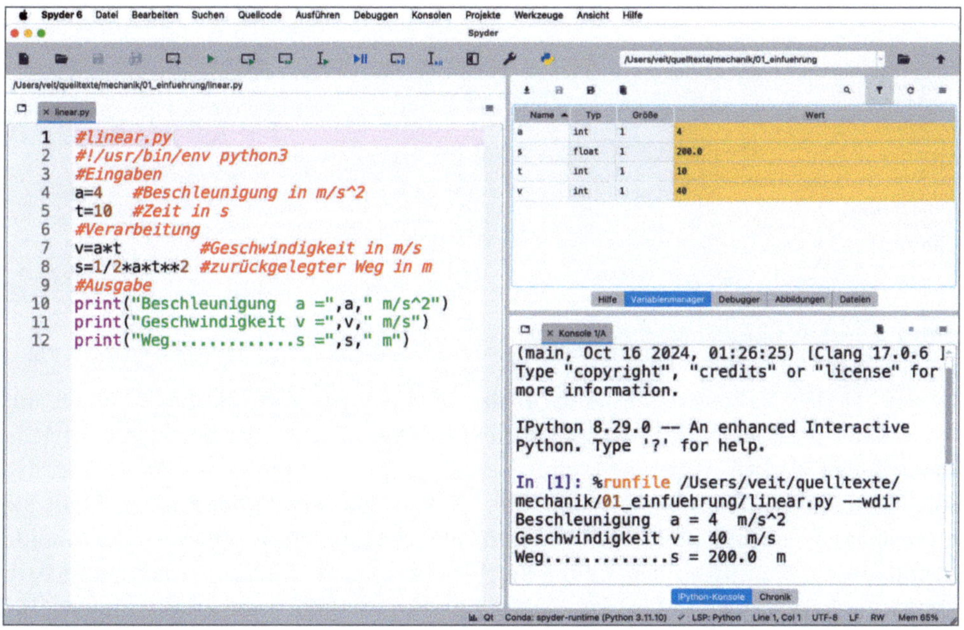

Bild 1.2 Entwicklungsumgebung von Spyder

Für die Ausführung von Matplotlib-Programmen ist es notwendig, dass Sie in den Einstellungen im Eintrag **IPython-Konsole** in der Registerkarte **Grafik**, **Grafik-Backend** die Option **Automatisch** auswählen. Ansonsten werden die Funktionsplots und Animationen nicht angezeigt.

1.4 Installation der Module

Mit Thonny ist es besonders einfach, die in diesem Buch verwendeten Module zu installieren. Wählen Sie in der IDE die Option **Werkzeuge** aus und wählen Sie dann den Menüeintrag **Verwalte Pakete** aus (funktioniert nur unter macOS und Windows). Es öffnet sich dann ein Dialogfenster (Bild 1.3).

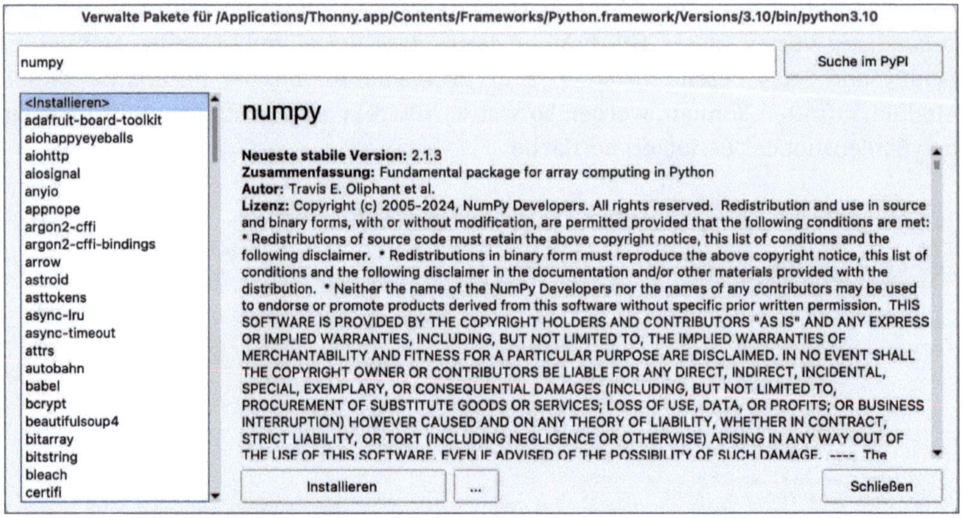

Bild 1.3 Installation der Module

Geben Sie den Namen des Moduls in das Textfeld ein und klicken Sie dann auf die Befehlsschaltfläche (Button) **Suche im PyPy**. Wenn Sie auf die Befehlsschaltfläche **Installieren** klicken, wird das Modul installiert. Installieren Sie die Module in der folgenden Reihenfolge: *numpy*, *matplotlib*, *sympy*, *scipy*, *numdifftools* und *vpython*. Sie können auch einzelne Module wieder deinstallieren und ältere Versionen der Module installieren. Dazu müssen Sie auf die Befehlsschaltfläche **...** klicken und in dem Aufklapp-Menü **Gewünschte Version** die gewünschte Versionsnummer auswählen.

Das Installationsprogramm pip

Wenn Sie nicht Thonny oder Spyder nutzen oder Ihre Python-Programme in einem Terminal ausführen wollen, dann müssen Sie die Module mit dem Installationsprogramm *pip* installieren. Dazu müssen Sie zuerst Python installieren (*https://www.python.org/downloads/*). Das Installationsprogramm *pip* wird dann automatisch mit installiert. Anschließend geben Sie in einem Terminal-Fenster folgenden Befehl ein: *pip3 install numpy*.

Diesen Vorgang müssen Sie für die anderen Module wiederholen, indem Sie anstatt *numpy* die Namen der Module eingeben, die Sie installieren wollen.

Wenn Sie eine neue Version von Python installieren, z. B. Version 3.13, dann werden die zuvor installierten Module bei der Ausführung eines Programms nicht mehr importiert. In diesem Fall müssen Sie alle Module mit *pip3.13 install modulname* neu installieren.

Unter Debian-basierten Linux-Betriebssystemen müssen Sie die Module mit *sudo apt install python3-xyz* installieren, wobei *xyz* für die Namen der Module steht, die Sie installieren wollen. Leider lassen sich zum Zeitpunkt der Drucklegung (Juni 2025) die Module *VPython* und *Numdifftools* nicht auf Debian-basierten Linux-Betriebssystem installieren. Alle anderen Programme aus diesem Buch können Sie mit den Debian-basierten Betriebssystemen *Raspberry Pi 5* und *Mint* ohne Einschränkungen ausführen.

Wenn Sie Spyder nutzen, werden Programme mit den Modulen *VPython* und *Numdifftools* in der IDE **nicht** ausgeführt. In diesem Fall können Sie diese Programme in einem Terminal ausführen. Starten Sie ein Terminal und wechseln Sie in das Verzeichnis, in dem das VPython-Programm gespeichert ist, und führen Sie den folgenden Befehl aus: *python3 vp_programmname.py*. Alle VPython-Programme erkennen Sie an dem Präfix *vp*.

Hinweis

Die oben beschrieben Installationsanweisungen können sich im Laufe der Zeit ändern. Falls sie nicht mehr funktionieren sollten, müssen Sie im Internet nach den aktualisierten Installationsanweisungen suchen.

1.5 Programmstrukturen

Die praktische Informatik kennt nur drei Programmstrukturen: die lineare Programmstruktur, die Verzweigungs- und die Wiederholstruktur. Ein Programm besteht in der Regel aus einem Hauptprogramm und mehreren Unterprogrammen. Die Unterprogramme werden in Python als Funktionen oder Methoden bezeichnet. Im Folgenden wird davon ausgegangen, dass die Beispielprogramme numerische Berechnungen durchführen. Für eine vorgegebene mathematische Gleichung soll der gesuchte Zahlenwert berechnet werden.

1.5.1 Lineare Programmstruktur

Ein Programm mit linearer Struktur besteht aus drei Teilen: der Eingabe, der Verarbeitung und der Ausgabe. Im Eingabeteil werden den Variablen Zahlenwerte zugewiesen. Im Verarbeitungsteil werden die Berechnungen durchgeführt und im Ausgabeteil werden die Ergebnisse dieser Berechnungen auf dem Bildschirm (Monitor) ausgegeben.

Am Beispiel der gleichförmig beschleunigten Bewegung soll gezeigt werden, wie Berechnungen mit einem Python-Programm prinzipiell durchgeführt werden können. Die Beschleunigung a und die Zeit t sind gegeben. Für die Geschwindigkeit v gilt dann:

$$v = a \cdot t$$

Für den zurückgelegten Weg s gilt:

$$s = \frac{1}{2}a \cdot t^2$$

Geben Sie den nachfolgenden Quelltext in den Texteditor Ihrer IDE ein und starten Sie das Programm.

Listing 1.1 Lineare Programmstruktur

```
1  #linear.py
2  #!/usr/bin/env python3
3  #Eingaben
4  a=4   #Beschleunigung in m/s^2
5  t=10  #Zeit in s
6  #Verarbeitung
7  v=a*t        #Geschwindigkeit in m/s
8  s=1/2*a*t**2 #zurückgelegter Weg in m
9  #Ausgabe
10 print("Geschwindigkeit v =",v," m/s")
11 print("Weg.............s =",s," m")
```

Wenn Sie alles richtig abgetippt haben, erscheint in der Python-Shell (Kommandozeile) die folgende Ausgabe:

```
Geschwindigkeit v = 40 m/s
Weg.............s = 200.0 m
```

Analyse

Das Rautezeichen # kennzeichnet einen Kommentar. Die auskommentierten Programmzeilen werden vom Python-Interpreter nicht berücksichtigt. Kommentare sollen die Anweisungen näher beschreiben, damit man das Programm besser verstehen kann. In Zeile 1 steht der Name des Programms `#linear.py`. Dies ist der Dateiname, unter dem das Programm abgespeichert wird. Die Zeile 2 `#!/usr/bin/env python3` teilt dem Betriebssystem den Dateipfad des Python-Interpreters mit. Die ersten beiden

Zeichen #! werden als **Shebang** bezeichnet. Der Interpreter befindet sich im Verzeichnis /usr/bin. Der Linux-Befehl env (*environment*) bewirkt, dass das Programm mit dem richtigen Interpreter ausgeführt wird, wenn der genaue Pfad zum Interpreter nicht bekannt ist. Unter Windows wird die Shebang-Zeile ignoriert. Wenn Sie das Programm in einem Terminal ausführen wollen, dann müssen Sie, falls Sie macOS oder Linux nutzen, für die Datei *linear.py* das Attribut *ausführbar* +x setzen. Das bewirken Sie mit dem Terminal-Befehl `chmod +x linear.py`. Um das Programm `linear.py` in einem Terminal auszuführen, geben Sie `python3 linear.py` in das Terminalfenster ein und drücken Sie die **Return-Taste**. Das Ergebnis wird im Terminal ausgegeben.

In den Zeilen 4 und 5 stehen die Eingaben. Streng genommen handelt es sich hier nicht um typische Eingaben, sondern um Zuweisungen. Eingaben werden mit der eingebauten Python-Funktion `input(...)` realisiert (siehe Listing 1.6). Eine Zuweisung erfolgt mit dem Operator =. Das Gleichheitszeichen darf nicht mit der Gleichsetzung einer mathematischen Gleichung verwechselt werden. In Python wird die Gleichheit mit dem Operator == überprüft. Links vom Zuweisungsoperator steht eine Variable (hier: a,t,v,s), rechts vom Zuweisungsoperator steht ein Zahlenwert. Eine Variable ist eine symbolische Bezeichnung für eine Speicheradresse im Arbeitsspeicher eines Computers. In der Variablen a ist der Zahlenwert 4 und in der Variablen t ist der Zahlenwert 10 gespeichert. Der Zuweisungsoperator bewirkt, dass ein Zahlenwert in eine Speicherzelle abgespeichert wird. Wenn Sie nach dem Programmstart in der Python-Shell (Kommandozeile) `>>> a` eingeben, wird der unter der symbolischen Adresse a gespeicherte Wert 4 ausgegeben.

In den Zeilen 7 und 8 werden die Berechnungen ausgeführt: Es werden die Geschwindigkeit v und der zurückgelegte Weg s berechnet. Die Multiplikationen werden mit dem Operator * (Asterisk-Symbol) realisiert. Mit dem Operator ** wird eine Variable potenziert (Zeile 8). Die Variable t ist die Basis und die Konstante 2 ist der Exponent der Potenz.

In den Zeilen 10 und 11 gibt die eingebaute Python-Funktion `print("...",variable)` die in den Zeilen 7 und 8 berechneten Ergebnisse aus. Wenn eine Zeichenkette zwischen Anführungszeichen eingebettet wird, wird sie als Text auf dem Bildschirm ausgegeben. Durch ein Komma getrennt folgt der Bezeichner der Variablen, dessen Wert auf dem Bildschirm ausgegeben werden soll.

Übung: Ermittlung von Datentypen

Geben Sie nach dem Programmstart folgende Befehle in die Python-Shell ein:

```
>>> type(a)
<class 'int'>
>>> type(v)
<class 'int'>
>>> type(s)
<class 'float'>
>>> id(a)
```

```
4470784336
>>> id(t)
4470784528
>>> id(v)
4470785488
>>> id(s)
4474991952
```

Ändern Sie in den Zeilen 4 und 5 die Zuweisungen: `a = 4.0` und `t = 10.0`. Welchen Datentyp haben die Variablen `a` und `t` jetzt?

Mit der eingebauten Python-Funktion `type()` können Sie den Datentyp einer Variablen ermitteln und mit der eingebauten Funktion `id()` ermitteln Sie die Identität (temporäre Adresse im Speicher) einer Variablen. Bei jedem neuen Programmstart ändern sich die Identitäten. Python stellt fünf Datentypen zur Verfügung: Integer (Ganzzahlen), Float (Gleitpunktzahlen), String (Zeichenketten), Complex (komplexe Zahlen) und Boolean (boolesche Variable). Eine Python-Variable hat also einen Namen (Bezeichner), einen Datentyp und eine Identität.

1.5.2 Verzweigungsstrukturen

Während der Programmausführung kann es vorkommen, dass eine Variable ihren Wert ändert. Wenn an diese Änderung bestimmte Bedingungen geknüpft sind, ist eine Fallunterscheidung notwendig. Je nach vorgegebener Bedingung muss eine Entscheidung getroffen werden, welcher Programmzweig ausgeführt werden soll. Es wird zwischen Einfachverzweigung und Mehrfachverzweigung unterschieden. Die Einfachverzweigung bzw. Mehrfachverzweigung wird auch als Einfachauswahl bzw. Mehrfachauswahl bezeichnet.

Einfachverzweigung

Eine Einfachverzweigung wird mit den Schlüsselwörtern `if` und `else` realisiert. Geben Sie den folgenden Quelltext in den Texteditor Ihrer IDE ein. Wenn Sie die Anweisung in Zeile 3 mit einem Doppelpunkt abschließen und die Return-Taste drücken, wird die Anweisung in Zeile 4 automatisch eingerückt. Durch diese Einrückung erkennt der Python-Interpreter, dass alle folgenden eingerückten Anweisungen ausgeführt werden, wenn sie die Bedingung der `if`-Anweisung erfüllen.

Listing 1.2 Einfachverzweigung

```
1  #einfachauswahl.py
2  v=50
3  if v <= 50:
4      print("Sie haben die Geschwindigkeit nicht überschritten.")
5  else:
6      print("Sie haben die Geschwindigkeit überschritten!")
```

Wenn Sie den Quelltext korrekt eingegeben haben, erhalten Sie die folgende Ausgabe:

```
Sie haben die Geschwindigkeit nicht überschritten.
```

Analyse

In Zeile 2 wird der Variablen v der Wert 50 zugewiesen. In Zeile 4 überprüft die `if`-Anweisung, ob der Wert der Variablen v kleiner gleich 50 ist. Da dies der Fall ist, wird die Meldung aus Zeile 4 ausgegeben.

Wenn dieser Fall nicht zutrifft, weil z. B. in der Variablen v der Wert 60 gespeichert wurde, wird der `else`-Zweig in Zeile 5 ausgeführt und die Meldung aus Zeile 6 ausgegeben.

Übung: Einfachverzweigung

Weisen Sie der Variablen v in Zeile 2 den Wert 50.1 zu und starten Sie das Programm neu.

Machen Sie die Einrückung in Zeile 4 rückgängig und starten Sie das Programm neu. Sie erhalten dann folgende Fehlermeldung:

```
IndentationError: expected an indented block after 'if' statement on line 3
```

Mehrfachverzweigung

Bei einer Mehrfachverzweigung werden mehrere Bedingungen abgefragt. Mehrfachverzeigungen werden mit den Schlüsselwörtern `if` und `elif` implementiert.

Listing 1.3 Mehrfachauswahl

```
#mehrfachauswahl.py
v=65
if v > 10 and v < 20:
    print("In den 2. Gang schalten.")
elif v > 20 and v < 40:
    print("In den 3. Gang schalten.")
elif v > 40 and v < 60:
    print("In den 4. Gang schalten.")
elif v > 60:
    print("In den 5. Gang schalten.")
else:
    print("Fehler!")
```

Wenn Sie das Programm starten, erhalten Sie die folgende Ausgabe:

```
In den 5. Gang schalten.
```

Analyse

In Zeile 3 wird die erste Bedingung festgelegt. Wenn Bedingung „v größer 10 **und** kleiner 20“ erfüllt ist, soll die Anweisung in Zeile 3 ausgeführt werden. Entsprechendes gilt für die Bedingungen, die mit dem Schlüsselwort `elif` in den Zeilen 5, 7 und 9 abgefragt werden. Das Schlüsselwort `and` ist ein logischer Operator, der zwei Fälle miteinander logisch verknüpft. Wenn z. B. in der Variablen `v` der Wert 15 gespeichert wurde, dann liegt der Wert von `v` zwischen 10 und 20, die Aussage `v > 10 and v < 20` ist also wahr (`True`).

Übung: Mehrfachauswahl

Testen Sie das Programm mit verschiedenen Geschwindigkeiten.

Weisen Sie der Variablen v (Zeile 2) den Wert 5 zu und starten Sie das Programm neu. Begründen Sie die Ausgabe.

Weisen Sie der Variablen v (Zeile 2) den String '65' zu und starten Sie das Programm neu. Analysieren Sie die Fehlermeldung.

Weisen Sie der Variablen v den Wert 30 zu und führen Sie nach einem Neustart den folgenden Konsolendialog aus:

```
>>> v > 10
True
>>> v < 20
False
>>> v > 10 and v < 20
False
>>> v > 20
True
```

1.5.3 Wiederholstrukturen

Python stellt zwei Schleifenkonstrukte (Wiederholstrukturen) zur Verfügung: die zählergesteuerte `for`-Schleife und die `while`-Schleife. Schleifenkonstrukte werden immer dann benötigt, wenn eine oder mehrere Berechnungen wiederholt werden müssen, wie das z. B. bei der Erstellung einer Wertetabelle der Fall ist.

Die for-Schleife

Die `for`-Schleife ist eine zählergesteuerte Schleife. Zu Beginn der Programmausführung muss bekannt sein, wie oft die Schleife durchlaufen werden soll. Das Programm *for_schleife.py* (Listing 1.4) berechnet eine Wertetabelle für die beschleunigte Bewegung. Geben Sie den Quelltext (Listing 1.4) in den Texteditor Ihrer IDE ein.

Listing 1.4 for-Schleife für Wertetabelle

```
1 #for_schleife.py
2 tmax=10 #s
3 v=10    #m/s
4 print("Zeit\t Weg")
5 for t in range(0,tmax,1):
6     s=v*t
7     print(t,"\t",s)
```

Nach dem Programmstart erscheint folgende Ausgabe auf dem Bildschirm:

```
Zeit  Weg
0     0
1     10
2     20
3     30
4     40
5     50
6     60
7     70
8     80
9     90
```

In Zeile 4 gibt die eingebaute `print`-Funktion die Tabellenüberschrift aus. Die Escapesequenz `\t` in Zeile 4 und Zeile 7 (horizontaler Tabulator) bewirkt, dass zwischen den Spalten `Zeit` und `Weg` vier Leerzeichen eingefügt werden.

Die Zählvariable `t` in Zeile 5 nimmt nacheinander die Werte von 0 bis 9 an. In Zeile 6 wird bei jedem Schleifendurchlauf der zurückgelegte Weg neu berechnet und dann in Zeile 7 ausgegeben.

Die Definition einer `for`-Schleife beginnt mit dem Schlüsselwort `for`. Danach folgt eine Zählvariable (hier `t`). Für Zählvariablen wählt man traditionell die Bezeichner `i`, `j` oder `k`. Direkt hinter der Zählvariable steht das Schlüsselwort `in`. Die eingebaute Python-Funktion `range(0,tmax,1)` enthält den Anfangswert der Zählvariablen (hier: 0), gefolgt von dem Endwert (hier: `tmax`) und als drittes Argument die Schrittweite. Wenn kein Anfangswert und keine Schrittweite angegeben werden, ist der Anfangswert 0 und die Schrittweite 1. Jede `for`-Schleife muss mit einem Doppelpunkt abgeschlossen werden.

Eine Schleife besteht immer aus einem **Schleifenkopf** (Zeile 5) und einem **Schleifenkörper** (Zeile 6 und 7). Alle Anweisungen im Schleifenkörper müssen eingerückt werden. Das erledigt der Texteditor der Python-IDE automatisch, wenn der Schleifenkopf mit einem Doppelpunkt abgeschlossen wird und die **Return**-Taste gedrückt wird.

Die Anweisung in Zeile 5 kann umgangssprachlich etwa so ausgedrückt werden: Setze für die Variable `t` nacheinander die Werte 0, 1, … 9 ein. Erhöhe den Wert für `t` bei jedem neuen Schleifendurchlauf um den ganzzahligen Wert 1. Beende die Wiederholungen, wenn die Variable `t < tmax` ist.

Übung: for-Schleife

Löschen Sie den Doppelpunkt in Zeile 5 und starten Sie das Programm neu. Analysieren Sie die Fehlermeldung.

Fügen Sie in der `range`-Funktion (Zeile 5) für den Startwert 1 ein und für die Schrittweite den Wert 2. Starten Sie das Programm neu und analysieren Sie die Ausgabe.

Wählen Sie für die Schrittweite den Wert 0.5 und starten Sie das Programm neu. Analysieren Sie die Fehlermeldung.

Die while-Schleife

Bei einer `while`-Schleife steht die Abbruchbedingung im Schleifenkopf. Die Zählvariable wird im Schleifenrumpf hochgezählt. Das Programm *while_schleife.py* (Listing 1.5) berechnet eine Wertetabelle für den zurückgelegten Weg $s = v \cdot t$ einer gleichförmigen Bewegung. In Zeile 3 können Sie eine andere Geschwindigkeit vorgeben.

Listing 1.5 while-Schleife für Wertetabelle

```
1   #while_schleife.py
2   tmax=10 #s
3   v=10    #m/s
4   dt=1
5   t=0
6   print("Zeit\t Weg")
7   while t<tmax:
8       s=v*t
9       print(t,"\t",s)
10      t=t+dt
```

Nach dem Programmstart erscheint folgende Ausgabe:

```
Zeit  Weg
0     0
1     10
2     20
3     30
4     40
5     50
6     60
7     70
8     80
9     90
```

Analyse

In Zeile 2 wird die maximale Zeit `tmax`, für die die Wertetabelle berechnet werden soll, festgelegt. Zeile 4 legt die Schrittweite `dt` und Zeile 5 legt den Startwert `t = 0` der Schleife fest.

In Zeile 7 beginnt die `while`-Schleife. Sie wird mit dem Schlüsselwort `while` eingeleitet. Es folgt die Abbruchbedingung `t < tmax`. Der Schleifenkopf muss wie bei der `for`-Schleife wieder mit einem Doppelpunkt `:` abgeschlossen werden. Die Variable `t` wird in Zeile 10 bei jedem neuen Schleifendurchlauf um den Wert von `dt` erhöht. Der Schleifenrumpf (Zeile 8 bis 10) wird so lange ausgeführt, bis die Abbruchbedingung in Zeile 7 zutrifft. Die Einrückung des Schleifenkörpers erfolgt wieder automatisch, nachdem Sie am Ende der Zeile 7 die Return-Taste betätigt haben. Wenn Sie am Zeilenende von Zeile 7 den Doppelpunkt vergessen haben, wird der nachfolgende Quelltext nicht automatisch eingerückt.

Übung: while-Schleife

Weisen Sie der Variablen `t` in Zeile 5 den Wert 10 zu und starten Sie das Programm. Was passiert?

Testen Sie das Programm mit der Schrittweite `dt = 0.5` (Zeile 4).

Testen Sie das Programm mit dem Anfangswert `t = 1` (Zeile 5).

Kopieren Sie die Anweisung `t = t + dt` aus Zeile 10 direkt unter dem Schleifenkopf und starten Sie das Programm neu. Welche Auswirkung hat diese Änderung?

Testen Sie die `while`-Schleife mit der Abbruchbedingung `t <= tmax`.

Testen Sie das Programm mit der Anweisung `t += dt` (Zeile 10).

Programm mit Auswahlmenü

In dem nächsten Programm *while_mehrfachauswahl.py* (Listing 1.6) wird eine `while`-Schleife mit einer Mehrfachauswahl `if – elif` kombiniert. Das Programm berechnet den Weg *s* oder die Geschwindigkeit *v* oder die Zeit *t* für eine gleichförmig beschleunigte Bewegung. In einem Auswahlmenü kann die gesuchte Größe ausgewählt werden. Nach dem Programmstart erscheint ein Auswahlmenü. Durch die Eingabe einer Ganzzahl können Sie die Größe auswählen, die Sie berechnen wollen.

Listing 1.6 Mehrfachauswahl mit while-Schleife

```
#while_mehrfachauswahl.py
auswahl=1
while True:
    print("-----------------")
    print("Weg............:1")
    print("Geschwindigkeit:2")
    print("Zeit...........:3")
    print("Ende...........:0")
    print("-----------------")
    try:
        auswahl=int(input("Wählen Sie aus:"))
    except ValueError:
        print("Falsche Eingabe!")
    #Weg
```

```
15      if auswahl==1:
16          v=float(input("v="))
17          t=float(input("t="))
18          s=v*t
19          print("s =",s,"m")
20      #Geschwindigkeit
21      elif auswahl==2:
22          s=float(input("s="))
23          t=float(input("t="))
24          v=s/t
25          print("v =",v,"m/s")
26      #Zeit
27      elif auswahl==3:
28          v=float(input("v="))
29          s=float(input("s="))
30          t=s/v
31          print("t =",t,"s")
32      elif auswahl==0:
33          print("Programmende")
34          break
35      else:
36          break
```

Analyse

In Zeile 2 wird die Variable `auswahl` definiert und mit dem `int`-Wert 1 initialisiert. Diese Initialisierung hat keinen Einfluss auf die Vorauswahl. Sie können auch jeden anderen Datentyp wählen.

In Zeile 3 beginn die `while`-Schleife. Die Abbruchbedingung ist auf den booleschen Wert `True` gesetzt. Es handelt sich also um eine Endlosschleife. Diese Endlosschleife wird unterbrochen, wenn Sie im Auswahlmenü eine `0` auswählen. In diesem Fall wird der Programmzweig in Zeile 32 ausgeführt und die Anweisung `break` in Zeile 34 bewirkt, dass die Endlosschleife unterbrochen wird.

In den Zeilen 5 bis 8 stehen die Menüeinträge. Nach dem Programmstart werden die Auswahloptionen auf dem Bildschirm ausgegeben.

Die Anweisungen in den Zeilen 10 bis 13 fangen falsche Eingaben ab. Dieses Konstrukt aus den Schlüsselwörtern `try ... except` wird als Ausnahmebehandlung bezeichnet. Wenn die Eingabe fehlerhaft ist, wird die Anweisung in Zeile 12 `except ValueError:` ausgeführt und die Meldung `Falsche Eingabe!` ausgegeben.

In den Zeilen 15, 21 und 27 wird die Auswahl ausgewertet. Zu beachten ist hier, dass eine Überprüfung auf Gleichheit mit dem Operator `==` durchgeführt wird.

Die Eingaben werden mit der eingebauten Python-Funktion `input(...)` realisiert (Zeilen 16, 17, 22, 23, 28 und 29). Mit `float(...)` werden die Eingaben in eine Gleitpunktzahl umgewandelt. Diese Typumwandlung bezeichnet man als **Type-Casting** oder kurz als **Casting**.

1.5.4 Funktionen

Python-Funktionen sind ein wichtiges Konzept, um Programme übersichtlich zu gestalten. Anweisungen, die eine logische Einheit bilden, werden zu einer Funktionsdefinition zusammengefasst. Eine Python-Funktion besteht aus einer Kopfzeile und dem Funktionskörper.

```
def funktionsname(argumente):
    berechnungen
    return ergebnis1, ergebnis2, ...
```

Eine Funktionsdefinition wird mit dem Schlüsselwort `def` eingeleitet. Danach folgt der frei wählbare Funktionsname. Zwischen den runden Klammern stehen die Argumente (z. B. gegebene Werte einer mathematischen Gleichung). Die Kopfzeile muss mit einem Doppelpunkt abgeschlossen werden. Der Funktionskörper muss eingerückt werden. Im Funktionskörper werden die Berechnungen durchgeführt. In der letzten Zeile steht die `return`-Anweisung, gefolgt von einer oder mehreren Variablen, in denen die Ergebnisse der Berechnungen gespeichert sind.

Hinweis

In der Fachliteratur wird gelegentlich zwischen Argumenten, formalen und aktuellen Parametern unterschieden. In diesem Buch werden diese Begriffe synonym verwendet.

Eingebaute Python-Funktionen

Python stellt eine Vielzahl von eingebauten Funktionen (engl. *built-in functions*) zur Verfügung. In Tabelle 1.1 ist eine Auswahl aufgelistet. Unter der URL *https://docs.python.org/3/library/functions.html* finden Sie die vollständige Dokumentation der eingebauten Python-Funktionen.

Tabelle 1.1 Eingebaute Python-Funktionen (Auswahl)

Funktion	Argument	Beschreibung
`abs()`	Integer, Float	Ermittelt den Absolutbetrag des Arguments.
`float()`	Integer, String	Wandelt das Argument in eine Gleitpunktzahl um.
`id()`	Objekt	Ermittelt die Identität (Integer-Wert der Speicheradresse) eines Objekts.
`int()`	Float, String	Konvertiert das Argument in eine Ganzzahl.
`input()`	String	Liest einen String aus der Standardeingabe aus und gibt ihn zurück.

Tabelle 1.1 Eingebaute Python-Funktionen (Auswahl) *(Fortsetzung)*

Funktion	Argument	Beschreibung
`len()`	String, Tupel, Liste	Ermittelt die Anzahl der Elemente.
`max()`	Tupel, Liste	Ermittelt das größte Element.
`min()`	Tupel, Liste	Ermittelt das kleinste Element.
`print()`	Objekt	Gibt Werte aus.
`range()`	Integer, Integer, Integer	Erzeugt eine Liste aus ganzen Zahlen.
`round()`	Float, Integer	Rundet eine Gleitpunktzahl.
`type()`	Variable, Objekt	Gibt den Typ einer Variablen zurück.

Funktionen mit einem Rückgabewert

Das Programm *funktion1.py* (Listing 1.7) berechnet die Geschwindigkeit v für eine gleichförmige Bewegung. Der Weg s und die Zeit t sind gegeben.

Listing 1.7 Funktionsdefinition mit einem Rückgabewert

```
1  #funktion1.py
2  #Funktionsdefinition
3  def geschwindigkeit(s,t):
4      return s/t
5  #Werte
6  s=100 #Weg in m
7  t=10  #Zeit in s
8  #Funktonsaufruf
9  v = geschwindigkeit(s,t)
10 #Ausgabe
11 print("Geschwindigkeit v =",v,"m/s")
```

Ausgabe

```
Geschwindigkeit v = 10.0 m/s
```

Analyse

In den Zeilen 2 und 3 steht die Funktionsdefinition für die Funktion `geschwindigkeit(s,t)`. Die Variablen `s` und `t` sind die Argumente der Funktion. Die Berechnungsvorschrift für die Geschwindigkeit steht direkt hinter der `return`-Anweisung.

In Zeile 9 wird die Funktion mit `v = geschwindigkeit(s,t)` aufgerufen. Die in den Zeilen 6 und 7 vorgegebenen Werte werden der Funktion als Argumente übergeben. Erst beim Funktionsaufruf wird die Geschwindigkeit berechnet und in die Variable `v` gespeichert. Auffällig ist, dass die Variablen `s`, `t` in der Funktionsdefinition und in den Zeilen 6 und 7 den gleichen Namen (Bezeichner) haben. Sie können sich aber nicht gegenseitig beeinflussen. Variablen, die innerhalb einer Funktion definiert werden, haben nur **lokale** Gültigkeit, ihr Inhalt kann von außen nicht geändert werden.

Funktionen mit mehreren Rückgabewerten

Das Programm *funktion2.py* (Listing 1.8) berechnet die Geschwindigkeit *v* und den zurückgelegten Weg *s* einer gleichförmig beschleunigten Bewegung. Die Berechnung erfolgt innerhalb **einer** Funktionsdefinition. Die selbstdefinierte Python-Funktion `beschleunigteBewegung(a,t)` gibt zwei Werte zurück.

Listing 1.8 Funktionsdefinition mit zwei Variablen

```
1  #funktion2.py
2  #Funktionsdefinition
3  def beschleunigteBewegung(a,t):
4      v=a*t
5      s=1/2*a*t**2
6      return v,s
7  #Werte
8  a=4   #Beschleunigung in m/s^2
9  t=10  #Zeit in s
10 #Funktionsaufruf
11 v,s = beschleunigteBewegung(a,t)
12 #Ausgabe
13 print("Geschwindigkeit v =",v,"m/s")
14 print("Weg........... s =",s,"m")
```

Ausgabe

```
Geschwindigkeit v = 40 m/s
Weg........... s = 200.0 m
```

Analyse

In den Zeilen 4 und 5 stehen die Berechnungsvorschriften für die Geschwindigkeit und den Weg. In Zeile 6 werden die Variablen `v` und `s` direkt hinter der `return`-Anweisung durch Komma getrennt eingefügt.

In Zeile 11 erfolgt der Funktionsaufruf `v,s = beschleunigteBewegung(a,t)`. Das Ergebnis wird in die Variablen `v` und `s` gespeichert. Das Konstrukt `v,s` wird als Tupel bezeichnet (siehe Abschnitt 1.7.1).

1.6 Objektorientierte Programmierung

Python ist durchgängig objektorientiert programmiert: Alle Variablen und Funktionen sind Objekte. Dem Anwender bleibt dies jedoch in den meisten Fällen verborgen. Damit Sie sich besser vorstellen können, was man unter dem objektorientierten Programmierparadigma versteht, sollen anhand eines einfachen Beispiels die Begriffe **Klasse**, **Objekt**, **Methode** und **Datenkapselung** erklärt werden.

Das Programm *oop.py* (Listing 1.9) berechnet für eine gleichförmig beschleunigte Bewegung die Geschwindigkeit v und den zurückgelegten Weg s.

Listing 1.9 Funktionsdefinition mit einem Rückgabewert

```
1  #oop.py
2  class Bewegung:
3  #Konstruktor
4      def __init__(self,beschleunigung,zeit):
5          self.__a=beschleunigung
6          self.__t=zeit
7  #Funktionsdefinition für Geschwindigkeit
8      def geschwindigkeit(self):
9          return self.__a*self.__t
10 #Funktionsdefinition für Weg
11     def weg(self):
12         return 1/2*self.__a*self.__t**2
13 #Hauptprogramm
14 a=4  #m/s^2
15 t=10 #s
16 objB=Bewegung(a,t)
17 print("Geschwindigkeit v = ",objB.geschwindigkeit(),"m/s")
18 print("Weg............s = ",objB.weg(),"m")
```

Ausgabe

```
Geschwindigkeit v = 40 m/s
Weg............s = 200.0 m
```

Analyse

In den Zeilen 2 bis 12 wird die Klasse `Bewegung` definiert. Eine Klasse besteht aus einem Konstruktor (Zeilen 4 bis 6) und Funktionsdefinitionen (Zeilen 8 bis 12). Funktionen, die innerhalb einer Klasse definiert werden, werden als Methoden bezeichnet.

Ein Konstruktor ist eine besondere Methode, die beim Erzeugen des Objekts `objB` in Zeile 16 aufgerufen wird. Seine Definition beginnt mit dem Schlüsselwort `def` gefolgt von der Funktion mit dem Namen `__init__(self, argument1, argument2, ...)`. Das Objekt `self` wird benutzt, um auf die Variablen, die innerhalb der Klasse benutzt werden, zuzugreifen. Die zwei Unterstriche vor dem Variablennamen `__variablenname` bewirken, dass die Werte dieser Variablen von außen nicht geändert werden können. Man sagt auch, diese Variablen sind **private**. Dieses Implementationsdetail nennt man **Datenkapselung**. Die Datenkapselung ist das zentrale Konzept der objektorientierten Programmierung (OOP). Ihr Vorteil kommt aber erst bei großen Programmprojekten, an denen mehrere Beteiligte mitwirken, voll zur Geltung. Sie können für ihre Klassen die Variablennamen frei wählen. Wenn Sie sie als **private** deklarieren, wird verhindert, dass die Werte der Variablen mit gleichen Bezeichnern (Namen) unbeabsichtigt verändert werden (Vermeidung von Seiteneffekten).

Bei den Funktionsdefinitionen einer Klasse wird nur das Argument `self` benötigt (Zeile 8 und 11). Die Berechnungsvorschrift steht direkt hinter der `return`-Anweisung z. B.: `self.__a*self.__t` (Zeile 9).

In Zeile 16 erzeugt die Anweisung `objB = Bewegung(a,t)` das Objekt `objB`. In das Objekt `objB` werden die Werte für die Beschleunigung und der Zeit gespeichert. In den Zeilen 17 und 18 werden die Methoden `geschwindigkeit()` und `weg()` aufgerufen. Der Zugriff auf die Methoden einer Klasse erfolgt immer über den Punkt-Operator mit der Syntax-Regel `objektName.methodenName()`.

1.7 Datenstrukturen

Zusätzlich zu den elementaren Datentypen Integer, Float, String, Complex und Boolean stellt Python auch noch die **Datenstrukturen** Tuple, List, Dictionary und Set zur Verfügung. Datenstrukturen legen fest, wie Daten organisiert werden und welche Operationen auf sie ausgeübt werden dürfen. Es werden nur die ersten drei Datenstrukturen behandelt, die in diesem Buch auch genutzt werden.

1.7.1 Tupel

In **Tupeln** wird eine Sequenz von Daten gespeichert. Ein Tupel wird definiert, indem man eine Sequenz von Daten, durch Kommata getrennt, hintereinander anordnet und in **runde** Klammern einfügt. Die Klammern können auch weggelassen werden. Auf jedes einzelne Element eines Tupels kann **nur lesend** zugegriffen werden.

Mit dem Programm *tupel.py* (Listing 1.10) können Sie sich einen ersten Zugang zu der Datenstruktur *tuple* verschaffen. In den Zeilen 3 und 4 können Sie weitere Elemente einfügen (z. B. Ganzzahlen, Gleitpunktzahlen oder Zeichenketten).

Listing 1.10 Verkettung von zwei Tupeln

```
1  #tupel.py
2  #Definition von zwei Tupeln
3  T1=(1,2,3,4)
4  T2= 5,6,7,8
5  #Verkettung
6  plus=T1 + T2
7  #Ausgaben
8  for i in plus:
9      print(i, end=',')
```

Ausgabe

```
1,2,3,4,5,6,7,8,
```

Analyse

In den Zeilen 3 und 4 werden die beiden Tupel T1 und T2 definiert. T1 und T2 sind hier keine einfachen Variablen mehr, sondern Objekte. In diesen Objekten werden die Werte aller Elemente des Tupels gespeichert.

In Zeile 8 wird gezeigt, dass man mit einer for-Schleife auch über ein Tupel iterieren kann. Die Zählvariable i indiziert jedes Element des Tupels plus. Die Zählung beginnt immer mit dem Index 0 und endet mit $n - 1$.

In Zeile 9 gibt die eingebaute Python-Funktion print(i, end=', ') die Elemente des Tupels aus. Der Parameter end=' ' verhindert den Zeilenumbruch.

1.7.2 Listen

In **Listen** wird eine Sequenz von Daten gespeichert. Eine Liste wird definiert, indem man eine Sequenz von Daten, durch Kommata getrennt, hintereinander in **eckige** Klammern einfügt. Der Unterschied zu Tupeln besteht darin, dass auf jedes einzelne Element einer Liste **lesend** und **schreibend** zugegriffen werden kann.

Das Programm *listen.py* (Listing 1.11) verkettet zwei Listen miteinander und gibt die neue Liste mithilfe einer for-Schleife aus. In den Zeilen 3 und 4 können Sie noch weitere Elemente (Ganzzahlen, Gleitpunktzahlen oder Zeichenketten) einfügen.

Listing 1.11 Verkettung von zwei Listen

```
1  #listen.py
2  #Listendefinitionen
3  L1=[1,2,3,4]
4  L2=[5,6,7,8]
5  #Verkettung
6  plus=L1 + L2
7  #Ausgabe
8  for i in plus:
9      print(i, end=',')
```

Ausgabe

```
1,2,3,4,5,6,7,8,
```

Analyse

In den Zeilen 3 und 4 werden die Listen L1 und L2 definiert. In Zeile 6 wird die Liste L2 an die Liste L1 angehängt. Für größere Listen sollte man anstatt des +-Operators besser die Methode L1.extend(L2) verwenden, denn die ist wesentlich schneller.

In Zeile 8 wird gezeigt, dass man mit einer for-Schleife auch über eine Liste iterieren kann.

Verschachtelte Listen

Mit zwei verschachtelten Listen `[[...],[...]]` lassen sich zweidimensionale NumPy-Arrays erzeugen:

```
>>> import numpy as np
>>> a=np.array([[1,2,3],[4,5,6]])
>>> a
array([[1, 2, 3],
       [4, 5, 6]])
>>> a.ndim
2
```

Operationen auf Listen

Tabelle 1.2 stellt eine Auswahl über die Operationen auf Listen zusammen. Die Operationen werden mit eingebauten Python-Methoden durchgeführt.

Tabelle 1.2 Operationen auf Listen (Auswahl)

Methode	Beschreibung
`L1.append(x)`	Fügt ein Element x am Ende der Liste L1 hinzu.
`L1.extend(L2)`	Erweitert die Liste L1, indem alle Elemente aus L2 an L1 angehängt werden.
`L1.insert(i,x)`	Fügt ein Element x an der Position `i` in die Liste L1 ein.
`L1.remove(x)`	Entfernt das erste Element aus der Liste L1, dessen Wert gleich x ist. Es wird ein `ValueError` ausgelöst, wenn es kein solches Element gibt.
`L1.pop([i])`	Entfernt das Element an der angegebenen Position `i` in der Liste L1 und gibt es zurück. Wenn kein Index angegeben ist, entfernt und gibt `L1.pop()` das letzte Element in der Liste L1 zurück. Es wird ein `IndexError` ausgelöst, wenn die Liste leer ist oder der Index außerhalb des Listenbereichs liegt.
`L1.clear()`	Entfernt alle Elemente aus der Liste L1.
`L1.count(x)`	Ermittelt, wie oft x in der Liste L1 vorkommt.
`L1.sort()`	Sortiert die Elemente der Liste L1.
`L1.copy()`	Gibt eine Kopie der Liste L1 zurück.

Zur Erinnerung: Methoden sind Funktionen, die bei ihrem Aufruf ein Objekt benötigen. Auf eine Methode wird mithilfe des Punkt-Operators zugegriffen: `objName.methodenName`.

1.7.3 Dictionary

Ein **Dictionary** (dt. *Wörterbuch*) besteht aus einer Sequenz von zwei Einträgen. Die beiden Einträge werden durch einen Doppelpunkt getrennt. Ein Dictionary wird definiert, indem die Einträge in geschweifte Klammern eingefügt werden. Der erste Eintrag ist der Schlüssel (engl. *key*), bei dem zweiten Eintrag handelt es sich um den Wert (engl. *value*) des Dictionary.

Das Programm *dict.py* (Listing 1.12) verschafft Ihnen einen ersten Zugang. Das Dictionary enthält bekannte Formeln aus der Mechanik. In Zeile 3 können Sie das Dictionary durch weitere Formeln ergänzen.

Listing 1.12 Dictionary mit Formeln

```
1  #dict.py
2  #Definition eines Dictionaries
3  formeln={'v':'s/t','a':'v/t','m':'F/a','F':'W/s','P':'W/t'}
4  #Ausgabe
5  for i,j in formeln.items():
6      print("%s = %s" %(i,j))
```

Ausgabe

```
v = s/t
a = v/t
m = F/a
F = W/s
P = W/t
```

Analyse

In Zeile 3 wird das Dictionary `formeln` definiert, indem die Schlüssel und die Werte in geschweifte Klammern eingebettet werden. Alle Einträge werden in das Objekt `formeln` gespeichert.

In Zeile 5 erfassen die Zählvariablen `i` und `j` alle Einträge `items()` des Objekts `formeln`. In Zeile 6 werden die Einträge ausgegeben.

Mit

```
>>> formeln.keys()
dict_keys(['v', 'a', 'm', 'F', 'P'])
```

können Sie sich die Schlüssel des Dictionaries `formeln` ausgeben lassen.

Mit

```
>>> formeln.values()
dict_values(['s/t', 'v/t', 'F/a', 'W/s', 'W/t'])
```

können Sie sich die Werte ausgeben lassen.

Wenn Sie einen bestimmten Wert ermitteln wollen, dann geben Sie

```
>>> formeln['v']
's/t'
```

ein.

1.8 Funktionsplots

Funktionsplots sind ein wichtiges Instrument für die Visualisierung physikalischer Zusammenhänge. Um mathematische Funktionen darzustellen, müssen die Module NumPy und Matplotlib importiert werden. Jedes Grafikprogramm, das mit Matplotlib programmiert wird, besteht aus einem **Figure**-Objekt und einem oder mehreren **Axes**-Objekten. Ein Figure-Objekt kann man sich als Container vorstellen, in dem ein oder mehrere Axes-Objekte eingefügt werden können. Ein Figure-Objekt repräsentiert die gesamte Zeichenfläche. Ein Axes-Objekt ist zuständig für die Darstellungen und Skalierung der Koordinaten, in denen eine mathematische Funktion dargestellt werden soll. Matplotlib ist durchgehend objektorientiert programmiert. Deshalb werden hier alle Matplotlib-Funktionen als Methoden bezeichnet.

Es sollen die Geschwindigkeiten für eine gleichförmige und gleichförmig beschleunigte Bewegung als Funktionsplot dargestellt werden. Bild 1.4 zeigt die grafische Darstellung der Funktionen $v = f(t)$.

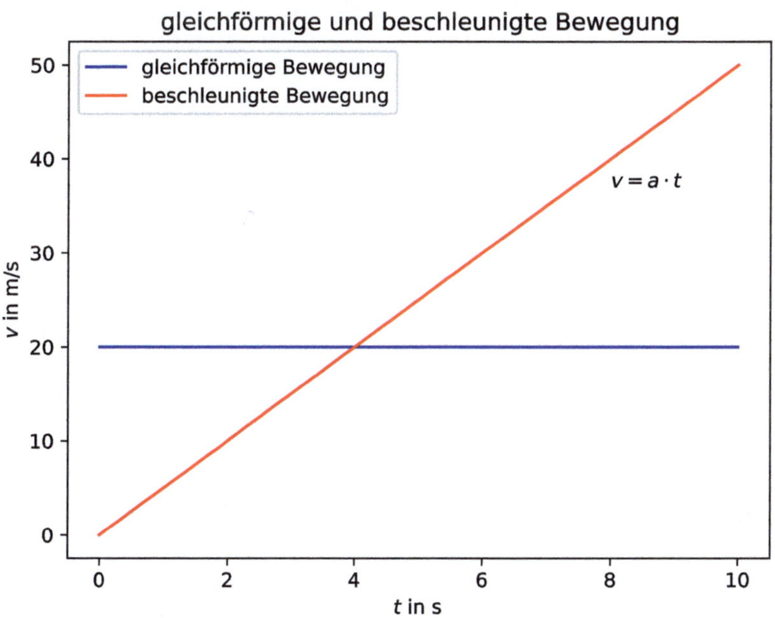

Bild 1.4 Darstellung einer konstanten und einer linearen Funktion

Mit dem Programm *funktionsplot.py* (Listing 1.13) können Sie Bild 1.4 erzeugen. In den Zeilen 11 und 14 können Sie für Testzwecke auch andere Funktionsterme eintragen.

Listing 1.13 Funktionsplot für eine konstante und lineare Funktion

```
1  #funktionsplot.py
2  import numpy as np
3  import matplotlib.pyplot as plt
4  #Daten
5  a=5     #Beschleunigung m/s^2
6  v0=20   #Geschwindigkeit in m/s
7  tmax=10 #Zeitachse in s
8  #Funktionsdefinitonen
9  #konstante Geschwindigkeit
10 def f1(t,v0):
11     return 0*t + v0
12 #beschleunigte Bewegung
13 def f2(t,v0):
14     return a*t + v0
15 #Grafikbereich
16 fig, ax = plt.subplots(label='beschleunigte Bewegung')
17 t=np.linspace(0,tmax,100)
18 ax.plot(t,f1(t,v0),'b-',label='gleichförmige Bewegung')
19 ax.plot(t,f2(t,0),'r-',label='beschleunigte Bewegung')
20 #Beschriftungen
21 ax.text(8,37,r'$v=a\cdot t$')
22 ax.set_title('gleichförmige und beschleunigte Bewegung')
23 ax.set_xlabel('$t$ in s')
24 ax.set_ylabel('$v$ in m/s')
25 ax.legend()
26 fig.show()
```

Analyse

Das Programm besteht aus vier Teilen; 1. Import der Module, 2. Vorgabe von Daten, 3. Funktionsdefinitionen und 4. Grafikbereich.

Beim Import des NumPy-Moduls in Zeile 2 wird der Alias (Abkürzung) `np` vergeben. Dieser Alias hat sich als Konvention durchgesetzt. Mithilfe dieses Alias kann auf alle NumPy-Funktionen zugegriffen werden (Zeile 17). Das Matplotlib-Modul wird in Zeile 3 mit der Anweisung `import matplotlib.pyplot as plt` importiert. Der Alias `plt` hat sich ebenfalls als Konvention durchgesetzt. Er wird in Zeile 16 verwendet. `pyplot` ist eine Schnittstelle zu Matplotlib. Sie ermöglicht MATLAB-ähnliche Darstellungen. Sie ist auch als GUI-Manager (*Graphical User Interface*) für die Darstellungen von Abbildungen auf dem Bildschirm zuständig.

Auffällig ist die Funktionsdefinition `f1(t,v0)` in Zeile 10 und 11. Um eine konstante Funktion darzustellen, braucht man nur die unabhängige Variable t mit der Steigung 0 zu multiplizieren.

Ab Zeile 16 beginnt der Grafikbereich. Die Anweisung `fig,ax = plt.subplots()` erzeugt die beiden Objekte `fig` und `ax`. Die Bezeichner für diese Objekte sind frei wählbar. Mithilfe des Axes-Objekts `ax` kann auf alle Axes-Methoden zugegriffen werden.

In Zeile 17 erzeugt die NumPy-Funktion `linspace()` ein eindimensionales Array mit 100 Werten für die unabhängige Variable. Diese Werte werden in das Objekt t gespeichert. Sie können sich diese Werte anzeigen lassen, wenn Sie nach dem Programmstart in die Kommandozeile >>> `t` eingeben.

In Zeile 18 berechnet und speichert die Matplotlib-Methode `plot(t,f1(t,v0), ...)` alle *x,y*-Koordinatendaten. Erst durch die Anweisung `fig.show()` in Zeile 26 werden die mathematischen Funktionen auf dem Bildschirm dargestellt. Der Parameter `'b-'` bewirkt, dass der Funktionsplot als durchgezogene, blaue Linie dargestellt wird. Mit dem Parameter `label = ...` können die dargestellten Funktionen näher gekennzeichnet werden. Die Anweisung `ax.legend()` in Zeile 25 veranlasst die Darstellung der Beschriftungen (label) auf der Zeichenfläche.

In Zeile 21 gibt die Anweisung `ax.text(8,37,r'$v=a\cdot t$')` die Formel $v = a{\cdot}t$ für die beschleunigte Bewegung an der Position $x = 8$ und $y = 37$ der Zeichenfläche aus. Matplotlib versteht auch die LaTeX-Notation. Sollen Formeln in LaTeX-Notation ausgegeben werden, dann muss die Formel zwischen zwei $-Zeichen eingebettet werden.

Die Matplotlib-Methode `set_title(...)` gibt den Titel der Grafik aus (Zeile 22). In den Zeilen beschriften die Methoden `set_xlabel(...)` und `set_ylabel(...)` die Koordinatenachsen (Zeile 24 und 25).

Die Anweisung `fig.show()` bewirkt, dass alle Grafikelemente auf dem Bildschirm dargestellt werden. In der Praxis hat sich diese Notation nicht durchgesetzt. In der Matplotlib-Dokumentation wird `plt.show()` verwendet.

Sie können auch alle Grafiken mit der Anweisung `fig.savefig('bildname.png')` in eine Datei speichern. Diese Anweisung müssen Sie zwischen Zeile 25 und 26 einfügen. Der Dateityp wird automatisch anhand der Dateiendung erkannt. Es werden alle gängigen Grafikformate *svg, pdf, jpg,* ... mit der Ausnahme von *gif* unterstützt.

Übung: Funktionsplots

Fügen Sie in die Methode `subplots(...)` das Argument `figsize=(10,8)` ein (Zeile 16) und starten Sie das Programm neu.

Ersetzen Sie die NumPy-Funktion `linspace(0,tmax,100)` in Zeile 17 durch die NumPy-Funktion `arange(0,tmax,0.1)` und starten Sie das Programm neu.

Ermitteln Sie nach dem Programmstart den Typ des `fig`- und des `ax`-Objekts mit `type(fig)` bzw. `type(ax)`.

Ermitteln Sie den Typ des Objekts `t`.

Führen Sie in die Python-Shell (Kommandozeile) die Anweisungen `type(ax.plot)` und `type(plt.plot)` aus. Analysieren Sie die Ausgaben.

Führen Sie in die Python-Shell die Anweisungen `type(fig.show)` und `type(plt.show)` aus. Analysieren Sie die Ausgaben.

Kommentieren Sie Zeile 26 aus und starten Sie das Programm neu. Was passiert?

Speichern Sie die Grafik, die das Programm *funktionsplot.py* erzeugt, im *svg*-Format ab und lassen Sie sich das Bild in einem Browser anzeigen.

1.9 Das Slider-Steuerelement

Der **Slider** (Schieberegler) ist ein Steuerelement, mit dem man durch Verschieben des Slider-Knopfs Zahlenwerte während der Programmausführung ändern kann. Am Beispiel der Phasenverschiebung einer Sinus-Funktion soll die grundsätzliche Funktionsweise des Slider-Steuerelements demonstriert werden. Für die Sinus-Funktion soll gelten:

$$y = \sin(\omega t + \varphi)$$

Bild 1.5 zeigt die Benutzeroberfläche des Matplotlib-Programms *sld_phasenverschiebung.py*.

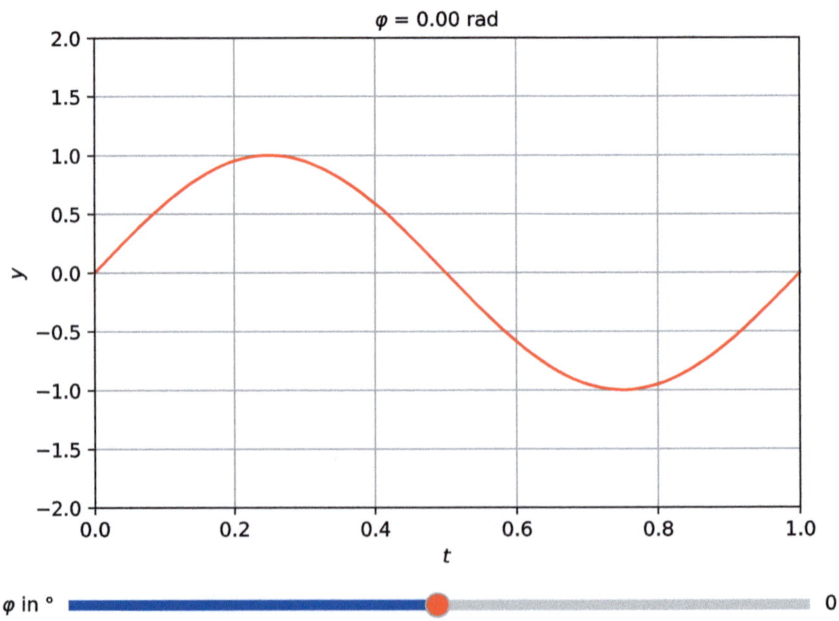

Bild 1.5 Benutzeroberfläche eines Matplotlib-Programms mit einem Slider-Steuerelement

Wenn Sie den Slider-Knopf nach links verschieben, wird die Sinuskurve nach rechts verschoben. Wenn Sie den Slider-Knopf nach rechts verschieben, wird die Sinuskurve nach links verschoben. Mit dem Programm *sld_phasenverschiebung.py* (Listing 1.14) wird die Benutzeroberfläche von Bild 1.5 erzeugt.

Listing 1.14 Matplotlib-Programm mit Slider-Steuerelement

```
1  #sld_phasenverschiebung.py
2  import numpy as np
3  import matplotlib.pyplot as plt
4  from matplotlib.widgets import Slider
5  T=1           #Periodendauer
6  w=2*np.pi/T   #Kreisfrequenz in rad/s
7  xmax,ymax=T,2
8  #Slider abfragen
9  def update(val):
10     phi = np.radians(sldPhi.val)
11     y = np.sin(w*t + phi)
12     txtPhi.set_text(r'$\varphi$ = %2.2f rad' %phi)
13     linie.set_data(t,y)
14 #Grafikbereich
15 fig, ax = plt.subplots(label="Phasenverschiebung")
16 fig.subplots_adjust(left=0.12,bottom=0.18)
17 t=np.linspace(0,T,500)
18 ax.axis([0,xmax,-ymax,ymax])
19 linie, = ax.plot(t,np.sin(w*t),'r-')
20 #Slider-Steuerelement
21 #left, bottom, width, height
22 xyPhi=fig.add_axes([0.09, 0.02, 0.82, 0.03])
23 dicKnopf={'size':'12','facecolor':'red'}
24 sldPhi=Slider(xyPhi,r'$\varphi$ in °',
   -90,90,valinit=0,valstep=0.1,handle_style=dicKnopf)
25 sldPhi.on_changed(update)
26 #Ausgabe des Phasenverschiebungswinkels in rad
27 txtPhi=ax.text(0.8*T/2,1.05*ymax, r'$\varphi$ = %2.2f rad' %0)
28 ax.set(xlabel='$t$',ylabel='$y$')
29 ax.grid() #erzeugt Gitternetzlinien
30 plt.show()
```

Analyse

In Zeile 4 wird die Klasse `Slider` aus dem Untermodul `widgets` des Moduls `matplotlib` importiert. *Widget* ist ein Kofferwort, das sich aus *window* (Fenster) und *gadget* (Gerät) zusammensetzt.

Die selbstdefinierte Python-Funktion `update(val)` in den Zeilen 9 bis 13 erfasst die aktuelle Einstellung des Slider-Steuerelements. In Zeile 10 wird der Phasenverschiebungswinkel von *Grad* (°) in die Hilfsmaßeinheit *Radiant* (rad) umgewandelt. In Zeile 11 wird dieser Wert der Sinus-Funktion übergeben. In Zeile 12 gibt die Matplotlib-Methode `set_text(...)` den aktuellen Wert des Phasenverschiebungswinkels `phi` in der Titelzeile aus. Die Ausgabeposition legt in Zeile 27 die Methode `text(x,y,...)` fest. Sie wird in das Objekt `txtPhi` gespeichert. Die Anweisung `linie.set_data(t,y)` speichert die aktuellen Koordinatendaten. Das Objekt `line` wird in Zeile 19 erzeugt. Sie können dieses Objekt auch kürzer mit der Anweisung `linie, = ax.plot([],[])` erzeugen. Dann erscheint allerdings nach dem Programmstart keine Kurve auf der Zeichenfläche. Diese wird erst erzeugt, wenn Sie den Slider-Knopf bewegen.

In Zeile 16 legt die Matplotlib-Methode `subplots_adjust(...)` die Position des Sliders in dem Figure-Objekt (Zeichenfläche) fest. Die Einträge dürfen nur Werte zwischen 0 und 1 annehmen.

In Zeile 18 bestimmt die Matplotlib-Methode `axis([...])` die Wertebereiche der *x*- und *y*-Achse. Das Argument muss als Liste (eckige Klammern!) übergeben werden.

Die Matplotlib-Methode `add_axes([...])` legt in Zeile 22 die Abmessungen des Slider-Steuerelements fest. Die Werte müssen zwischen 0 und 1 liegen.

In Zeile 23 sind die Eigenschaften des Slider-Knopfs in dem Objekt `dicKnopf` gespeichert. Die Größe und die Farbe des Slider-Knopfs werden mithilfe eines Dictionary implementiert.

In Zeile 24 erzeugt die Methode `Slider(...)`, genauer: der Konstruktor der Klasse `Slider`, das Objekt `sldPhi`. In diesem Objekt sind alle Daten des Sliders gespeichert:

```
Slider(abmessungen,beschriftung,wertebereich,initialisierungswert, schrittweite,
...)
```

Die Änderungen der Stellung des Slider-Knopfs aktualisiert die Methode `on_changed (update)` in Zeile 25. Ihr wird die Funktion `update` (Zeile 9 bis 13) als Argument übergeben.

Alle Änderungen werden erst mit dem Aufruf der Methode `show()` (Zeile 30) wirksam.

Übung: Slider-Steuerelement

Ermitteln Sie mit der type-Funktion die Typen von `Slider`, `linie`, `sldPhi` und `txtPhi`.

Ersetzen Sie in Zeile 19 die Anweisung `ax.plot(t,np.sin(w*t),'r-')` durch `ax.plot([],[])` und starten Sie das Programm neu.

Entfernen Sie in Zeile 19 hinter dem Objekt `linie` das Komma. Starten Sie das Programm neu und analysieren Sie die Fehlermeldung.

Ersetzen Sie die Anweisung in Zeile 27 durch `txtPhi=ax.text(0.8*T/2,1.05*ymax,'')` und starten Sie das Programm neu.

Testen Sie das Programm mit auskommentierter Zeile 25.

Testen Sie das Programm mit auskommentierter Zeile 29.

1.10 Animationen

Unter einer **Animation** versteht man die Darstellung von Bewegungen realer Körper. Mit Animationen können physikalische Vorgänge so veranschaulicht werden, als ob sie in der Realität stattfinden würden. Mit Computeranimationen können Vorgänge aus der Realität verlangsamt oder schneller dargestellt werden. So ist es z. B. möglich, die Bewegung des schiefen Wurfs der menschlichen Beobachtung zugänglich zu machen, indem er in Zeitlupe dargestellt wird. Mit VPython- und Matplotlib-Programmen können Animationen durchgeführt werden.

1.10.1 Animationen mit VPython

VPython steht für Visual Python. Mit VPython ist es möglich, Körper in 3D-Darstellung fotorealistisch darzustellen. Die Animationen werden mit einem Schleifenkonstrukt, häufig eine Endlosschleife, realisiert. VPython-Programme werden in einem Browser ausgeführt. Bild 1.6 zeigt die Benutzeroberfläche des VPython-Programms *vp_rotation.py*. Wenn Sie dieses Programm starten, dann erscheint die Benutzeroberfläche dieses Programms in einem neuen Tab Ihres Standardbrowsers.

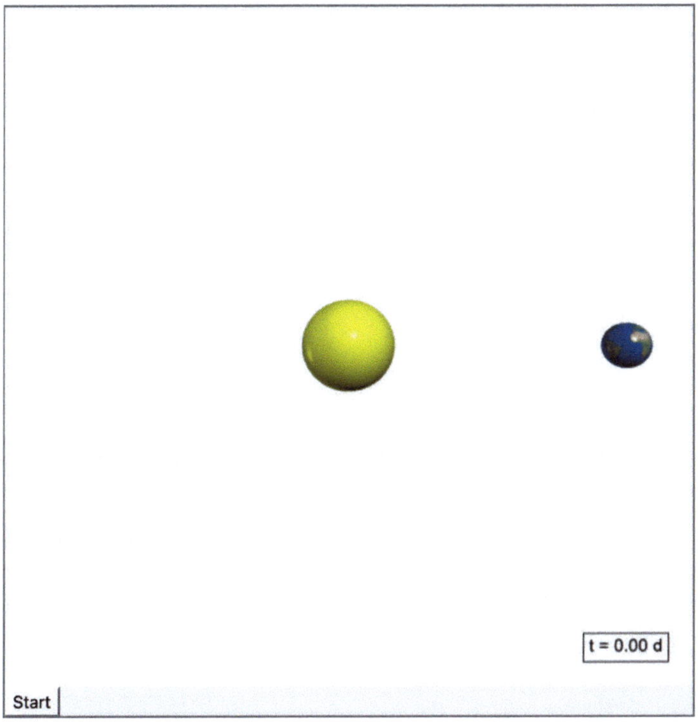

Bild 1.6 VPython-Animation einer Rotation (Momentaufnahme)

Klicken Sie auf den Startbutton. Sie werden feststellen, dass sich die kleine Kugel (Erde) um die große Kugel (Sonne) auf einer Kreisbahn bewegt. Sie können die Animation jederzeit anhalten und auch wieder starten.

Das Programm *vp_rotation.py* (Listing 1.15) realisiert die Animation der in Bild 1.6 dargestellten Kugel.

Listing 1.15 Animation einer Rotationsbewegung mit VPyhton

```
1  #vp_rotation.py
2  #!/usr/bin/env python3
3  from vpython import *
4  scene.width=scene.height=600
5  scene.background=color.white
6  scene.userzoom = False
7  scene.userspin = False
8  R=5.0  #Radius der Sonne
9  r=6*R  #Abstand Erde-Sonne
10 #Animation starten und anhalten
11 laeuft = False
12 def startStop(b):
13     global laeuft
14     laeuft = not laeuft
15     if laeuft: b.text = "Stop"
16     else: b.text = "Start"
17 #Körper
18 sphere(pos=vec(0,0,0),radius=R,color=color.yellow) #Sonne
19 erde=sphere(pos=vec(r,0,0),radius=0.5*R,texture=textures.earth)
20 #Steuerelemente
21 button(bind=startStop,text="Start")
22 lblZeit = label(pos=vec(r,-1.1*r,0))
23 phi=2*pi/365
24 t = 0
25 while True:
26     rate(25)
27     if laeuft:
28         erde.rotate(angle=phi,axis=vec(0,0,1),origin=vec(0,0,0))
29         t = t + 1
30     else:
31         t=0
32     #Textausgabe
33     lblZeit.text = 't = %.2f d' %t
```

Analyse

In Zeile 3 bewirkt das Asterisk-Symbol *, dass alle Methoden des Moduls VPython importiert werden. In VPython-Programmen ist es nicht üblich, einen Alias zu vergeben.

In Zeile 4 wird festgelegt, dass die Zeichenfläche (*canvas*) jeweils 600 Pixel breit und hoch sein soll. Das Objekt `scene` ist das Standardobjekt des ersten VPython-Fensters; es wird automatisch erzeugt. Alternativ hätte man das Objekt `scene` auch mit `scene=canvas(align='left')` erzeugen können.

Die Zeichenfläche soll weiß sein (Zeile 5). Eine Vergrößerung oder Verkleinerung der dargestellten Objekte soll verhindert werden, wenn das Mausrad gedreht wird (Zeile 6). Außerdem soll verhindert werden, dass die Position der dargestellten Objekte durch Drücken der rechten Maustaste und durch gleichzeitiges Ziehen der Maus verändert werden kann (Zeile 7).

In Zeile 11 wird die boolesche Variable `laeuft` definiert. Sie wird mit dem Wert `False` initialisiert.

Die Python-Funktion `startStop(b)` steuert den Ereignisverlauf (Zeile 12 bis 16). Sie wird in Zeile 21 aufgerufen. In Zeile 13 wird die Variable `laeuft` als globale Variable deklariert, damit in Zeile 27 ihr aktueller Wert ermittelt werden kann.

In Zeile 18 erzeugt die VPython-Methode `sphere(pos=vec(0,0,0),...)` eine Kugel mit dem Radius `R`. Diese Kugel wird mittig im Koordinatenursprung positioniert. Das Vektorobjekt `pos` hat die Eigenschaften von 3D-Vektoren, wie sie in der Mathematik festgelegt wurden. Ein Vektor `r` wird mit der Anweisung `r=vector(x,y,z)` oder `r=vec(x,y,z)` erzeugt.

In Zeile 19 erzeugt die VPython-Methode `sphere(pos=vec(r,0,0),...)` das Objekt `erde` mit dem Radius `0.5*R`. Es wird um den Radius `r` in Richtung der positiven x-Achse verschoben.

In Zeile 21 erzeugt die VPython-Methode `button(bind=startStop, ...)` eine Befehlsschaltfläche mit der Beschriftung **Start**. Die selbstdefinierte Python-Funktion aus Zeile 12 `startStop(b)` wird ohne Parameter aufgerufen.

In Zeile 22 erzeugt die VPython-Methode `label(...)` das Objekt `lblZeit`. Es wir in Zeile 33 für die Textausgabe benötigt.

In Zeile 25 beginnt die Animationsschleife. Sie wird als Endlosschleife implementiert.

In Zeile 26 bewirkt die Anweisung `rate(25)`, dass die Anweisungen im Schleifenkörper höchstens 25-mal pro Sekunde ausgeführt werden.

Wenn in Zeile 27 die Variable den Wert `True` hat, wird die Anweisung in Zeile 28 ausgeführt. Die Methode `rotate(angle=phi,axis=vec(0,0,1),origin=vec(0,0,0))` bewirkt die Rotation des Objekts `erde`. Der erste Parameter legt fest, mit welchem Winkel pro Schleifendurchlauf das Objekt `erde` gedreht werden soll. Der zweite Parameter bestimmt die Achse, um die das Objekt `erde` gedreht werden soll. In diesem rotiert das Objekt `erde` um die z-Achse.

Die Ausgabe der Zeit `t` erfolgt in Zeile 33. Die Umlaufzeit der Erde bildet nicht die Realität ab; es soll lediglich gezeigt werden, wie eine Textausgabe in VPython implementiert werden muss.

Diese Einführung in die VPython-Programmierung ist sehr kurz ausgefallen. Mehr über die VPython-Programmierung erfahren Sie in [Woyand: 231 ff.].

Übung: Animation mit VPython

Kommentieren Sie Zeile 6 aus, starten Sie das Programm neu und vergrößern oder verkleinern Sie die Darstellung mithilfe des Mausrads.

Kommentieren Sie Zeile 7 aus, starten Sie das Programm neu, halten Sie die rechte Maustaste gedrückt und ziehen Sie die Maus über die Zeichenfläche.

Testen Sie das Programm mit verschiedenen Bildwiederholungsraten (Zeile 26).

Lassen Sie die Erde um die *y*-Achse rotieren.

1.10.2 Animation mit Matplotlib

Mit Matplotlib können auch zweidimensionale Animationen (mit einem größeren Aufwand auch dreidimensionale Animationen) realisiert werden. Mit der Methode

```
FuncAnimation(fig, func, frames=None, interval=20, ...)
```

wird eine zweidimensionale Animation implementiert. Als erstes Argument muss der Methode das `fig`-Objekt übergeben werden. Bei dem Argument `func` handelt es sich um eine selbstdefinierte Python-Funktion, die die Bewegung des Animationsobjekts vorgibt. Mit dem Argument `frames=n` wird die Anzahl n der Bilder festgelegt, die mit einer Verzögerung von 20 ms dargestellt werden sollen. Die Standardeinstellung ist 200 ms.

Ausführliche Informationen zur Matplotlib-Methode `FuncAnimation()` finden Sie im Internet:

https://matplotlib.org/stable/users/explain/animations/animations.html

und

https://matplotlib.org/stable/api/_as_gen/matplotlib.animation.FuncAnimation.html#matplotlib.animation.FuncAnimation

Bild 1.7 zeigt den Screenshot einer Momentaufnahme einer Matplotlib-Animation: Ein Planet bewegt sich auf einer elliptischen Umlaufbahn um einen Stern.

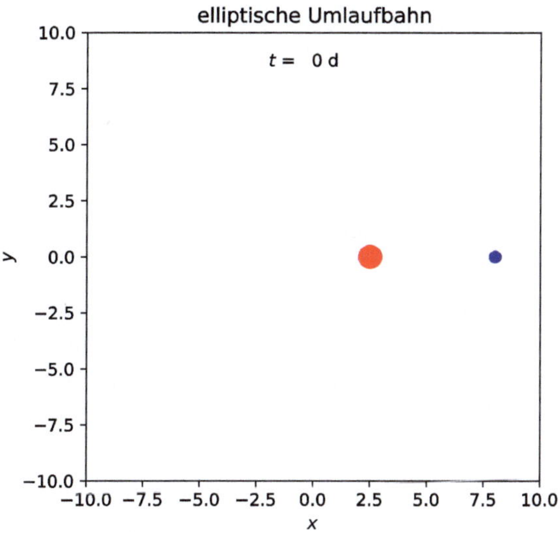

Bild 1.7
Matplotlib-Animation einer Rotation (Momentaufnahme)

Das Programm *ani_rotation.py* (Listing 1.16) zeigt exemplarisch, wie eine Animation mit Matplotlib implementiert werden kann. In Zeile 10 können Sie die Werte für die Ellipsenachsen ändern.

Listing 1.16 Animation einer Rotationsbewegung mit Matplotlib

```
1  #ani_rotation.py
2  import numpy as np
3  import matplotlib as mlt
4  import matplotlib.pyplot as plt
5  from matplotlib.animation import FuncAnimation
6  #Daten
7  T=365            #Umlaufzeit in Tage
8  w=2*np.pi/T      #Kreisfrequenz
9  r1,r2=0.5,0.25 #Radien von Sonne und Planet
10 a,b=8,4          #Ellipsenachsen
11 dt = 0.5         #Zeitschrittweite
12 breite=10
13 #Bahnberechnung
14 def bahn(i):
15     t = i*dt
16     x,y = a*np.cos(w*t),b*np.sin(w*t)
17     planet.set_center([x,y])
18     txtZeit.set_text('$t$ = %3.0f d' %t)
19     return planet,txtZeit
20 #Grafikbereich
21 fig,ax=plt.subplots()
22 t=np.arange(0,T,dt)
23 ax.axis([-breite,breite,-breite,breite])
24 stern = mlt.patches.Circle((2.5,0),radius=r1, color='red')
25 planet= mlt.patches.Circle((0,0),  radius=r2, color='blue')
26 ax.add_artist(stern)
27 ax.add_artist(planet)
28 txtZeit=ax.text(-2,8.5,'')
```

```
29 ani=FuncAnimation(fig,bahn,frames=t.size,interval=20,blit=True)
30 ax.set(xlabel='$x$',ylabel='$y$',title='elliptische Umlaufbahn')
31 ax.set_aspect('equal')
32 plt.show()
```

Analyse

In Zeile 5 wird die Klasse `FuncAnimation` aus dem Untermodul `animation` des Moduls `matplotlib` importiert.

In den Zeilen 14 bis 19 wird die Python-Funktion `bahn(i)` definiert. Bei dem Funktionsaufruf dieser Funktion in Zeile 29 wird intern ein Zähler aktiviert, der von `i = 0` bis `t.size` (2·365=730) mit dem Inkrement 1 hochgezählt wird. In Zeile 15 wird die Zählvariable `i` mit der Zeitschrittweite `dt` (Zeile 11) multipliziert. Das Ergebnis wird in die Variable `t` gespeichert.

Die Anweisung `x,y = a*np.cos(w*t),b*np.sin(w*t)` in Zeile 16 berechnet die *x,y*-Koordinatendaten der Ellipsenbahn für jedes neue `t`. Die Ergebnisse werden in das Tupel `x,y` gespeichert.

In Zeile 17 speichert die Matplotlib-Methode `set_center([x,y])` die Koordinatendaten. In Zeile 18 speichert `set_text(...)` die aktuelle Zeit `t`. Die selbstdefinierte Funktion `bahn(i)` gibt die beiden Objekte `planet` und `txtZeit` zurück (Zeile 19).

In den Zeilen 24 und 25 erzeugt die Matplotlib-Methode `Circle(...)` die Objekte `stern` und `planet`. Erst der Aufruf der Methoden `add_artist(...)` in den Zeilen 26 und 27 bewirken, dass diese Objekte auf dem Bildschirm dargestellt werden.

In Zeile 29 erzeugt die Methode `FuncAnimation(fig,bahn,frames=t.size,...)` das Objekt `ani`. Das Objekt `ani` wird zwar im Programm nicht benötigt, es muss aber trotzdem erzeugt werden; anderenfalls wird das Animationsobjekt in den Garbage-Collection-Ordner verschoben und die Animation wird angehalten. Als erstes Argument muss das `fig`-Objekt aus Zeile 21 übergeben werden. Als zweites Argument wird die selbstdefinierte Python `bahn` aus Zeile 14 ohne den Parameter `i` übergeben. Der Parameter `frames` legt fest, wie viele Bilder pro Zeiteinheit neu gezeichnet werden sollen. Der Parameter `interval` legt die Zeitverzögerung in Millisekunden zwischen den neu zu zeichnenden Bildern (Frames) fest. Die Standardeinstellung ist 200 ms.

Der Parameter `blit` bestimmt, ob Blitting (*bit block transfer*) zur Optimierung der Animation verwendet werden soll. Blitting beschleunigt das wiederholte Zeichnen einzelner Bildsequenzen, indem alle sich nicht ändernden Grafikelemente einmal in ein Hintergrundbild gespeichert werden. Dann müssen bei jeder Neuzeichnung eines Bilds nur die sich ändernden Elemente auf diesen Hintergrund gezeichnet werden.

Übung: Animation mit Matplotlib

Testen Sie das Programm mit anderen Werten für die Ellipsenachsen. Animieren Sie auch eine Kreisbahn (Zeile 10).

Testen Sie das Programm mit verschiedenen Zeitschrittweiten (Zeile 11).

Fügen Sie in Zeile 24 den Parameter `fill=False` ein und starten Sie das Programm neu.

Testen Sie das Programm mit auskommentierten Zeilen 26 und 27.

Löschen Sie das Objekt `ani` in Zeile 29 und starten Sie das Programm neu. Was passiert?

Testen Sie das Programm mit `frames=100`. Was passiert?

Testen Sie das Programm ohne Blitting (`blit=False`).

Testen Sie das Programm mit auskommentierter Zeile 31.

1.11 Numerisches Differenzieren

Das Modul SciPy stellte bis zur Version 1.12.0 die Funktion `derivative()` für die numerische Differentiation zur Verfügung. Diese Funktion wird in den neuen Versionen von SciPy nicht mehr unterstützt. Als Alternative schlagen die Entwickler von SciPy *findif* oder *numdifftools* vor. In diesem Buch wird nur das Modul **Nummdifftools** verwendet.

Von der mathematischen Funktion

$$y\,(t) = \sin \omega t \tag{1.1}$$

soll exemplarisch die erste Ableitung numerisch mit dem zentralen Differenzenquotienten und der Numdifftools-Methode `Derivative()` berechnet werden.

Beim numerischen Differenzieren wird die Steigung der Tangente durch die Steigung einer Sekante angenähert. Verfahren der numerischen Differenzierung müssen immer dann angewendet werden, wenn nur Messwerte vorliegen oder wenn die Ableitung einer Funktion analytisch nicht berechnet werden kann.

1.11.1 Zentraler Differenzenquotient

Die Berechnungsvorschrift für den zentralen Differenzenquotienten lautet:

$$f'(x) \approx \frac{f(x+h) - f(x-h)}{2h}$$

Die Schrittweite h darf nicht zu groß oder zu klein gewählt werden. Ist sie zu groß, sind die Ergebnisse ungenau, ist sie zu klein, wird der Algorithmus instabil, d. h., die Ergebnisse können für unterschiedliche Werte der unabhängigen Variablen x schwanken. Als Faustformel können Sie für h die dritte Wurzel aus der Maschinenkonstanten EPS $\approx 1{,}1^{-16}$ wählen. Für die in diesem Buch zu berechnenden Ableitungen reicht die Genauigkeit des zentralen Differenzenquotienten völlig aus. Bild 1.8 zeigt den Funktionsgraphen der Sinus-Funktion $y = \sin(\omega t)$ (Formel 1.1) und deren erste Ableitung. Die Konstante ω hat den Wert 2π.

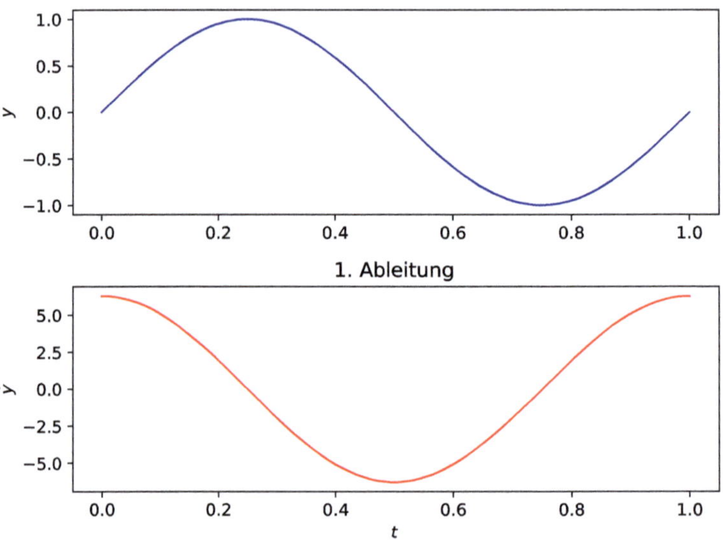

Bild 1.8 Numerische Ableitung einer Sinus-Funktion mit dem zentralen Differenzenquotienten

Das Programm *differenzenquotient.py* (Listing 1.17) berechnet den Differenzenquotient einer Sinus-Funktion. Die Funktionsgraphen der Sinus-Funktion und deren erste Ableitung werden in zwei Unterdiagrammen dargestellt (Bild 1.8).

Listing 1.17 Numerisches Differenzieren mit dem zentralen Differenzenquotienten

```
1  #differenzenquotient.py
2  import numpy as np
3  import matplotlib.pyplot as plt
4  T=1          #Periodendauer
5  w=2*np.pi/T #Kreisfrequenz
6  #zentraler Differenzenquotient
7  def diff(f,x,h=1e-3):
8      return (f(x+h)-f(x-h))/(2*h)
9  #Sinus-Funktion
10 def f1(t):
11     return np.sin(w*t)
12 #erste Ableitung
13 def f2(t):
14     return diff(f1,t)
15 #Grafikbereich
16 fig,ax = plt.subplots(2,1)
17 t = np.linspace(0,T,500)
18 ax[0].plot(t, f1(t), 'b-', lw=1.2)
19 ax[1].plot(t, f2(t), 'r-', lw=1.2)
20 #Beschriftungen
21 ax[0].set_ylabel('$y$')
22 ax[1].set(xlabel='$t$',ylabel=r'$\dot{y}$',title='1. Ableitung')
23 fig.tight_layout()
24 plt.show()
```

Analyse

In den Zeilen 7 und 8 wird die Python-Funktion `diff(f,x,h=1e-3)` definiert. Hinter der `return`-Anweisung steht die Berechnungsvorschrift für den zentralen Differenzenquotienten. Der selbstdefinierten Python-Funktion `diff()` müssen beim Aufruf der Name (Bezeichner) der mathematischen Funktion und die unabhängige Variable übergeben werden (Zeile 14). Der Wert für die Schrittweite `h` ist schon vorgegeben. Will man einen anderen Wert für die Schrittweite einsetzen, so müsste man beim Funktionsaufruf diesen neuen Wert als drittes Argument mit übergeben.

In Zeile 16 erzeugt die Matplotlib-Funktion `subplots(2,1)` **ein** Figure-Objekt mit dem Namen `fig` und **zwei** Axes-Objekte mit den Namen `ax[0]` und `ax[1]`. Die beiden Argumente bestimmen die Anzahl und die Anordnung der Unterdiagramme. Das erste Argument gibt die Anzahl der Zeilen und das zweite Argument gibt die Anzahl der Spalten an. Es werden also zwei Unterdiagramme erzeugt, die in einer Spalte angeordnet werden.

In Zeile 17 erzeugt die NumPy-Funktion ein eindimensionales Array mit 500 Einträgen. Sie können sich die Einträge dieses Arrays ausgeben lassen, indem Sie in die Python-Shell >>> `t` eingeben.

In den Zeilen 18 und 19 speichert die Matplotlib-Methode `plot(...)` die *x*,*y*-Koordinatendaten für die beiden Unterdiagramme. Erst durch die Anweisung `plt.show()` (Zeile 24) werden die beiden Funktionsplots `f1(t)` und `f2(t)` dargestellt.

Übung: numerisches Differenzieren mit dem zentralen Differenzenquotienten

Ermitteln Sie den Typ der Variablen ax.

Testen Sie das Programm mit verschiedenen Schrittweiten. Was passiert bei h= 1e-16?

Ändern Sie das Programm so, dass die Unterdiagramme für f1 und f2 in einer Zeile und zwei Spalten angeordnet werden.

Das Programm soll auch die zweite Ableitung von f1 in einem dritten Unterdiagramm darstellen. Ergänzen Sie das Programm entsprechend.

Testen Sie das Programm mit auskommentierter Zeile 23.

1.11.2 Differenzieren mit Numdifftools

Numdifftools ist ein in Python geschriebenes Modul zum Lösen numerischer Differenzierungsprobleme mit einer oder mehreren Variablen. Das Programm *num_differenzieren.py* (Listing 1.18) berechnet die erste Ableitung der Sinus-Funktion $y = \sin(\omega t)$, stellt die Funktionsplots der Funktion und ihre erste Ableitung in zwei Unterdiagrammen dar. Die Ausgabe von Listing 1.18 ist von der Ausgabe Listing 1.17 mit bloßem Auge nicht mehr zu unterscheiden.

Listing 1.18 Numerisches Differenzieren mit Numdifftools

```
1  #num_differenzieren.py
2  import numpy as np
3  import matplotlib.pyplot as plt
4  from numdifftools import Derivative
5  T=1        #Periodendauer
6  w=2*np.pi/T #Kreisfrequenz
7  #Sinus-Funktion
8  def f1(t):
9      return np.sin(w*t)
10 #erste Ableitung
11 def f2(t):
12     df=Derivative(f1,n=1)
13     return df(t)
14 #Grafikbereich
15 fig,ax = plt.subplots(2,1)
16 t = np.linspace(0,T,500)
17 ax[0].plot(t, f1(t), 'b-', lw=1.2)
18 ax[1].plot(t, f2(t), 'r-', lw=1.2)
19 #Beschriftungen
20 ax[0].set_ylabel('$y$')
21 ax[1].set(xlabel='$t$',ylabel=r'$\dot{y}$',title='1. Ableitung')
22 fig.tight_layout()
23 plt.show()
```

Analyse

In Zeile 4 wird die Klasse `Derivative` aus dem Modul `numdifftools` importiert. Alternativ könnte man auch einen Alias vergeben: `import numdifftools as nd`.

In Zeile 12 wird die Numdifftools-Methode `Derivative(f1,n=1)` aufgerufen und dem Objekt `df` zugewiesen. Als Argument wird ihr die Funktion `f1` (ohne den Parameter `t`) übergeben, die numerisch differenziert werden soll. Mit dem zweiten Argument können Sie die Ordnung der Ableitung festlegen. Laut Dokumentation sind Ableitungen bis zur 10-ten Ordnung möglich.

In Zeile 13 wird dem Objekt `df(t)` als Argument die Variable `t` aus Zeile 16 übergeben.

Die vollständige Parameterliste enthält weitere Optionen:

```
Derivative(fun,step=None, method='central' ,order=2, n=1,**options)
```

Wenn das Ergebnis instabil sein sollte, kann man den Parameter `order` einen größeren Wert als 2 zuweisen, z. B. den Wert 10. Der Parameter `order` definiert die Ordnung des Fehlerterms in der verwendeten Taylor-Näherung. Für die Methoden `central` und `complex` muss es eine gerade Zahl sein.

Übung: Numdifftools

Vergeben Sie für das Modul `Numdifftools` den Alias `nd`, führen Sie die notwendige Ergänzung in Zeile 12 durch und testen Sie das geänderte Programm.

Das Programm soll auch die zweite Ableitung von `f1` in einem dritten Unterdiagramm darstellen. Ergänzen Sie das Programm entsprechend.

Testen Sie das Programm auch mit höheren Ableitungen.

An dieser Stelle werden Sie sich vielleicht fragen, warum nur die numerische Differentiation und nicht auch die numerische Integration besprochen wurde. Die Antwort: Für die numerische Integration stellt das Modul `SciPy` die einfach zu handhabende Funktion `quad(func,a,b, ...)` zur Verfügung, diese wird später, wenn sie gebraucht wird, ausführlich besprochen (Listing 5.6 und 5.7). Das erste Argument ist der Name eine selbstdefinierten Python-Funktion, bei den beiden folgenden Argumenten handelt es sich um die untere und obere Integrationsgrenze.

2 Statik

Die Statik ist die Lehre vom Gleichgewicht der Kräfte, die auf ein statisches System wirken. Damit das statische System seinen Gleichgewichtszustand beibehält, müssen zwei Bedingungen erfüllt sein:

- Die Summe aller Kräfte, die auf den Körper wirken, muss null sein.
- Die Summe aller Drehmomente muss ebenfalls null sein.

Außerdem müssen in einem statischen System die Kräfte, die in den einzelnen Bauelementen wirken (z. B. Lager von Brücken, Stäbe in Fachwerken), berechnet werden. Wenn die zulässigen Belastungen überschritten werden, befindet sich das statische System nicht mehr im Gleichgewicht und es bricht zusammen. In diesem Kapitel werden Kräfte vektoriell addiert, Drehmomente, Auflagekräfte, Stabkräfte und Schwerpunkte berechnet.

2.1 Vektorielle Addition von Kräften

Eine **Kraft** F ist ein Vektor. Dieser Vektor lässt sich durch drei Merkmale beschreiben: Er hat einen Angriffspunkt, eine Richtung und einen Betrag (Größe der Kraft). Die Kraft wirkt in Richtung der Wirkungslinie. Kräfte werden anschaulich durch Pfeile symbolisiert. Die Länge des Pfeils repräsentiert die Größe der Kraft (Bild 2.1).

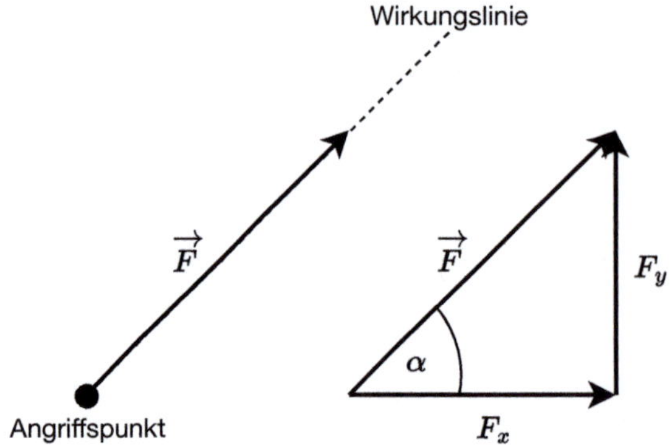

Bild 2.1
Zeichnerische Darstellung einer Kraft als Vektor (links), Zerlegung eines Kraftvektors (rechts)

Jeder Kraftvektor kann in seine x- und y-Komponenten zerlegt werden.

Das Matplotlib-Programm *sld_kraefte_addieren.py* demonstriert, wie zwei Kraftvektoren addiert werden. Von beiden Kraftvektoren sind jeweils die x- und y- Komponenten gegeben (Bild 2.2).

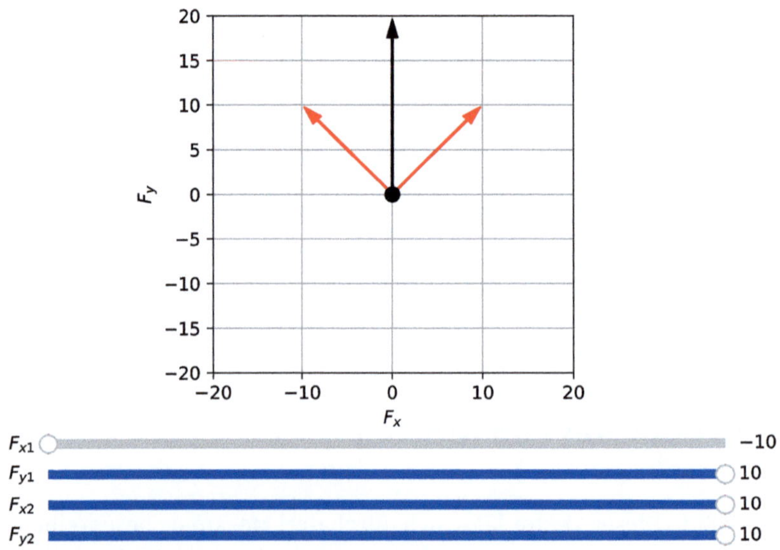

Bild 2.2 Addition von zwei Kraftvektoren

Mit den vier Slider-Knöpfen können Sie die x- und y-Komponenten von zwei Kraftvektoren verändern und das Ergebnis der Addition (resultierender Kraftvektor) direkt auf der Benutzeroberfläche ablesen. Wenn der resultierende Kraftvektor verschwindet, stellt sich ein Gleichgewicht ein.

Listing 2.1 zeigt den Quelltext des Matplotlib-Programms *sld_kraefte_addieren.py*. Die Kraftvektoren werden mit der Matplotlib-Methode `FancyArrowPatch()` dargestellt.

Listing 2.1 Addition von zwei Kraftvektoren

```
#sld_kraefte_addieren.py
import matplotlib.pyplot as plt
from matplotlib.patches import FancyArrowPatch,ArrowStyle
from matplotlib.widgets import Slider
#Slider abfragen
def update(val):
    x1 = sldX1.val
    y1 = sldY1.val
    x2 = sldX2.val
    y2 = sldY2.val
    pfeilX.set_positions((0, 0),(x1,y1))
    pfeilY.set_positions((0, 0),(x2,y2))
    pfeilZ.set_positions((0, 0),(x1+x2,y1+y2))
#Grafikbereich
fig, ax=plt.subplots(label="Addition von Kraftvektoren")
fig.subplots_adjust(left=0.12,bottom=0.3)
ax.axis([-20,20,-20,20])
ax.plot(0,0,'ko',markersize=8)
#Pfeile
spitze = ArrowStyle.Simple(head_length=10,head_width=6,tail_width=0.8)
pfeilX=FancyArrowPatch((0,0),(-10,10),color='red',arrowstyle=spitze)
pfeilY=FancyArrowPatch((0,0),(10,10),color='red',arrowstyle=spitze)
pfeilZ=FancyArrowPatch((0,0),(0,20),color='black',arrowstyle=spitze)
ax.add_patch(pfeilX)
ax.add_patch(pfeilY)
ax.add_patch(pfeilZ)
#Slider
xyX1=fig.add_axes([0.09, 0.17, 0.82, 0.03])
xyY1=fig.add_axes([0.09, 0.12, 0.82, 0.03])
xyX2=fig.add_axes([0.09, 0.07, 0.82, 0.03])
xyY2=fig.add_axes([0.09, 0.02, 0.82, 0.03])
sldX1=Slider(xyX1,'$F_{x1}$',-10,10,valinit=-10,valstep=0.1)
sldY1=Slider(xyY1,'$F_{y1}$',-10,10,valinit=10,valstep=0.1)
sldX2=Slider(xyX2,'$F_{x2}$',-10,10,valinit=10,valstep=0.1)
sldY2=Slider(xyY2,'$F_{y2}$',-10,10,valinit=10,valstep=0.1)
sldX1.on_changed(update)
sldY1.on_changed(update)
sldX2.on_changed(update)
sldY2.on_changed(update)
ax.set_aspect('equal')
ax.set(xlabel='$F_{x}$',ylabel='$F_{y}$')
ax.grid()
plt.show()
```

Analyse

Der grundsätzliche Aufbau eines interaktiven Matplotlib-Programms, das durch einen Slider gesteuert wird, wurde bereits im Abschnitt 1.9 besprochen. Deshalb werden in dieser Analyse nur die wichtigsten Details wiederholt und die neuen Programmelemente ausführlich besprochen.

In den Zeilen 2 bis 4 werden die benötigten Module und Methoden importiert. Die Methoden `FancyArrowPatch` und `ArrowStyle` werden aus dem Untermodul `patches` importiert. In Zeile 20 erzeugt die Methode `ArrowStyle.Simple(...)` das Objekt `spitze`. In diesem Objekt sind die Eigenschaften der Pfeilspitze gespeichert. In den Zeilen 21 bis 23 erzeugt die `FancyArrowPatch(x1,y1,x2,y2, ...)` die Objekte `pfeilX`, `pfeilY` und `pfeilZ`. Die ersten beiden Argumente legen die *x,y*-Koordinaten für den Angriffspunkt des Kraftvektors fest und die folgenden Argumente bestimmen die Koordinaten der Pfeilspitze. Die Anweisungen in den Zeilen 24 bis 26 bewirken, dass die Pfeile dargestellt werden. Wenn man sie auskommentiert, werden die Pfeile nach dem Programmstart nicht angezeigt.

Die Anweisungen in den Zeilen 28 bis 31 legen die Positionen und Abmessungen der Slider-Steuerelemente fest. In den Zeilen 32 bis 35 erzeugt die Methode `Slider(...)` die vier Objekte `sldX1`, `sldY1`, `sldX2` und `sldY2`. In den Zeilen 36 bis 39 ruft die Methode `on_changed(update)` die in den Zeilen 6 bis 13 selbstdefinierte Python-Funktion `update (val)` auf und sorgt dafür, dass alle Änderungen aus den Zeilen 7 bis 10 aktualisiert werden. In den Zeilen 11 bis 13 aktualisiert die Methode `set_positions((0,0),...)` die Positionen der Pfeilspitzen.

2.2 Drehmoment

Das **Drehmoment** M ist definiert als das Produkt aus der Länge des Hebelarms r und der Kraft F. Die Kraft wirkt am Ende des Hebelarms. Wenn der Kraftvektor senkrecht auf dem Vektor des Hebelarms steht, ist das Drehmoment am größten. Der Winkel α zwischen Kraftvektor und Hebelarm beträgt dann 90°. Wird der Winkel verkleinert oder vergrößert, verringert sich das Drehmoment. Das Drehmoment ist proportional zum Sinus des Winkels α. Es muss also gelten:

$$M = r \cdot F \cdot \sin\alpha$$

Die Benutzeroberfläche des Programms *sld_drehmoment.py* (Bild 2.3) veranschaulicht den Zusammenhang zwischen dem Drehmoment und wirksamer Kraft F_x (gestrichelte waagerechte Linie).

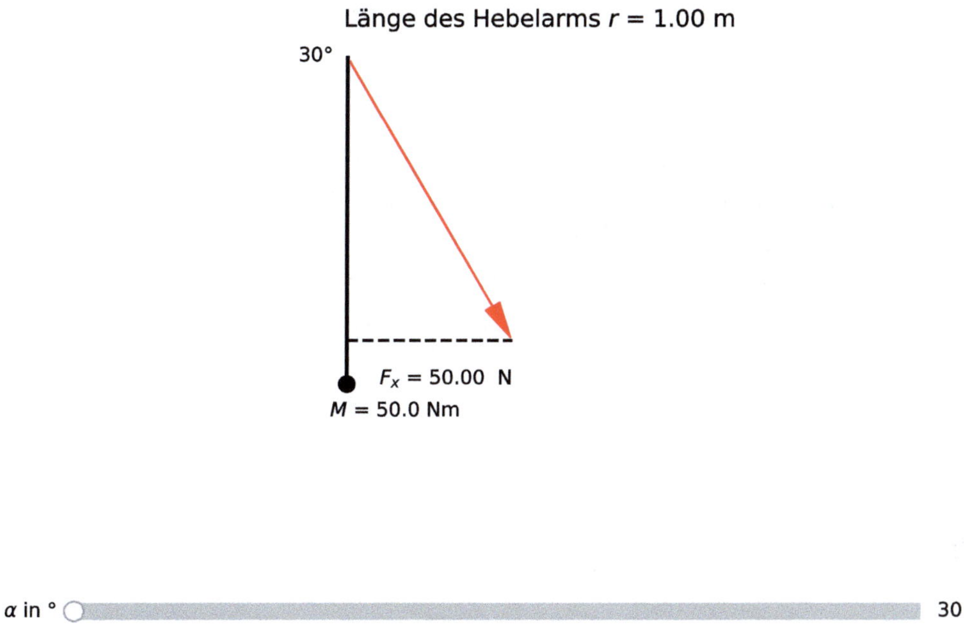

Bild 2.3 Drehmoment mit wirksamer Kraft

Wenn Sie mit dem Slider-Knopf den Winkel α bis 90° vergrößern, vergrößert sich auch die wirksame Kraft und damit auch das Drehmoment M. Wird der Winkel größer als 90°, verringert sich das Drehmoment. Das Drehmoment wirkt in der Drehachse.

Mit dem Matplotlib-Programm *sld_drehmoment.py* (Listing 2.2) können Sie die Auswirkung der wirksamen Kraft auf das Drehmoment simulieren. In den Zeilen 7 und 8 können Sie die Länge des Hebels und den Betrag der Kraft ändern.

Listing 2.2 Drehmoment mit wirksamer Kraft

```
1  #sld_drehmoment.py
2  import numpy as np
3  import matplotlib.pyplot as plt
4  from matplotlib.patches import FancyArrowPatch,ArrowStyle
5  from matplotlib.widgets import Slider
6  #Daten
7  r = 1    #Länge des Hebelarms in m
8  F=100    #Kraft in N
9  #Slider abfragen
10 def update(val):
11     winkel = sldAlpha.val
12     alpha=np.radians(winkel)
13     x=r*np.cos(alpha-np.pi/2)
14     y=r*np.sin(alpha-np.pi/2)
15     Fx=F*np.sin(alpha)
16     M=r*Fx
17     txtM.set_text('$M$ = %.1f Nm' %M)
```

```
18      txtAlpha.set_text('%.f°' %winkel)
19      txtFx.set_text('$F_{x}$ = %.2f N' %Fx)
20      txtFx.set(x = 0.05,y = y - 0.1)
21      vFx.set_data([0,x],[y,y])
22      vFy.set_data([0,0],[0,y])
23      pfeilF.set_positions((0,0),(x,y))
24  #Grafikbereich
25  fig, ax=plt.subplots(figsize=(8,8),label="Drehmoment")
26  fig.subplots_adjust(left=0.12,bottom=0.18)
27  ax.axis([-0.04,1.2*r,-1.2*r,1.2*r])
28  ax.plot(0,-r,'ko',markersize=8) #Drehachse
29  ax.plot([0,0],[0,-r],'k-',lw=2) #Hebelarm
30  vFx,= ax.plot([0,0.5],[-0.866,-0.866],'k--',lw=1.5)
31  vFy,= ax.plot([0,0],[0,-0.866],'k--',lw=1.5)
32  #Kraftvektor
33  SP = ArrowStyle.Simple(head_length=18,head_width=8)
34  pfeilF = FancyArrowPatch((0,0),(0.5,-0.866),color='red',arrowstyle=SP)
35  ax.add_patch(pfeilF)
36  #platzieren der Textelemente
37  txtM=ax.text(-0.05,-1.1*r,'$M$ = %.1f Nm' %50) #Drehmoment
38  txtAlpha=ax.text(-0.15,-0.01,'%.0f°'%30)        #Winkel
39  txtFx=ax.text(0.1,-1,'$F_{x}$ = %.2f  N' %50)
40  #Slider
41  xyAlpha=fig.add_axes([0.1, 0.02, 0.75, 0.03])
42  sldAlpha=Slider(xyAlpha,r'$\alpha$ in °',30,150,valinit=30,valstep=0.1)
43  sldAlpha.on_changed(update)
44  ax.set_axis_off()
45  ax.set_aspect('equal')
46  ax.set_title('Länge des Hebelarms $r$ = %.2f m' %r)
47  plt.show()
```

Analyse

In Zeile 11 wird die Einstellung des Winkels zwischen Hebelarm und Kraftvektor abgefragt. Er muss in die Einheit **rad** umgewandelt werden (Zeile 11). Die Anweisungen in den Zeilen 13 und 14 berechnen die *x*,*y*-Koordinaten der Pfeilspitze des Kraftvektors. In Zeile 15 wird der Wert der Kraftkomponente `Fx`, die nur in Richtung der *x*-Achse wirkt, berechnet. In Zeile 16 wird das Drehmoment berechnet. In Zeile 20 bewirkt die Methode `set(...)`, dass der Wert von `Fx` die Position der gestrichelten Linie annimmt.

Das Kreuzprodukt

Oben wurde behauptet, dass das Drehmoment in der Drehachse wirkt. Diese Aussage ist zwar richtig, sie ist aber unvollständig. Das Drehmoment ist ein Vektor. Der Vektor des Drehmoments steht senkrecht auf der Ebene, die von dem Vektor des Hebelarms und dem Vektor der Hebellänge aufgespannt wird (Bild 2.4).

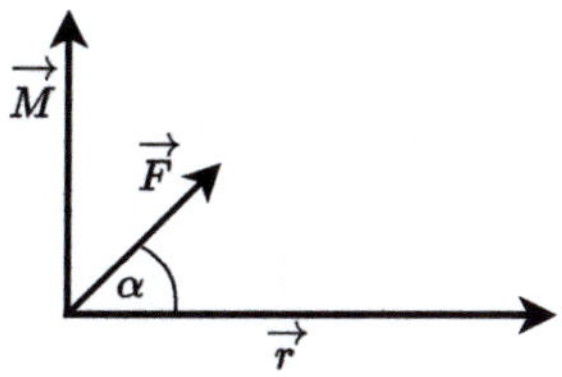

Bild 2.4
Veranschaulichung des Kreuzprodukts

Der Vektor des Drehmoments wird mit dem **Kreuzprodukt** aus dem Vektor des Hebelarms und dem Vektor der Kraft berechnet. Am Beispiel für $r_x = 1$ m und $F_y = 100$ N soll gezeigt werden, wie der Vektor des Drehmoments mit dem Kreuzprodukt berechnet wird.

$$\vec{M} = \vec{r} \times \vec{F} = \begin{pmatrix} r_x \\ r_y \\ r_z \end{pmatrix} \times \begin{pmatrix} F_x \\ F_y \\ F_z \end{pmatrix} = \begin{pmatrix} r_y F_z - r_z F_y \\ r_z F_x - r_x F_z \\ r_x F_y - r_y F_x \end{pmatrix} = \begin{pmatrix} 1 \\ 0 \\ 0 \end{pmatrix} \mathrm{m} \times \begin{pmatrix} 0 \\ 100 \\ 0 \end{pmatrix} \mathrm{N} = \begin{pmatrix} 0 \\ 0 \\ 100 \end{pmatrix} \mathrm{Nm}$$

Die NumPy-Funktion `cross()` berechnet das Kreuzprodukt. Listing 2.4 zeigt eine mögliche Implementierung. Der Hebel (1 m, Zeile 4) liegt auf der *x*-Achse und die Kraftkomponente (100 N, Zeile 9) wirkt nur in Richtung der *y*-Achse. Der Vektor des Drehmoments hat also einen Betrag von 100 Nm, er zeigt in die positive Richtung der *z*-Achse. In den Zeilen 4 bis 10 können sich die Komponenten für den Kraftvektor und den Vektor des Hebelarms ändern.

Listing 2.3 Kreuzprodukt

```
1  #kreuzprodukt.py
2  import numpy as np
3  #Hebelarm in m
4  rx = 1
5  ry = 0
6  rz = 0
7  #Kraftkomponenten in N
8  Fx = 0
9  Fy = 100
10 Fz = 0
11 #Vektoren
12 r=np.array([rx,ry,rz])
13 F=np.array([Fx,Fy,Fz])
14 #Kreuzprodukt
15 M=np.cross(r,F)
16 #Ausgabe
17 print('r =',r,'m')
18 print('F =',F,'N')
19 print('M =',M,'Nm')
```

Ausgabe

```
r = [1 0 0] m
F = [  0 100   0] N
M = [  0   0 100] Nm
```

Analyse

Die Vektorkomponenten für den Hebelarm `r` und die Kraft `F` werden als Liste einem NumPy-Array übergeben (Zeile 12 und 13). In Zeile 15 berechnet die NumPy-Funktion `cross(r,F)` das Drehmoment. In Zeile 19 wird der Vektor des Drehmoments `M` als Liste ausgegeben.

2.3 Gleichgewichtsbedingungen

Damit ein Körper seine stabile Gleichgewichtslage beibehält, muss die Summe aller Kräfte, die auf diesen Körper wirken, null sein:

$$\sum_i \vec{F}_i = 0$$

Diese Bedingung muss für alle x-, y-, z-Kraftkomponenten erfüllt sein.

Außerdem muss die Summe aller Drehmomente, die auf den Körper wirken, null sein:

$$\sum_i \vec{M}_i = 0$$

Wie die Gleichungen für die Kräfte und Drehmomente aufgestellt und gelöst werden, wird anhand praxisnaher Anwendungsfälle demonstriert. Es werden Auflagekräfte von Balken und Stabkräfte in einem Fachwerk berechnet.

2.3.1 Auflagekräfte

Auflagekräfte sind Kräfte, die auf eine Lagerung wirken. In diesem Abschnitt werden die Auflagekräfte für eine einfache und eine mehrfache Belastung eines Balkens berechnet. Die Kraftvektoren der Belastungen zeigen in Richtung des Erdmittelpunkts. Die Masse des Balkens soll vernachlässigt werden.

Ein Balken wird mit einer Kraft belastet

Bild 2.5 zeigt einen Balken mit der Länge l, der mit der Kraft F belastet wird. Die Kraft F wirkt im Abstand x auf den Balken. Sie steht senkrecht auf dem Balken. Es sollen die Auflagekräfte F_A und F_B in Abhängigkeit vom Abstand x berechnet und mit einem Matplotlib-Programm simuliert werden.

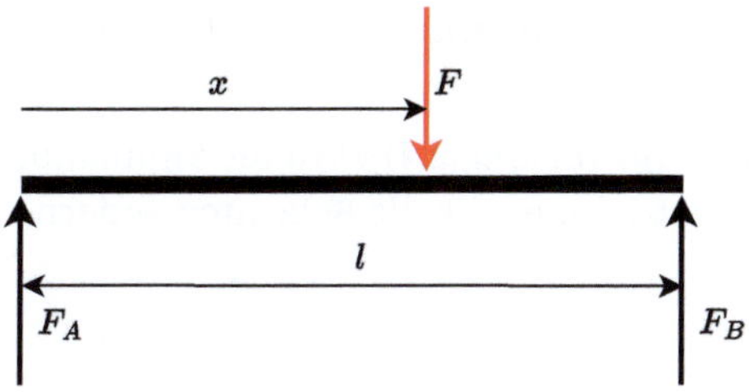

Bild 2.5
Zweiseitig eingespannter Balken mit einer Punktlast

Die Summe der drei Kräfte muss null sein:

$$F_A + F_B - F = 0$$

Als Drehachse (Referenzpunkt) wird der Punkt A gewählt. Für die Summe der Drehmomente gilt dann:

$$F_B \cdot l - F \cdot x = 0$$

Durch Auflösung nach der Auflagekraft im Punkt B erhält man:

$$F_B = \frac{F \cdot x}{l}$$

Für die Auflagekraft im Punkt A erhält man dann:

$$F_A = F - F_B$$

Bild 2.6 zeigt den Screenshot der Benutzeroberfläche des Matplotlib-Programms *sld_auflagekraefte.py*. Der Slider hat die Aufgabe, den Abstand x zu verstellen. Bezugspunkt ist das Auflager A.

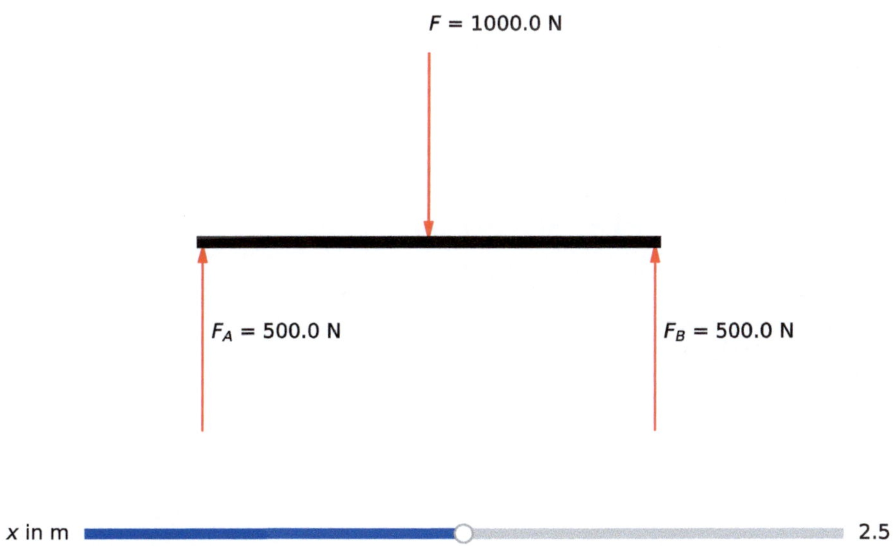

Bild 2.6 Simulation von Auflagekräften

Wenn Sie den Slider-Knopf verstellen, können Sie die Änderungen der Auflagekräfte simultan auf der Benutzeroberfläche ablesen.

Mit dem Matplotlib-Programm *sld_auflagekraefte.py* (Listing 2.4) wird die Simulation für die beiden Auflagekräfte ausgeführt. In Zeile 6 können Sie die Belastung ändern.

Listing 2.4 Simulation von Auflagekräften

```
1  #sld_auflagekraefte.py
2  import numpy as np
3  import matplotlib.pyplot as plt
4  from matplotlib.patches import FancyArrowPatch,ArrowStyle
5  from matplotlib.widgets import Slider
6  F=1000    #Last in  N
7  l= 5      #Länge des Balkens m
8  xmax,ymax=6,2.5
9  #Slider abfragen
10 def update(val):
11     x = sldX.val
12     Fb=F*x/l
13     Fa=F-Fb
14     txtF.set(x=x,y=2.1)
15     txtFa.set_text('$F_{A}$ = %.1f N' %Fa)
16     txtFb.set_text('$F_{B}$ = %.1f N' %Fb)
17     pfeilF.set_positions((x, 2),(x,1.0))
18 #Grafikbereich
19 fig, ax=plt.subplots(label="Auflagekräfte")
20 fig.subplots_adjust(left=0.12,bottom=0.18)
21 x=np.linspace(0,l,500)
22 ax.axis([-1,l+2,0,ymax])
23 #Balken
24 ax.plot([0,l],[1,1],'k-',lw=6)
25 #Vektoren
26 spitze = ArrowStyle.Simple(head_length=8,head_width=4)
27 pfeilF = FancyArrowPatch((2.5,2),(2.5,1.0),color='red',arrowstyle=spitze)
28 #Auflagekräfte
29 pfeilA = FancyArrowPatch((0,0),(0,1),color='red',arrowstyle=spitze)
30 pfeilB = FancyArrowPatch((l,0),(l,1),color='red',arrowstyle=spitze)
31 ax.add_patch(pfeilF)
32 ax.add_patch(pfeilA)
33 ax.add_patch(pfeilB)
34 #platzieren der Textelemente
35 txtFa=ax.text(0.1,0.5,'$F_{A}$ = %.1f N' %500)
36 txtFb=ax.text(5.1,0.5,'$F_{B}$ = %.1f N' %500)
37 txtF =ax.text(2.5,2.1, '$F$ = %.1f N' %F)
38 #Slider
39 xyX=fig.add_axes([0.09, 0.02, 0.82, 0.03])
40 sldX=Slider(xyX,'$x$ in m',0,5,valinit=2.5,valstep=0.1)
41 sldX.on_changed(update)
42 ax.set_axis_off()
43 plt.show()
```

Analyse

Die Position `x` des Kraftvektors `F` wird in Zeile 11 abgefragt. In den Zeilen 12 und 13 werden die Auflagekräfte `Fa` und `Fb` berechnet.

Ein Balken wird mit drei Kräften belastet

Für den Balken in Bild 2.7 sollen die Auflagekräfte F_A und F_B berechnet werden. Als Drehachse (Referenzpunkt) wird das linke Ende des Balkens gewählt.

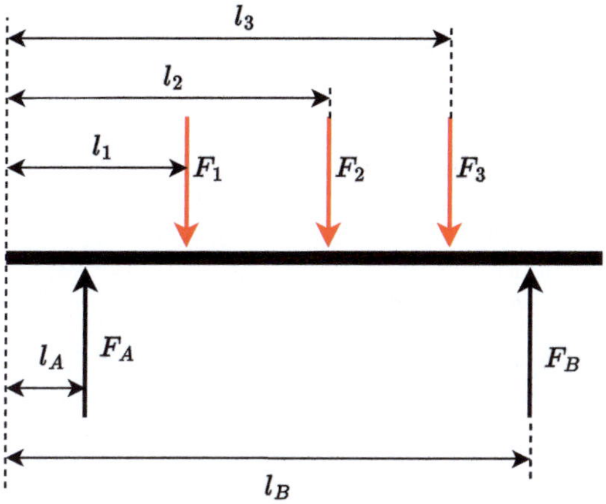

Bild 2.7
Balken mit drei Punktlasten

Für die Summe aller Kräfte gilt:

$$F_A + F_B - F_1 - F_2 - F_3 = 0$$

Für die Summe aller Drehmomente gilt:

$$F_A \cdot l_A + F_B \cdot l_B - F_1 \cdot l_1 - F_2 \cdot l_2 - F_3 \cdot l_3 = 0$$

Das Gleichungssystem soll mit SymPy gelöst werden. Die Unbekannten sind die Auflagekräfte F_A und F_B.

Hinweis

In diesem Kapitel werden zum ersten Mal SymPy-Programme eingesetzt. In SymPy können Funktionen wie z. B. `solve()`, `diff()`, `integrate()` usw. auch als Methoden verwendet werden. Da das Modul SymPy objektorientiert programmiert ist, ist es zweckmäßig, auch SymPy-Funktionen als Methoden zu bezeichnen. Diese Sprachregelung hat außerdem den Vorteil, dass beim Lesefluss SymPy-Funktionen nicht mit mathematischen Funktionen verwechselt werden.

Das SymPy-Programm *sym_auflagekraefte.py* (Listing 2.5) löst das Gleichungssystem mit der Methode `solve(...)`. In den Zeilen 5 bis 13 können Sie die Daten für die Längenabschnitte und Belastungskräfte ändern.

Listing 2.5 Auflagekräfte für drei Punktlasten

```
1  #sym_auflagekraefte.py
2  from sympy import *
3  FA,FB=symbols('FA,FB')
4  #Daten
5  l=3 #Länge des Balkens in m
6  lA=0.5 #m
7  lB=2.5
8  l1=0.8
9  l2=1.2
10 l3=1/2
11 F1=1000 #N
12 F2=500
13 F3=200
14 #Gleichungen
15 gL1=FA+FB-F1-F2-F3 #Summe aller Kräfte
16 gL2=FA*lA+FB*lB-F1*l1-F2*l2-F3*l3 #Summe der Drehmomente
17 #Lösung des Gleichungssystems
18 auflagekraefte=solve([gL1,gL2],[FA,FB],dict=True)
19 #Ausgabe
20 print(auflagekraefte)
21 print(auflagekraefte[0].keys())
22 print(auflagekraefte[0].values())
23 print("FA = %3.2f N" %(auflagekraefte[0][FA]))
24 print("FB = %3.2f N" %(auflagekraefte[0][FB]))
```

Ausgabe

```
[{FA: 1275.00000000000, FB: 425.000000000000}]
dict_keys([FA, FB])
dict_values([1275.00000000000, 425.000000000000])
FA = 1275.00 N
FB = 425.00 N
```

Analyse

Typisch für SymPy-Programme ist der Import aller Methoden mithilfe des Asterisk-Symbols * (Zeile 2). Alternativ könnte man mit `from sympy import symbols,solve` nur die Methoden, die auch tatsächlich benötigt werden, importieren. Für Ungeübte ist diese Vorgehensweise allerdings nicht zu empfehlen, weil sie fehleranfällig sein kann.

In Zeile 3 werden die symbolischen Variablen `FA` und `FB` vereinbart. Dieser Programmteil kommt in der Regel in allen SymPy-Programmen vor.

In den Zeilen 5 bis 13 stehen die vorgegebenen Daten des Balkens. Durch Änderung dieser Daten können Sie das Programm auch mit anderen Werten testen.

In den Zeilen 15 und 16 werden die Gleichungen für die Summe aller Kräfte und die Summe der Drehmomente definiert. Damit die Argumente, die der Methode `solve(...)`

übergeben werden müssen, handhabbar bleiben, werden die Informationen des Gleichungssystems in die Objekte `gL1` und `gL2` gespeichert.

In Zeile 18 löst die SymPy-Methode `solve([gL1,gL2],[FA,FB],dict=True)` das Gleichungssystem aus den Zeilen 15 und 16. Die Unbekannten `FA` und `FB` werden als Listen deklariert. Die Ergebnisse werden als Dictionary in das Objekt `auflagekraefte` gespeichert.

In Zeile 20 wird das Ergebnis als Liste ausgegeben. In der Liste ist das Dictionary eingebettet. Man kann sich die Schlüssel (Zeile 21) oder die Werte (Zeile 22) ausgeben lassen. In den Zeilen 23 und 24 werden die Werte der Auflagekräfte ausgegeben.

2.3.2 Stabkräfte in einem Fachwerk berechnen

Für das **Fachwerk** aus Bild 2.8 sollen die Auflage- und Stabkräfte mit dem Knotenpunktverfahren berechnet werden. Das Fachwerk besteht aus fünf Knoten und sieben Stäben. Wie in der Fachliteratur üblich werden die Knoten mit römischen und die Stäbe mit arabischen Ziffern gekennzeichnet.

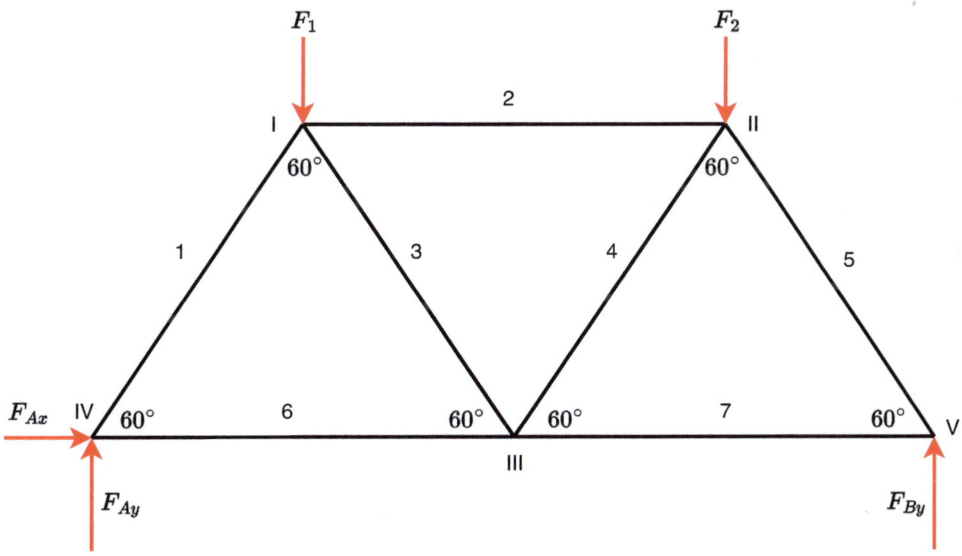

Bild 2.8 Ebenes Fachwerk mit fünf Knoten

Alle Stäbe sind als gleichseitige Dreiecke angeordnet. Der Winkel zwischen den einzelnen Stäben beträgt also π/3 (60°). Das linke Auflager ist ein Festlager (Lager zweiter Ordnung), das rechte Auflager ist ein Loslager (Lager erster Ordnung).

Aus Bild 2.8 kann ein lineares Gleichungssystem mit zehn Unbekannten (sieben Stabkräfte und drei Auflagekräfte) abgelesen werden. Man denkt sich jeden der fünf

Knoten als freigeschnitten. Für jeden Knoten wird eine Gleichung aufgestellt. Da die x- und y-Komponenten der Stabkräfte berücksichtigt werden müssen, ergeben sich insgesamt zehn Gleichungen, das sind die zehn Zeilen der **Koeffizientenmatrix**. Die Spalten der Koeffizientenmatrix enthalten die Einträge der sieben Stabkräfte und der drei Auflagekräfte. Man erhält also eine quadratische 10×10-Koeffizientenmatrix. Der **Inhomogenitätsvektor** ist ein Spaltenvektor mit den Einträgen der Kräfte F_1 und F_2, mit denen das Fachwerk belastet wird.

Die Kräfte müssen in ihre x- und y-Komponenten zerlegt werden. Für die x-Komponenten der Kräfte wird die Abkürzung

$$a = \cos\frac{\pi}{3} = \frac{1}{2}$$

eingeführt.

Die y-Komponenten erhalten die Abkürzung

$$b = \sin\frac{\pi}{3} = \frac{\sqrt{3}}{2}$$

Alle Kräfte werden in eine Tabelle eingetragen. Sie werden als Zugkräfte angenommen, sind also von den Knotenpunkten weggerichtet. Die Tabelle 2.1 besteht aus zehn Zeilen und elf Spalten. In den Spalten 1 bis 10 stehen die unbekannten Stab- und Auflagekräfte. In der elften Spalte müssen die Belastungskräfte F_1 und F_2 eingetragen werden (Inhomogenitätsvektor).

Tabelle 2.1 Rechenschema für das Kontenpunktverfahren

	S_1	S_2	S_3	S_4	S_5	S_6	S_7	A_x	A_y	B_y	
I	$-a$	1	a								
	$-b$		$-b$								$-F_1$
II		-1		$-a$	a						
				$-b$	$-b$						$-F_2$
III			$-a$	a		-1	1				
			b	b							
IV	a					1		-1			
	b						-1		-1		
V					$-a$						
					b					-1	

Jede Stabkomponente kommt in der Tabelle zweimal vor, jedoch mit unterschiedlichem Vorzeichen. Die Koeffizienten aus Tabelle 2.1 werden in ein zweidimensionales NumPy-Array `A` und der Inhomogenitätsvektor `y` wird in ein eindimensionales NumPy-Array eingetragen. Das lineare Gleichungssystem wird mit der NumPy-Funktion `solve(A,y)` gelöst. Das Programm *np_stabkraefte.py* (Listing 2.6) berechnet die Stab- und Auflagekräfte. In den Zeilen 4 und 5 können Sie andere Belastungskräfte eintragen.

Listing 2.6 Lineares Gleichungssystem lösen

```
1  #np_stabkraefte.py
2  import numpy as np
3  from numpy.linalg import solve
4  F1=1000 #N
5  F2=1000 #N
6  a=1/2  #cos(300°)
7  b=np.sqrt(3)/2 #sin(120°)
8  #Koeffizientenmatrix
9  A = np.array([[-a, 1, a, 0, 0, 0, 0, 0, 0, 0],  #Ix
10               [-b, 0,-b, 0, 0, 0, 0, 0, 0, 0],  #Iy
11               [ 0,-1, 0,-a, a, 0, 0, 0, 0, 0],  #IIx
12               [ 0, 0, 0,-b,-b, 0, 0, 0, 0, 0],  #IIy
13               [ 0, 0,-a, a, 0,-1, 1, 0, 0, 0],  #IIIx
14               [ 0, 0, b, b, 0, 0, 0, 0, 0, 0],  #IIIy
15               [ a, 0, 0, 0, 0, 1, 0,-1, 0, 0],  #IVx
16               [ b, 0, 0, 0, 0, 0, 0, 0,-1, 0],  #IVy
17               [ 0, 0, 0, 0,-a, 0,-1, 0, 0, 0],  #Vx
18               [ 0, 0, 0, 0, b, 0, 0, 0, 0,-1]]) #Vy
19 #Inhomogenitätsvektor
20 y = np.array([0,-F1,0,-F2,0,0,0,0,0,0])
21 #Lösung
22 L=solve(A,y)
23 #Ausgabe
24 print("Knotenpunktverfahren")
25 # print("Koeffizientenmatrix\n",A)
26 # print("Inhomogenitätsvektor\n",y)
27 print("Lösungsvektor:\n",L)
28 print("Stabkräfte")
29 for i in range(A[0].size-3):
30     print("S%d = %3.2f N" %(i+1,L[i]))
31 print("Ax = %3.2f N" %L[7])
32 print("Ay = %3.2f N" %L[8])
33 print("By = %3.2f N" %L[9])
```

Ausgabe

```
Knotenpunktverfahren
Lösungsvektor:
 [1154.70053838  577.35026919    0.            0.          1154.70053838
 -577.35026919 -577.35026919   -0.         1000.          1000.         ]
Stabkräfte
S1 = 1154.70 N
S2 = 577.35 N
S3 = 0.00 N
S4 = 0.00 N
```

```
S5 = 1154.70 N
S6 = -577.35 N
S7 = -577.35 N
Ax = -0.00 N
Ay = 1000.00 N
By = 1000.00 N
```

Analyse

Die Anweisung in Zeile 3 importiert die Funktion `solve` aus dem Untermodul `linalg` des Moduls `numpy`. In den Zeilen 9 bis 18 wird ein zweidimensionales NumPy-Array erzeugt. Die Daten werden in das Objekt `A` gespeichert. In Zeile 20 steht der eindimensionale Inhomogenitätsvektor `y`. In Zeile 22 löst die NumPy-Funktion `solve(A,y)` das lineare Gleichungssystem. Die Lösung wird in das Objekt `L` gespeichert.

Die Stabkräfte `S6` und `S7` haben ein negatives Vorzeichen. Es handelt sich nicht um Zugkräfte, sondern um Druckkräfte.

Alternativ können Sie das Gleichungssystem auch mit der gleichnamigen SciPy-Funktion `solve()` lösen, indem Sie Zeile 3 durch die Importanweisung `from scipy.linalg import solve` ersetzen.

2.4 Schwerpunkte

Der **Schwerpunkt** oder Massenmittelpunkt eines Körpers ist derjenige Punkt, in dem die räumlich über den gesamten Körper verteilte Masse als konzentriert gedacht werden kann [Spura:63]. Stützt man einen Körper in seinem Schwerpunkt, so bleibt er im Gleichgewicht, auch wenn man seine Lage im Raum ändert. Jede Gerade durch den Schwerpunkt wird als **Schwerelinie** bezeichnet.

Die Statik unterscheidet zwischen Massen-, Linien-, Flächen- und Volumenschwerpunkt. Wenn die Dichte in einem Körper gleichmäßig verteilt ist, dann sind Linien-, Flächen- und Volumenschwerpunkte gleich dem Massenschwerpunkt.

2.4.1 Massenschwerpunkt

In diesem Abschnitt wird ein einfaches Verfahren für die Berechnung von Massenschwerpunkten zusammengesetzter Körper vorgestellt. Als Teilkörper werden Würfel, Zylinder und Kugeln gewählt. Weil von diesen elementaren Körpern die Schwerpunkte bekannt sind, lässt sich der Schwerpunkt eines aus diesen elementaren Körpern zusammengesetzten Massesystems einfach berechnen. Es werden die Massenschwerpunkte eines Kugel-Stange-Kugel-Systems (Hantel) und eines Stange-Kugel-Systems (physikalisches Pendel) berechnet.

Massenschwerpunkt eines Kugel-Stange-Kugel-Systems

In Bild 2.9 sind zwei Kugeln mit den Massen m_1 und m_2 mit einer Stange verbunden. Die Masse der Stange wird vernachlässigt. Der Abstand zwischen den Schwerpunkten (= Mittelpunkt der Kugeln) beträgt l. Es soll untersucht werden, bei welchem Abstand sich eine stabile Gleichgewichtslage einstellt.

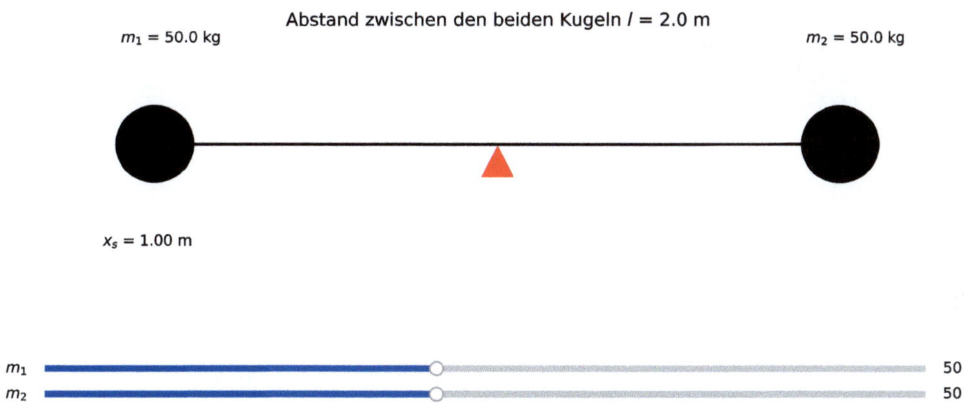

Bild 2.9 Schwerpunkt eines Kugel-Stange-Kugel-Systems

Im Schwerunkt x_s sind die beiden Drehmomente, die die Massen m_1 und m_2 verursachen, betragsmäßig gleich groß. Im Gleichgewichtszustand muss also gelten:

$$g \cdot m_1 \cdot x_s = g \cdot m_2 \, (l - x_s)$$

Die Erdbeschleunigung g kann auf beiden Seiten der Gleichung gekürzt werden. Durch Auflösen nach x_s erhält man die Schwerpunktkoordinate:

$$x_s = \frac{m_2 \cdot l}{m_1 + m_2}$$

Das Produkt aus der Masse m_2 und der Länge l wird als statisches Moment erster Ordnung bezeichnet. Dividiert man das statische Moment durch die Summe der Massen, erhält man den Schwerpunkt. Mit dem Matplotlib-Programm *sld_massenschwerpunkt1.py* (Listing 2.7) können Sie die Verschiebung der Schwerpunktkoordinate x_s für verschiedene Massen simulieren. Wenn Sie die Massen vergrößern oder verkleinern, werden Sie feststellen, dass sich der Schwerpunkt in Richtung der größeren Masse bewegt.

Listing 2.7 Schwerpunktsimulation eines Kugel-Stange-Kugel-Systems

```
#sld_massenschwerpunkt1.py
import numpy as np
import matplotlib.pyplot as plt
from matplotlib.patches import Circle,FancyArrowPatch,ArrowStyle
```

```
5  from matplotlib.widgets import Slider
6  rho=7.85 #Dichte von Stahl in kg/dm^2
7  l = 2    #Länge des Stabes in m
8  #Slider abfragen
9  def update(val):
10     m1 = sldM1.val #Masse 1 in kg
11     m2 = sldM2.val #Masse 2 in kg
12     xs=m2/(m1+m2)*l
13     r1=((3*rho*m1)/(4*np.pi))**(1/3)*0.025
14     r2=((3*rho*m2)/(4*np.pi))**(1/3)*0.025
15     txtM1.set_text('$m_{1}$ = %.1f kg' %m1)
16     txtM2.set_text('$m_{2}$ = %.1f kg' %m2)
17     txtXs.set_text('$x_{s}$ = %.2f m' %xs) #Schwerpunkt
18     pfeilA.set_positions((xs,-0.1),(xs,0))
19     kugel1.set_radius(r1)
20     kugel2.set_radius(r2)
21     return kugel1,kugel2
22 #Grafikbereich
23 fig, ax=plt.subplots(figsize=(10,4),label="Massenschwerpunkt")
24 fig.subplots_adjust(left=0.12,bottom=0.18)
25 ax.axis([-0.1,1.1*l,-1.1*l,1.1*l])
26 #Balken
27 ax.plot([0,l],[0,0],'k-',lw=2)
28 #Massen
29 kugel1 = Circle((0,0), radius=0.113,color='black')
30 kugel2 = Circle((l,0), radius=0.113,color='black')
31 ax.add_patch(kugel1)
32 ax.add_patch(kugel2)
33 #Drehachse
34 SP=ArrowStyle.Simple(head_length=20,head_width=20)
35 pfeilA = FancyArrowPatch((l,-0.1),(l,0),color='red',arrowstyle=SP)
36 ax.add_patch(pfeilA)
37 #platzieren der Textelemente
38 txtM1=ax.text(-0.1,0.3,'$m_{1}$ = %.1f kg' %50)
39 txtM2=ax.text(1.9,0.3,'$m_{2}$ = %.1f kg' %50)
40 txtXs=ax.text(-0.15,-0.3,'$x_{s}$ = %.2f m' %l)
41 #Slider
42 xyM1=fig.add_axes([0.09, 0.08, 0.82, 0.03])
43 xyM2=fig.add_axes([0.09, 0.02, 0.82, 0.03])
44 sldM1=Slider(xyM1,'$m_{1}$',10,100,valinit=50,valstep=0.01)
45 sldM2=Slider(xyM2,'$m_{2}$',10,100,valinit=50,valstep=0.01)
46 sldM1.on_changed(update)
47 sldM2.on_changed(update)
48 ax.set_axis_off()
49 ax.axis('equal')
50 ax.set_title('Abstand zwischen den beiden Kugeln $l$ = %1.1f m'%l)
51 plt.show()
```

Analyse

In den Zeilen 10 und 11 werden die aktuellen Werte der Massen m1 und m2 für den Stab und die Kugel abgefragt. Aus diesen Werten wird der Schwerpunkt xs der x-Koordinate berechnet (Zeile 12). In den Zeilen 13 und 14 werden die Radien der beiden Kugeln deshalb berechnet, damit bei der Massenänderung der Kugeln, diese auch optisch wahrnehmbar am Bildschirm dargestellt werden kann. Die Veränderung der Kugeldurchmesser erfolgt in den Zeilen 19 und 20.

In den Zeilen 29 und 30 erzeugt die Methode `Circle(...)` die beiden Objekte `kugel1` und `kugel2`, die in Wirklichkeit Kreise sind, aber die Hantelkugeln repräsentieren sollen.

Verfahren für die Berechnung von Massenschwerpunkten zusammengesetzter Körper

Anhand eines einfachen Beispiels soll die prinzipielle Vorgehensweise gezeigt werden, wie ein Massenschwerpunkt elementar berechnet werden kann. Ein Stab mit Masse $3m$ und der Länge $l = 6a$ wird in drei gleiche Teile geteilt. Die Masseverteilung soll homogen sein.

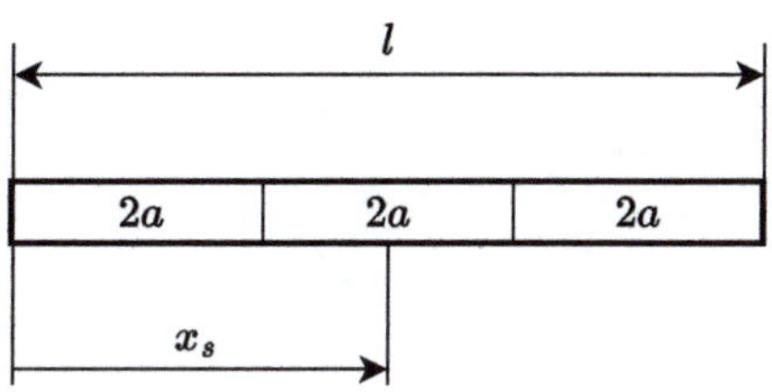

Bild 2.10
Schwerpunkt eines Stabs

Aus Bild 2.10 kann sofort der Schwerpunkt abgelesen werden. Er liegt genau in der Mitte des Stabs und hat deshalb den Wert $x_s = 3a = l/2$. Formal geht man wie folgt vor:

$$x_S = \frac{m \cdot a + m \cdot (2a + a) + m \cdot (4a + a)}{m + m + m} = \frac{m9a}{3m} = 3a$$

Im Zähler des Bruchs stehen die statischen Momente, im Nenner steht die Summe der Teilmassen. Man ermittelt die bekannten Schwerpunkte der einzelnen Teilstücke. In diesem Beispiel beträgt der Schwerpunkt eines Teilstücks $x_i = a$. Das erste Massenelement m wird mit diesem Wert multipliziert. Der Schwerpunkt des zweiten Massenelements hat einen Abstand von $2a + a = 3a$. Er wird mit dem Massenelement m multipliziert. Der Schwerpunkt des dritten Massenelements hat einen Abstand von $4a + a = 5a$. Er wird wieder mit dem Massenelement m multipliziert. Die Summe aus den drei Produkten wird durch die Gesamtmasse dividiert. Das Ergebnis ist der Masseschwerpunkt des Stabs. Der Schwerpunkt eines Stabs mit der Länge l liegt also bei $x_s = 9a/3 = 3a = l/2$. Dieses Verfahren für die Berechnung des Massenschwerpunktes können Sie mit der folgenden Übung anwenden und vertiefen.

Übung: Massenschwerpunkt für einen zusammengesetzten Körper

Ein pyramidenförmiger Körper besteht aus drei Würfeln mit den Massen $m_1 = 1$ kg, $m_2 = 2$ kg und $m_3 = 3$ kg. Alle Würfel liegen rotationssymmetrisch auf der x-Achse. Jeder Zylinder hat eine Länge von 2 dm. Berechnen Sie den Massenschwerpunkt x_s des Körpers (Ergebnis: $x_s = 22/6$ dm).

Stange-Kugel-System

In dem nächsten Beispiel soll die Masse der Stange nicht vernachlässigt werden. An einem Ende der Stange mit der Masse m_1 ist eine Kugel mit der Masse m_2 befestigt (Bild 2.11).

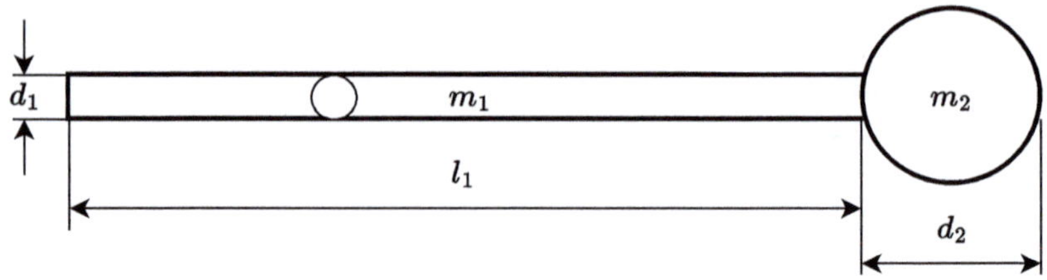

Bild 2.11 Stange-Kugel-System

Um die folgende Simulation besser zu verstehen, können Sie einen praktischen Versuch mit einem Besen durchführen.

Übung: Schwerpunkt eines Besens

Nehmen Sie einen Besen und versuchen Sie, seinen Schwerpunkt zu finden, indem Sie den Besenstil auf einem Ihren Finger lagern und den Besen so lange verschieben, bis er eine stabile Gleichgewichtslage einnimmt. Sie werden feststellen, dass der Schwerpunkt in der Nähe des Besenkopfs liegt.

Aus Bild 2.11 kann für den Massenschwerpunkt in x-Richtung folgende Berechnungsvorschrift abgelesen werden:

$$x_s = \frac{m_1 \frac{l_1}{2} + m_2 \left(l_1 + \frac{d_2}{2} \right)}{m_1 + m_2}$$

Für die Masse der Stange gilt:

$$m_1 = \rho \cdot V_1 = \rho \cdot \pi \left(\frac{d_1}{2} \right)^2 \cdot l_1$$

Für die Masse der Kugel gilt:

$$m_2 = \rho \cdot V_2 = \rho \cdot \frac{4}{3}\pi \left(\frac{d_2}{2}\right)^3$$

Das Programm *massenschwerpunkt.py* (Listing 2.8) berechnet den Massenschwerpunkt für das Stange-Kugel-System aus Bild 2.11.

Listing 2.8 Massenschwerpunkt für Stange-Kugel-System berechnen

```
#massenschwerpunkt.py
from math import pi
rho=7.85 #kg/dm^3
#Funktionsdefinition
def massenschwerpunkt(l1,d1,d2):
    m1=rho*pi*(d1/2)**2*l1
    m2=rho*4/3*pi*(d2/2)**3
    xs = (m1*l1/2+m2*(l1+d2/2))/(m1+m2)
    return m1,m2,xs
#Daten
l1= 20   #Länge der Stange in dm
d1= 0.2  #Durchmesser der Stange in dm
d2= 1.0  #Durchmesser der Kugel in dm
#Funktionsaufruf
m1,m2,xs= massenschwerpunkt(l1,d1,d2)
#Ausgabe
print("Masse der Stange m1 = %2.2f kg" %m1)
print("Masse der Kugel  m2 = %2.2f kg" %m2)
print("Gesamtlänge  l = %2.2f m" %(0.1*(l1+d2)))
print("Schwerpunkt xs = %2.2f m" %(0.1*xs))
```

Ausgabe

```
Masse der Stange m1 = 4.93 kg
Masse der Kugel  m2 = 4.11 kg
Gesamtlänge  l = 2.10 m
Schwerpunkt xs = 1.48 m
```

Simulation des Schwerpunkts eines Stange-Kugel-Systems

Bild 2.12 zeigt den Screenshot der Benutzeroberfläche des Programms *sld_massenschwerpunkt2.py* für das Stange-Kugel-System. Das rote Dreieck markiert den Schwerpunkt des Systems.

Bild 2.12 Stange-Kugel System

Wenn Sie die Slider-Knöpfe verstellen, wird das rote Dreieck in die Position des Schwerpunkts verschoben. Die aktuelle Schwerpunktkoordinate x_s wird auf der Benutzeroberfläche ausgegeben.

Das Programm *sld_massenschwerpunkt2.py* enthält die Funktion `masseschwerpunkt()` von Listing 2.8 und Teile von Listing 2.7. Es wird deshalb nicht mit abgedruckt. Sie finden den Quelltext im Downloadbereich.

2.4.2 Schwerpunkt von Flächen

In diesem Abschnitt sollen die **Flächenschwerpunkte** eines rechtwinkligen Dreiecks, einer Kreisscheibe und der Fläche unter einer Parabel mithilfe der Integralrechnung berechnet werden.

In Bild 2.13 ist ein rechtwinkliges Dreieck, eine Kreisscheibe und eine Parabel mit ihren vermuteten Schwerpunktkoordinaten abgebildet. Für diese drei Flächen sollen die Schwerpunktkoordinaten symbolisch mit SymPy berechnet werden.

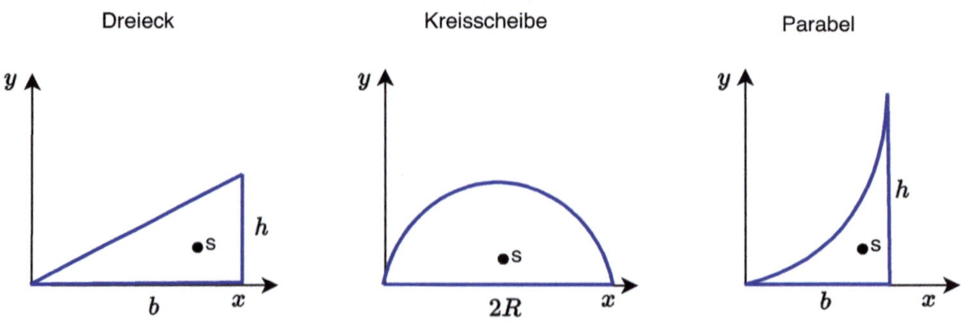

Bild 2.13 Flächenschwerpunkte von Dreieck, Kreisscheibe und Parabel mit den vermuteten Schwerpunkten

Zunächst verschaffen wir uns mit der folgenden Übung einen empirischen Zugang zu der Aufgabenstellung, indem wir den Flächenschwerpunkt eines rechtwinkligen Dreiecks anhand eines einfachen Experiments überprüfen.

Übung: Flächenschwerpunkt

Schneiden Sie sich mit einer Schere ein rechtwinkliges Dreieck aus Pappe zurecht, teilen Sie jeweils zwei Seiten in gleiche Teile und zeichnen Sie die Seitenhalbierende ein. Im Schnittpunkt der Seitenhalbierenden befindet sich der Schwerpunkt des Dreiecks. Wenn Sie nun in den Schwerpunkt ein kleines Loch bohren und das Dreieck freibeweglich um eine Drehachse (z. B. Kugelschreibermine) senkrecht zur Achse drehen, werden Sie feststellen, dass die längere Kathete eine horizontale Lage einnimmt. Erklärung: Die links vom Schwerpunkt liegenden Flächenanteile sind genauso groß wie die rechts vom Schwerpunkt liegenden Flächenanteile.

Für den Flächenschwerpunkt in x-Richtung gilt allgemein:

$$x_s = \frac{1}{A} \int_A x \mathrm{d}A \tag{2.1}$$

Für den Flächenschwerpunkt in y-Richtung gilt:

$$y_s = \frac{1}{A} \int_A y \mathrm{d}A \tag{2.2}$$

Dreieck

In Bild 2.13 (links) ist ein rechtwinkliges Dreieck abgebildet. Die lange Kathete liegt auf der x-Achse und die kurze Kathete (Höhe h) verläuft parallel zur y-Achse.

Aus Bild 2.13 (links) kann die Funktionsgleichung für das Dreieck abgelesen werden.

$$y = \frac{h}{b} x$$

Der Schwerpunkt in x-Richtung wird mit Formel 2.1 berechnet:

Für ein differenzielles Flächenelement $\mathrm{d}A$ gilt:

$$\mathrm{d}A = y \mathrm{d}x$$

Mit Formel 2.1 ergibt sich der Schwerpunkt in Richtung der x-Achse zu:

$$x_s = \frac{1}{A} \int_0^b x \mathrm{d}A = \frac{1}{A} \int_0^b x \cdot y \mathrm{d}x = \frac{2}{b \cdot h} \int_0^b x \cdot \frac{h}{b} x \mathrm{d}x = \frac{2}{3} b$$

Für die Berechnung des Schwerpunkts der y-Koordinate wird berücksichtigt, dass der Linienschwerpunkt an der Stelle x genau der Hälfte des Funktionswerts $y(x)$ entspricht. Es muss also gelten:

$$y_s = \frac{1}{A}\int_0^b \frac{y}{2}\mathrm{d}A = \frac{1}{2A}\int_0^b y \cdot y\mathrm{d}x = \frac{2}{2b \cdot h}\int_0^b \frac{h}{b}x \cdot \frac{h}{b}x\mathrm{d}x = \frac{h}{b^3}\int_0^b x^2\mathrm{d}x = \frac{1}{3}h$$

Kreisscheibe

Der Flächenschwerpunkt einer Kreisscheibe Bild 2.13 (Mitte) kann in Polarkoordinaten berechnet werden. Die y-Achse soll die Symmetrieachse der Kreisscheibe sein. Für die Schwerpunktkoordinate in x-Richtung gilt also: $x_s = 0$. Der Radius r zeigt auf ein Flächenelement dA. Die Seiten eines rechteckförmigen Flächenelements setzen sich aus der Bogenlange ds = r·dφ und dem Radiusabschnitt dr zusammen.

Für ein differenzielles Flächenelement dA gilt dann:

$$\mathrm{d}A = \mathrm{d}s \cdot \mathrm{d}r = r \cdot \mathrm{d}\varphi \cdot \mathrm{d}r$$

Die Funktionswerte $y(r,\varphi)$ werden mit dem Produkt aus der Variablen r und dem Sinus des Winkels φ berechnet:

$$y = r \cdot \sin\varphi$$

Mit Formel 2.2 erhält man ein Zweifachintegral, das leicht in Polarkoordinaten berechnet werden kann:

$$y_s = \frac{2}{\pi R^2}\int_0^R\int_0^\pi r \cdot \sin\varphi \cdot r \cdot \mathrm{d}\varphi \cdot \mathrm{d}r = \frac{2}{\pi R^2}\left\{\left[\frac{r^3}{3}\right]_0^R \cdot [-\cos\varphi]_0^\pi\right\} = \frac{4}{3}\frac{R}{\pi}$$

Parabel

Für die Fläche unter der Parabel aus Bild 2.13 (rechts) soll der Flächenschwerpunkt berechnet werden. Die Parameter h und b legten die Höhe und Breite der Fläche fest.

Für die Funktionsgleichung der Parabel soll gelten:

$$y = \frac{h}{b^2}x^2$$

Die Fläche A unter einer Parabel kann mit dem bestimmten Integral berechnet werden:

$$A = \int_0^b \frac{h}{b^2}x^2\mathrm{d}x = \frac{h \cdot b}{3}$$

Die Schwerpunktkoordinate x_s wird mit Formel 2.1 berechnet:

$$x_s = \frac{1}{A}\int_0^b x\mathrm{d}A = \frac{1}{A}\int_0^b x \cdot y\mathrm{d}x = \frac{3}{h \cdot b}\int_0^b x \cdot \frac{h}{b^2}x^2\mathrm{d}x = \frac{3}{4}b$$

Es soll wieder berücksichtigt werden, dass der Linienschwerpunkt an der Stelle x genau der Hälfte des Funktionswerts $y(x)$ entspricht. Für die Schwerpunktkoordinate y_s gilt dann:

$$y_s = \frac{1}{A}\int_0^b y\mathrm{d}A = \frac{1}{A}\int_0^b \frac{y}{2} \cdot y\mathrm{d}x = \frac{3}{2h \cdot b}\int_0^b \left(\frac{h}{b^2}x^2\right)^2 \mathrm{d}x = \frac{3}{10}h$$

Das Programm *sym_flaechenschwerpunkt.py* (Listing 2.9) berechnet die Schwerpunktkoordinaten für ein rechtwinkliges Dreieck, eine Kreisscheibe und der Parabelfläche $y = h/b^2 \cdot x^2$.

Listing 2.9 Flächenschwerpunkte symbolisch berechnen

```
#sym_flaechenschwerpunkt.py
from sympy import *
x,b,h =symbols('x,b,h')
r,phi,R =symbols('r,phi,R')
#Dreieck
y=h/b*x
A1=b*h/2
xs=integrate(x*y,(x,0,b))/A1
ys=integrate(y*y,(x,0,b))/A1/2
print("Dreieck S = ",(xs,ys))
#Kreischeibe
A2=pi*R**2/2
xs=integrate(r**2*cos(phi), (r, 0, R), (phi, 0, pi))/A2
ys=integrate(r**2*sin(phi), (r, 0, R), (phi, 0, pi))/A2
print("Kreisscheibe S = ",(xs,ys))
#Parabel
y=h/b**2*x**2
A3=integrate(y,(x,0,b))
xs=integrate(x*y,(x,0,b))/A3
ys=integrate(y*y,(x,0,b))/A3/2
print("Parabel S =",(xs,ys))
```

Ausgabe

```
Dreieck S =  (2*b/3, h/3)
Kreisscheibe S =  (0, 4*R/(3*pi))
Parabel S = (3*b/4, 3*h/10)
```

Analyse

In den Zeilen 3 und 4 werden die symbolischen Variablen vereinbart. Die SymPy-Methode `integrate(...)` berechnet die Schwerpunktkoordinaten. Als erstes Argument muss dieser Methode der Term einer mathematischen Funktion übergeben werden. Es folgt in runde Klammern eingebettet die Integrationsvariable mit den Integrationsgrenzen. Die Ergebnisse werden in die Objekte `xs` und `ys` gespeichert (Zeile 8, 9, 19 und 20). In den Zeilen 13 und 14 wird ein Zweifachintegral ebenfalls mit der Methode `integrate(func,(var1,a,b),(var2,c,d))` berechnet, allerdings muss eine zusätzliche Integrationsvariable mit den geforderten Integrationsgrenzen der Methode als Argument übergeben werden.

Wie zu erwarten war, stimmen die von SymPy berechneten Ergebnisse mit den Voraussagen überein.

2.4.3 Schwerpunkte von Körpern

In diesem Abschnitt soll der Volumenschwerpunkt einer Pyramide, eines Kegels und einer Halbkugel (Bild 2.14) berechnet werden.

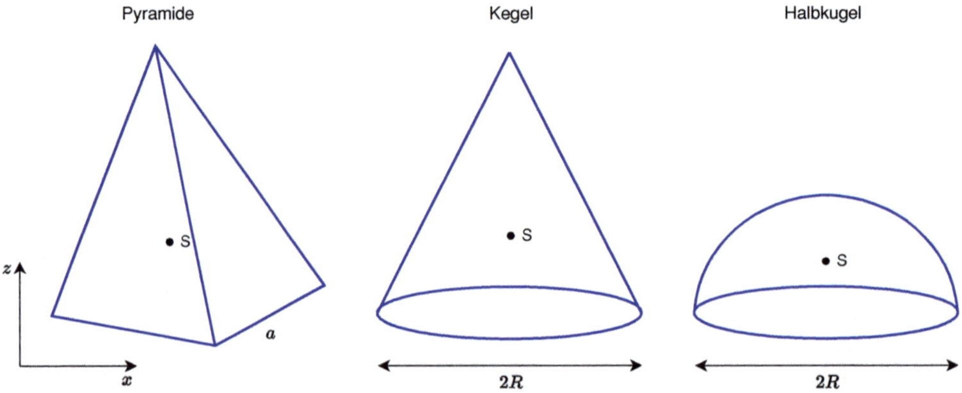

Bild 2.14 Pyramide, Kegel und Halbkugel mit den vermuteten Schwerpunkten

Die Körper werden symmetrisch zur z-Achse angeordnet, sodass nur der Schwerpunkt in z-Richtung berechnet werden muss. Dann gilt:

$$z_s = \frac{1}{V} \int\limits_V z \mathrm{d}V \tag{2.3}$$

Pyramide

Für die Pyramide aus Bild 2.14 (links) mit der Seitenlänge a und der Höhe h soll der Schwerpunkt für die z-Koordinate berechnet werden. Die Pyramide liegt symmetrisch auf der z-Achse.

Die Grundfläche ist quadratisch und hat die Seitenlänge a. Für ein differenzielles Volumenelement dV gilt dann:

$$\mathrm{d}V = x^2 \mathrm{d}z = \left[\frac{a}{h}(h-z)\right]^2 \mathrm{d}z = \left[a\left(1-\frac{z}{h}\right)\right]^2 \mathrm{d}z$$

Das Volumen der Pyramide (ein Drittel mal Grundfläche mal Höhe) ist bekannt und man erhält mit Formel 2.3 die Berechnungsvorschrift für die z-Schwerpunktkoordinate:

$$z_S = \frac{3}{a^2 h} \int_0^h z \left[a\left(1-\frac{z}{h}\right)\right]^2 \mathrm{d}z = \frac{h}{4}$$

Kegel

Für den Kegel aus Bild 2.14 (Mitte) mit dem Radius R und der Höhe h soll der Schwerpunkt für die z-Koordinate berechnet werden. Der Kegel liegt symmetrisch auf der z-Achse.

Für ein differenzielles Volumenelement dV gilt:

$$\mathrm{d}V = \pi x^2 \mathrm{d}z = \pi \left[\frac{R}{h}(h-z)\right]^2 \mathrm{d}z = \pi \left[R\left(1-\frac{z}{h}\right)\right]^2 \mathrm{d}z$$

Das Volumen des Kegels (ein Drittel mal Grundfläche mal Höhe) ist bekannt und man erhält mit Formel 2.3 die Berechnungsvorschrift für die z-Schwerpunktkoordinate:

$$z_S = \frac{3}{\pi R^2 h} \int_0^h z \cdot \pi \left[R\left(1-\frac{z}{h}\right)\right]^2 \mathrm{d}z = \frac{h}{4}$$

Halbkugel

Für die Halbkugel aus Bild 2.14 (rechts) soll der Schwerpunkt für die z-Koordinate berechnet werden. Die Halbkugel mit dem Radius R liegt symmetrisch auf der z-Achse.

Für ein differenzielles Volumenelement dV der Halbkugel gilt:

$$\mathrm{d}V = \pi \left(R^2 - z^2\right) \mathrm{d}z$$

Das Volumen der Halbkugel (zwei Drittel mal pi mal Radius hoch drei) ist bekannt. Mit Formel 2.3 erhält man die Berechnungsvorschrift für den Schwerpunkt der z-Koordinate.

$$z_S = \frac{3}{2\pi R^3} \int_0^R z \cdot \pi \left(R^2 - z^2\right) \mathrm{d}z = \frac{3}{8} R$$

Das Programm *sym_koerperschwerpunkt.py* (Listing 2.10) berechnet die Schwerpunktkoordinaten z_s für die Pyramide, den Kegel und die Halbkugel.

Listing 2.10 Körperschwerpunkte symbolisch berechnen

```
#sym_koerperschwerpunkt.py
from sympy import *
z,R,h,a = symbols('z,R,h,a')
#Pyramide
zsp=3/(a**2*h)*integrate(z*(a*(1-z/h))**2,(z,0,h))
#Kegel
zsk=3/(pi*R**2*h)*integrate(z*pi*(R*(1-z/h))**2,(z,0,h))
#Halbkugel
zshk=3/(2*pi*R**3)*integrate(z*pi*(R**2-z**2),(z,0,R))
#Ausgabe
print("Pyramide S = ",(0,0,zsp))
print("Kegel S = ",(0,0,zsk))
print("Halbkugel S = ",(0,0,zshk))
```

Ausgabe

```
Pyramide S =  (0, 0, h/4)
Kegel S =  (0, 0, h/4)
Halbkugel S =  (0, 0, 3*R/8)
```

Erwartungsgemäß stimmen die von SymPy berechneten Ergebnisse mit den vorausgesagten Werten überein.

2.5 Aufgaben

1. Schreiben Sie ein Matplotlib-Programm, das die drei Kraftvektoren F_1 = (2,4) N, F_2 = (4,4) N und F_3 = (6,0) N geometrisch addiert. Die Vektoren sollen mit der Matplotlib-Methode `FancyArrowPatch(Fx1,Fy1,Fx2,Fy2, ...)` dargestellt werden.
2. Schreiben Sie ein Matplotlib-Programm, das den Kraftvektor mit dem Betrag von F = 10 N in seine x- und y-Komponenten zerlegt. Mit einem Slider-Steuerelement soll der Winkel α zwischen dem Kraftvektor und der x-Achse von 0 bis 360° eingestellt werden. Der Kraftvektor soll mit der Matplotlib-Methode `FancyArrowPatch()` dargestellt werden.

3. Gegeben sind der Ortsvektor $\vec{r} = (1, 2, 3)$ m und der Kraftvektor $\vec{F} = (200{,}100{,}300)$ N. Schreiben Sie eine Python-Funktion `drehmoment(rx,ry,rz,Fx,Fy,Fz)`, die den Vektor des Drehmoments mit der NumPy-Funktion `cross(r,F)` berechnet. Die Funktion soll außerdem noch die Länge des Hebelarms, den Betrag der Kraft, den Betrag des Drehmoments und den Winkel zwischen Hebelarm und Kraftvektor berechnen.

4. Ändern Sie Listing 2.2 so, dass der Hebelarm zwischen 30° und 90° gedreht wird. Der Kraftvektor zeigt in negativer Richtung der y-Achse. Der wirksame Hebelarm soll als gestrichelte Linie dargestellt werden.

5. Berechnen Sie mit SymPy den Flächenschwerpunkt eines Kreissektors für den Öffnungswinkel 2α. Als Symmetrieachse wird die x-Achse gewählt. Die Integration soll in den Grenzen $-\alpha$ bis $+\alpha$ erfolgen.

6. Mit der SymPy-Methode `integrate()` soll der Flächenschwerpunkt für die Fläche unter der Parabel $y = -x^2 + 4$ für $-2 \le x \le +2$. Die Parabel soll auch grafisch dargestellt werden.

7. Der Flächenschwerpunkt eines Dreiecks soll mit einem Matplotlib-Programm simuliert werden. Die Koordinaten x_1, x_2, x_3 und y_3 sollen jeweils durch ein Slider-Steuerelement in dem Bereich zwischen 0 bis 20 verstellt werden. Für die y-Koordinaten soll gelten: $y = (10, 20, y_3)$. Der Schwerpunkt soll durch einen schwarzen Punkt mit `plot(...,...,'ko',markersize=4)` markiert werden. Schreiben Sie ein Programm, das diese Anforderungen erfüllt.

3 Mechanik deformierbarer Körper

Körper aus Aluminium oder Stahl (z. B. Stäbe oder Rohre) können durch äußere Krafteinwirkung ihre Form ändern. Wenn sie nach Beendigung der Krafteinwirkung ihre ursprüngliche Form wieder einnehmen, lag die Verformung im elastischen Bereich, anderenfalls liegt eine plastische Verformung vor. In diesem Kapitel wird nur die elastische Verformung behandelt. Bei Stahl liegt der elastische Bereich der Verformung in der Größenordnung von 10^{-3} [Hagedorn, Bd.2:6]. Das heißt: Ein Stab aus Stahl von 1 m Länge kann nur um einige Millimeter gedehnt werden, damit er nach Beendigung der Belastung seine ursprüngliche Länge wieder einnimmt.

Bild 3.1 zeigt den Screenshot des VPython-Programms *vp_kristallgitter.py*. Dargestellt wird das Festkörpermodell eines Metallkristalls aus kubisch angeordneten Atomen. Autor des Programms ist Bruce Sherwood.

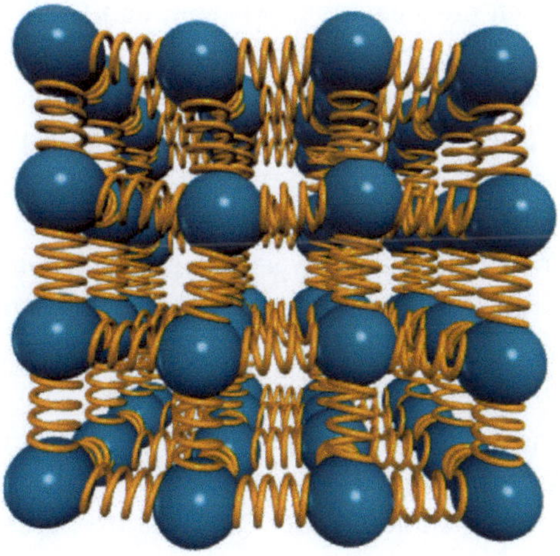

Bild 3.1
Modell eines Kristallgitters

Die einzelnen Atome sind durch Federn miteinander verbunden. Die Federn sollen die elastischen Eigenschaften des Materials symbolisieren.

Körper können auf Zug, Druck, Biegung, Scherung und Torsion (Verdrehung) belastet werden. In diesem Kapitel werden nur die ersten drei Belastungsarten behandelt.

3.1 Zugbelastung

In Bild 3.2 wird ein Stahlstab dargestellt, der auf Zug belastet wird. Durch die Zugbelastung verlängert sich der Stab um die Länge Δl.

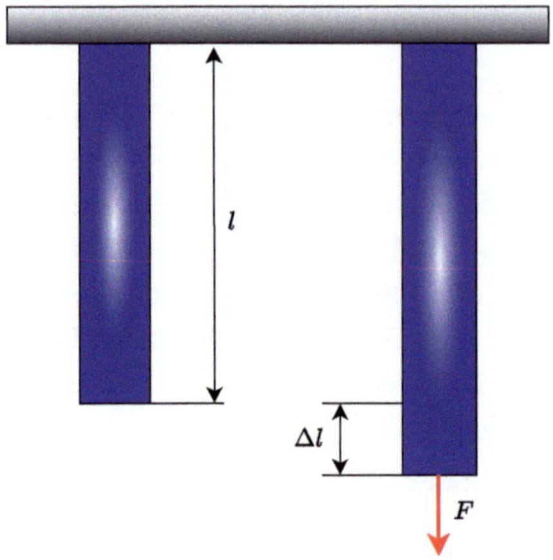

Bild 3.2
Zugversuch

Feste Körper bestehen aus Gitterbausteinen, die in Form eines Raumgitters angeordnet sind. Im unbelasteten Zustand befinden sich die Abstände zwischen den Gitterbausteinen in einem stabilen Gleichgewicht. Wirkt eine äußere Kraft auf den Körper ein, werden die Abstände zwischen den Gitterbausteinen vergrößert. Die Gleichgewichtslage zwischen den inneren Bindungskräften des Festkörpers und der äußeren Kraft bleibt so lange erhalten, bis die äußere Kraft die Bindungskräfte des Kristallgitters überwindet. Sind die äußeren Kräfte größer als Bindungskräfte zwischen den Gitterbausteinen, wird das Material an einer Bruchstelle in zwei Teile getrennt. Die im Material wirkenden Kräfte werden als innere Kräfte bezeichnet. Die maximal mögliche Größe der inneren Kräfte ist abhängig von geometrischen Eigenschaften des Körpers und seinen Materialeigenschaften (z. B. maximale Zugspannung).

Der Zusammenhang zwischen Zugkraft F und Verlängerung des Stabs um Δl wird durch das **Hookesche Gesetz** beschrieben. Wenn ein Stab auf Zug belastet wird, dann ist die Zugkraft F proportional zu einer Materialkonstanten E, der Querschnittsfläche A und der Dehnung $\Delta l/l_0$:

$$F = E \cdot A \cdot \frac{\Delta l}{l_0}$$

Das Produkt aus dem Elastizitätsmodul E und der Querschnittsfläche A wird als **Dehnsteifigkeit** bezeichnet. Die Materialkonstante E wird als **Elastizitätsmodul** bezeichnet. Für Stahl hat sie z. B. den Wert von $E = 190\,000$ bis $210\,000\ \mathrm{N/mm^2}$. Die **Dehnung** ε ist das Verhältnis von Längenänderung Δl zu Länge des unbelasteten Stabs: $\varepsilon = \Delta l / l_0$. Dividiert man beide Seiten durch A, erhält man das Hookesche Gesetz in übersichtlicher Form:

$$\sigma = \frac{F}{A} = E \cdot \varepsilon \tag{3.1}$$

Den Quotienten aus Zugkraft F und Querschnittsfläche A bezeichnet man als Zugspannung oder abgekürzt als **Spannung** (engl. *stress*).

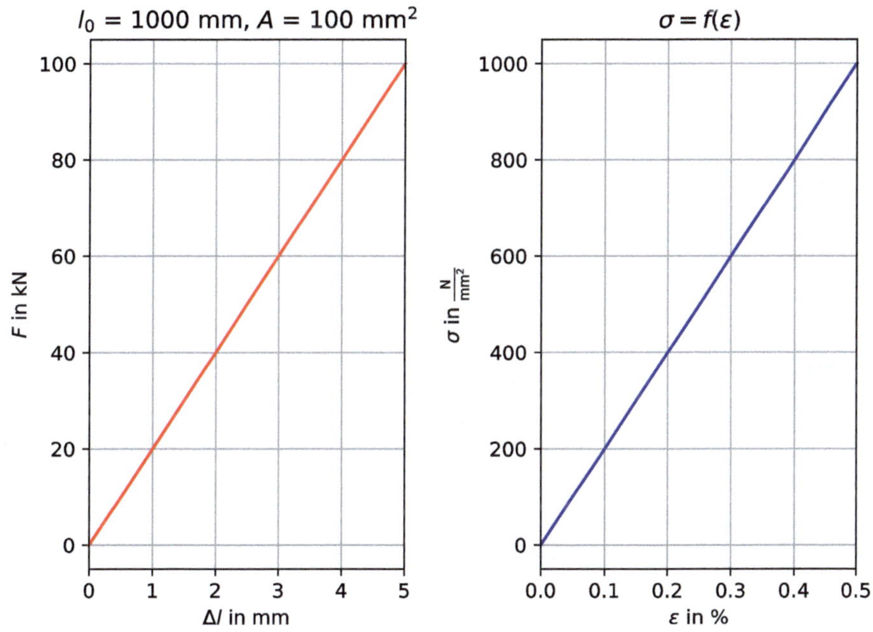

Bild 3.3 Kraftdehnungsdiagramm und Spannungsdehnungsdiagramm

Aus beiden Diagrammen (Bild 3.3) kann das Elastizitätsmodul von $E = 200\ \mathrm{kN/mm^2}$ abgelesen werden. Die Länge des Stabs von $l_0 = 1000\ \mathrm{mm}$ wird bei Zugversuchen nicht verwendet. In der Laborpraxis beträgt die Länge eines Probestabs 50 bzw. 80 mm.

Aus dem Hookeschen Gesetz (Formel 3.1) kann eine Dimensionierungsvorschrift für den notwendigen Querschnitt eines Bauteils hergeleitet werden:

$$A \geq \frac{F}{\sigma_{zul}} \tag{3.2}$$

Der Querschnitt A eines Bauteils (Stab, Balken) muss größer oder gleich dem Quotienten aus der Kraft F, mit dem das Bauteil belastet wird, und der zulässigen Spannung σ_{zul} sein. Die zulässige Spannung ist von der Eigenschaft des Materials abhängig. Sie kann einschlägigen Tabellenwerken entnommen werden. Für den Baustahl S235 hat sie einen Wert von $\sigma_{zul} \approx 230\ \text{N/mm}^2$.

Draht mit Masse

In Bild 3.4 ist ein dünner Draht mit der Länge l und einer Kugel mit der Masse m dargestellt. Der Draht hat den Kreisquerschnitt A. Die Masse des Drahts ist von der Dichte ρ seines Materials, seiner Querschnittsfläche A und seiner Länge l abhängig. Das Beispiel stammt aus [Gabbert:136].

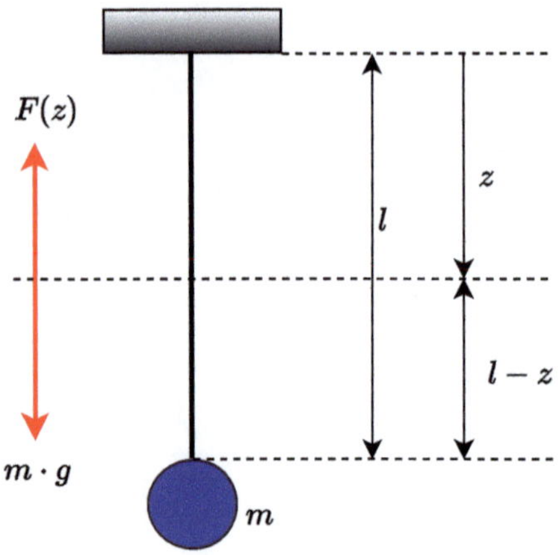

Bild 3.4
Zugbelastung eines dünnen Drahts

Gesucht wird die **Verschiebung** (Dehnung) w des Drahts an der Stelle z und die Gesamtverlängerung. Die Längskraft $F(z)$ setzt sich aus der Gewichtskraft der Kugel und dem Eigengewicht des Drahts zusammen.

$$F(z) = m \cdot g + \rho \cdot A \cdot (l - z) \cdot g \tag{3.3}$$

Die Masse des Drahts steigt proportional zur Dichte ρ, zur Querschnittsfläche A und zur Länge l. Die Längskraft $F(z)$ ist an der Befestigungsstelle ($z = 0$) am größten. Bei Überlast würde der Draht dort reißen.

Aus Formel 3.2 und Formel 3.3 kann der Normalspannungsverlauf berechnet werden:

$$\sigma(z) = \frac{F(z)}{A} = \frac{m \cdot g + \rho \cdot g \cdot A\,(l - z)}{A}$$

Bei $z = 0$ herrscht im Draht die maximale Zugspannung:

$$\sigma_{max} = \frac{m \cdot g}{A} + \rho \cdot g \cdot l \tag{3.4}$$

Die maximale Zugspannung $\sigma_{\max}$ muss immer kleiner als die zulässige Zugspannung σ_{zul} sein. Wird Formel 3.4 nach A aufgelöst, erhält man eine Berechnungsvorschrift für den erforderlichen Drahtquerschnitt:

$$A \geq \frac{m \cdot g}{\sigma_{zul} - \rho \cdot g \cdot l}$$

Das Dehnungsproblem aus Bild 3.4 wird durch die allgemeine **Verschiebungsgleichung** $w = f(z)$ beschrieben. Für die Verschiebung w gilt:

$$\frac{\mathrm{d}w}{\mathrm{d}z} = \frac{F(z)}{E \cdot A}$$

Diese DGL kann durch einfache Integration gelöst werden. Um aus der allgemeinen Lösung der DGL die spezielle Lösung zu erhalten, muss die Randbedingung $w(0) = 0$ berücksichtigt werden. Diese Randbedingung drückt aus, dass an der Befestigungsstelle keine Dehnung vorkommt. Die DGL hat die spezielle Lösung [Gabbert: 137]:

$$w(z) = \frac{m \cdot g}{E \cdot A} z + \frac{\rho \cdot g}{2E}\left(2l \cdot z - z^2\right)$$

Das SymPy-Programm *sym_draht.py* (Listing 3.1) löst die DGL und berechnet allgemein die Gesamtverlängerung des Drahts.

Listing 3.1 Dehnung eines dünnen Drahts

```
#sym_draht.py
from sympy import *
g,A,E,l,rho,m=symbols('g,A,E,l,rho,m')
z = symbols('z')
w = Function('w')(z)
F=m*g + rho*g*A*(l - z)
dgl=Eq(w.diff(z,1),F/(E*A))
aL=dsolve(dgl)          #allgemeine Lösung der DGL
rb={                    #Randbedingung
    w.subs(z,0):0
    }
sL=dsolve(dgl,ics=rb) #spez. Lösung
rL=sL.rhs               #rechte Seite der Gleichung
wmax=rL.subs(z,l)
#Ausgaben
print("allgemeine Lösung\n",aL)
print("spezielle Lösung\n",sL)
print("rechte Seite der Gleichung\n w(z) =",rL)
print("wmax =",wmax)
```

Ausgabe

```
allgemeine Lösung
 Eq(w(z), C1 + g*l*rho*z/E - g*rho*z**2/(2*E) + g*m*z/(A*E))
spezielle Lösung
 Eq(w(z), g*l*rho*z/E - g*rho*z**2/(2*E) + g*m*z/(A*E))
rechte Seite der Gleichung
 w(z) = g*l*rho*z/E - g*rho*z**2/(2*E) + g*m*z/(A*E)
wmax = g*l**2*rho/(2*E) + g*l*m/(A*E)
```

Analyse

In den Zeilen 3 bis 5 werden die symbolischen Variablen vereinbart. Die Variable `w` soll eine Funktion von `z` sein (Zeile 5).

In Zeile 6 steht die Berechnungsvorschrift für die Zugkraft `F`. Die Formel 3.3 kann direkt übernommen werden.

In Zeile 7 steht die Definition der DGL. In Zeile 8 löst die Methode `dsolve(...)` diese DGL.

Die Randbedingung wird in das Dictionary `rb` gespeichert (Zeile 9 bis 11). An der Stelle $z = 0$ (siehe: Bild 3.4) liegt keine Dehnung vor, deshalb: `w.subs(z,0):0` (Zeile 10).

In Zeile 12 berechnet `dsolve(dgl,ics=rb)` die spezielle Lösung der DGL. Der Wert für die Randbedingung wird dem Parameter `ics` zugewiesen. Die Abkürzung `ics` steht für *initial/boundary conditions*.

In Zeile 13 wird die rechte Seite der speziellen Lösungsgleichung `sL` ermittelt. Die Abkürzung `rhs` steht für *right hand side*.

3.2 Druckbelastung

Wird ein Stab auf Druck belastet, so reduziert sich seine Länge. Es gilt das Hookesche Gesetz wie bei der Zugbelastung. Die **Stauchung** Δl kann mit dem bestimmten Integral

$$\Delta l = \int_0^l \frac{F(x)}{E \cdot A(x)} \mathrm{d}x \tag{3.5}$$

berechnet werden. Am Beispiel einer Betonsäule soll die Stauchung, die durch das Eigengewicht erzeugt wird, berechnet werden.

Stauchung einer Betonsäule

In Bild 3.5 ist eine Betonsäule mit der Länge l und dem Querschnitt A dargestellt.

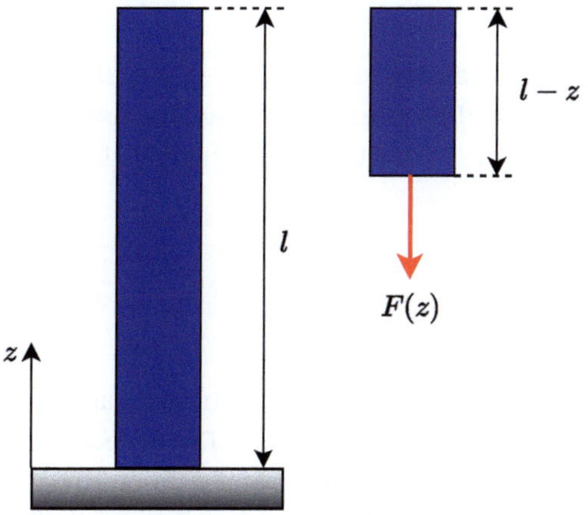

Bild 3.5
Betonsäule unter Eigengewicht (links) und Freikörperbild (rechts)

Das Beispiel stammt aus [Skolaut:105]. Gegeben sind die Länge l = 20 m, Querschnitt A = 100 000 mm², Elastizitätsmodul E = 30 GPa, spezifisches Gewicht γ = 27 000 N/m³. Gesucht ist die Stauchung Δl.

Für die Längskraft an der Stelle z gilt:

$$F(z) = \gamma \cdot A\,(l - z)$$

In Formel 3.5 eingesetzt ergibt:

$$\Delta l = \int_0^l \frac{F(z)}{E \cdot A(z)} \mathrm{d}z = -\frac{\gamma}{E} \int_0^l (l - z)\,\mathrm{d}z = -\frac{\gamma l^2}{2E} = -0{,}18\ \mathrm{mm}$$

Das Programm *sym_saeule.py* (Listing 3.2) berechnet das bestimmte Integral und den Zahlenwert für die Stauchung.

Listing 3.2 Druckbelastung einer Betonsäule

```
#sym_saeule.py
from sympy import *
gamma,E,z,l=symbols('gamma,E,z,l')
#Integration
dl=-gamma/E*integrate((l-z),(z,0,l))
#Zahlenwerte einsetzen
dl2=dl.subs(gamma,27000).subs(E,30e9).subs(l,20)*1e3
#Ausgabe
print("\u0394l =",dl)
print("\u0394l = %2.2f mm" %dl2)
```

Ausgabe

```
Δl = -gamma*l**2/(2*E)
Δl = -0.18 mm
```

Analyse

In Zeile 5 erfolgt die Integration der mathematischen Funktion $f(z) = l - z$ in den Grenzen von 0 bis l. In Zeile 7 werden die Werte für das spezifische Gewicht `gamma`, das Elastizitätsmodul `E` und die Länge `l` der Betonsäule in das Objekt `dl` eingesetzt.

3.3 Biegebelastung

Wird ein Balken auf Biegung belastet, so wird er oberhalb der neutralen Faser auf Druck und unterhalb der neutralen Faser auf Zug belastet (Bild 3.7). Die Berechnung der Durchbiegung gestaltet sich in diesem Fall also aufwendiger. Maßgeblich für den Widerstand gegen die Durchbiegung ist die **Biegesteifigkeit** (Analogie: Dehnsteifigkeit). Sie wird als Produkt aus Elastizitätsmodul E und dem Flächenmoment zweiten Grades I_y definiert.

3.3.1 Flächenmoment zweiten Grades

In Bild 3.6 ist ein Balkenquerschnitt mit einem differenziellen Flächenelement dA dargestellt. Der Balken hat einen rechteckförmigen Querschnitt mit der Breite b und der Höhe h.

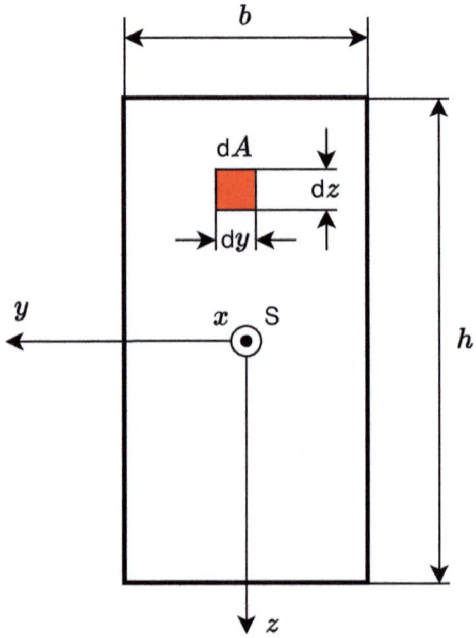

Bild 3.6
Balkenquerschnitt

Die x-Achse geht durch den Flächenschwerpunkt. Der Balken wird in Richtung der z-Achse belastet. Das **Flächenmoment zweiten Grades** um die y-Achse ist definiert als das Flächenintegral über dem Quadrat von z:

$$I_y = \int\limits_A z^2 \mathrm{d}A = \int\limits_{-\frac{b}{2}}^{\frac{b}{2}} \int\limits_{-\frac{h}{2}}^{\frac{h}{2}} z^2 \mathrm{d}z\mathrm{d}y = \frac{1}{12}h^3 b$$

Das SymPy-Programm *sym_flaechenmoment.py* (Listing 3.3) berechnet das Flächenmoment zweiten Grades für einen rechteckförmigen Querschnitt.

Listing 3.3 Flächenmoment zweiten Grades für einen rechteckförmigen Querschnitt

```
1 #sym_flaechenmoment.py
2 from sympy import *
3 y,z,b,h=symbols('y,z,b,h')
4 Iy=integrate(z**2,(z,-h/2,h/2),(y,-b/2,b/2))
5 print("Iy =",Iy)
```

Ausgabe

```
Iy = b*h**3/12
```

Analyse

Ein Zweifachintegral wird mit der Methode `integrate(f(y,z),(z,a,b),(y,c,d))` gelöst (Zeile 4). Dabei stehen die Abkürzungen `a,b,c` und `d` für die unteren und oberen Integrationsgrenzen. Mit `print("Iy =",Iy.subs(b,2).subs(h,4))` können Sie sich auch den Zahlenwert für das Flächenmoment zweiten Grades ausgeben lassen.

3.3.2 Biegemoment

Das **Biegemoment** ist ein Moment, das einen Balken (dünner Stab, Welle) durchbiegen kann. Es wirkt an der Stelle x eines Balkens. Ursache des Biegemoments ist die Kraft F. Es werden drei Fälle behandelt: das Biegemoment bei Einzellast für einen Kragträger und das Biegemoment eines zweiseitig gelagerten Balkens bei Einzellast und konstanter Streckenlast. Die Funktionsplots der Biegemomente $M_b = f(x)$ werden in Bild 3.11, Bild 3.12 und Bild 3.13 dargestellt. Bild 3.7 zeigt einen durchgebogenen Balken mit neutraler Faser (Strich-Punkt-Linie).

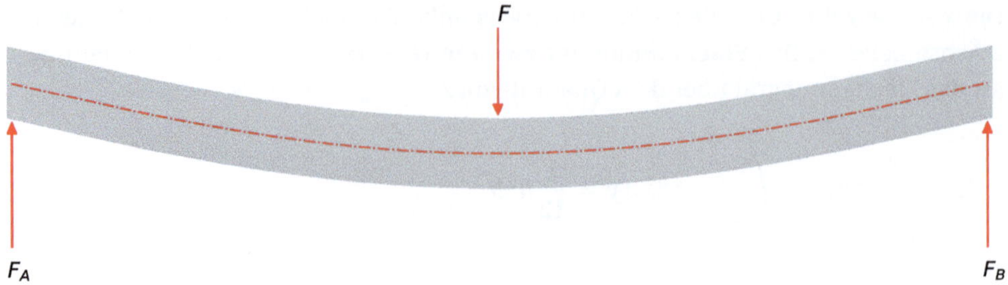

Bild 3.7 Durchgebogener Balken mit neutraler Faser

Die neutrale Faser verläuft durch den Flächenschwerpunkt des Balkens. Oberhalb der neutralen Faser wird der Balken auf Druck belastet; unterhalb der neutralen Faser wird der Balken auf Zug belastet.

Mithilfe des Biegemoments und der zulässigen Biegespannung kann der Querschnitt eines Balkens dimensioniert werden.

Biegemoment eines Kragträgers bei Einzellast

Bild 3.8 zeigt einen Kragträger (einseitig eingespannter Balken) mit der Länge l. Er wird an seinem Ende mit der Kraft F belastet. Der Verlauf des Biegemoments M_b soll als Funktion des Abstands x vom Lagerpunkt grafisch dargestellt werden.

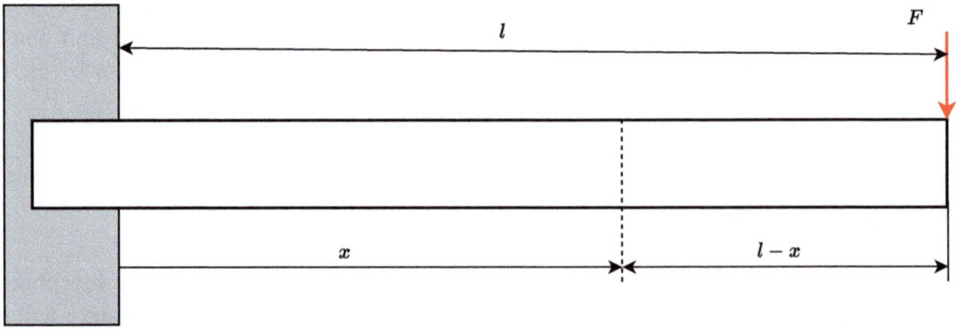

Bild 3.8 Kragträger

Für das Biegemoment eines einseitig gelagerten Balkens mit Einzellast an der Stelle x gilt:

$$M_b = F\,(l - x) \tag{3.6}$$

Das Maximum des Biegemoments wirkt in der Befestigungsstelle des Balkens. Es hat den Wert $M_{max} = F \cdot l$. Bild 3.9 zeigt den Verlauf des Biegemoments für einen Kragträger mit der Läng l = 2 m und einer Belastung von F = 200 N.

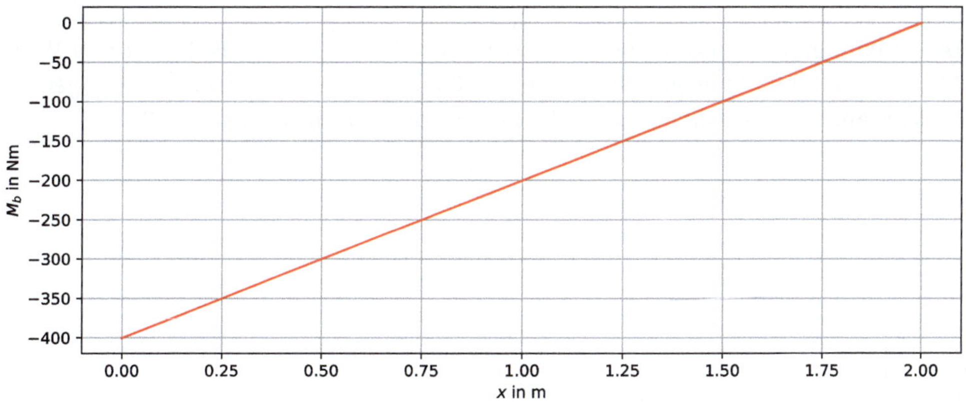

Bild 3.9 Biegemomentverlauf für einen Kragträger

Für die Dimensionierung des Balkenquerschnitts ist nur der maximale Betrag des Biegemoments von Interesse.

Biegemoment eines zweiseitig gelagerten Balkens bei Einzellast

Bild 3.10 zeigt einen zweiseitig gelagerten Balken. Der Balken wird in der Mitte mit der Einzellast F belastet. Für diesen Balken soll der Funktionsplot des Biegemoments $M_b = f(x)$ grafisch dargestellt werden.

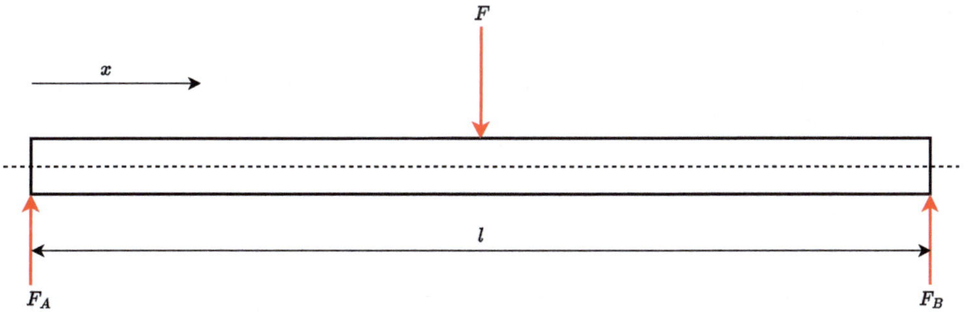

Bild 3.10 Zweiseitig gelagerter Balken bei Einzellast

Für das Biegemoment eines zweiseitig gelagerten Balkens mit Einzellast an der Stelle x gilt:

$$M_b(x) = \begin{cases} \frac{F}{2}x \text{ für } x \leq \frac{l}{2} \\ \frac{F}{2}(l-x) \text{ für } x \geq \frac{l}{2} \end{cases} \tag{3.7}$$

Das Maximum des Biegemoments wirkt in der Mitte des Balkens. Es hat den Wert $M_{\text{max}} = F \cdot l/4$. Bild 3.11 zeigt den Verlauf des Biegemoments des zweiseitig gelagerten Balkens aus Bild 3.10 mit der Länge $l = 4$ m und der Einzellast von $F = 500$ N.

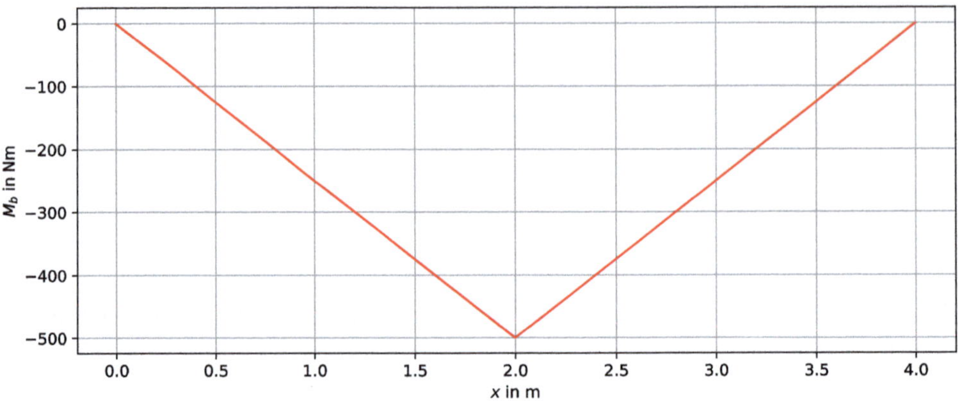

Bild 3.11 Verlauf des Biegemoments bei Einzellast

Auch hier ist wieder zu beachten, dass bei der Dimensionierung des Balkenquerschnitts nur der maximale Betrag des Biegemoments von Interesse ist.

Biegemoment eines zweiseitig gelagerten Balkens bei konstanter Streckenlast

Bild 3.12 zeigt einen zweiseitig gelagerten Balken. Der Balken wird mit der konstanten Streckenlast q_0 belastet. Der Funktionsplot des Biegemoments $M_b = f(x)$ soll grafisch dargestellt werden.

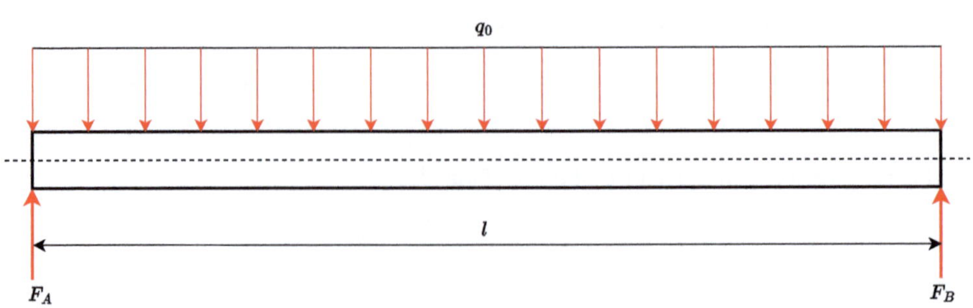

Bild 3.12 Zweiseitig gelagerter Balken mit konstanter Streckenlast

Bei konstanter Streckenlast q_0 hat das Biegemoment $M_b = f(x)$ einen parabelförmigen Verlauf:

$$M_b = \frac{q_0}{2} x \,(l - x) \tag{3.8}$$

Bild 3.13 zeigt den Verlauf des Biegemoments bei konstanter Streckenlast. Der Balken hat eine Länge von $l = 4$ m, er wird mit einer konstanten Streckenlast von $q_0 = 250$ N/m belastet.

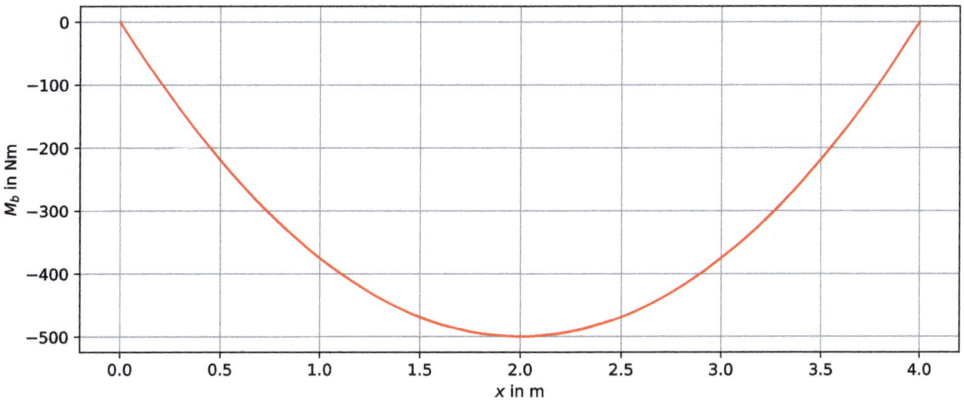

Bild 3.13 Verlauf des Biegemoments eines zweiseitig gelagerten Balkens bei konstanter Streckenlast

Biegespannung

Das Biegemoment verursacht die **Biegespannung** σ_b. Sie ist proportional zum Biegemoment und zum mittleren Abstand $h/2$ vom Schwerpunkt des Balkenquerschnitts und umgekehrt proportional zum Flächenmoment zweiten Grades:

$$\sigma_b = \frac{M_b}{I_y} \cdot \frac{h}{2} = \frac{M_b}{W_y} \leq \sigma_{zul}$$

Den Ausdruck $2I_y/h$ bezeichnet man auch als **Widerstandsmoment** W_y. Die Biegespannung ist also proportional zum Biegemoment und umgekehrt proportional zum Widerstandsmoment des Balkens. Für Baustahl beträgt der maximal zulässige Wert für die Biegespannung $\sigma_{zul} = 50$ N/mm^2 [Hagedorn Bd. 2:78].

Ein rechteckförmiger Balkenquerschnitt hat das Widerstandsmoment:

$$W_y = \frac{b \cdot h^2}{6}$$

Für einen zweiseitig gelagerten Balken mit rechteckförmigem Querschnitt und Einzelast in der Mitte des Balkens gilt dann für die Biegespannung:

$$\sigma_b = \frac{M_b}{W_y} = \frac{\frac{F \cdot l}{4}}{\frac{b \cdot h^2}{6}} = \frac{3F \cdot l}{2b \cdot h^2}$$

Wenn ein Seitenverhältnis von z. B. $h = 2b$ vorgegeben wird, kann die Formel nach b aufgelöst werden und somit die Breite b und Höhe h des Balkens berechnet werden. In Aufgabe 4 soll dieses Problem gelöst werden.

Simulation des Biegemoments für einen beidseitig gelagerten Balken bei Einzellast

Bild 3.14 zeigt die Benutzeroberfläche des Matplotlib-Programms *sld_biegemoment.py*. Mit diesem Programm können Sie den Einfluss der Kraft F auf das Biegemoment simulieren. Das Programm berechnet außerdem noch die Biegespannung. Wenn eine zulässige Biegespannung vorgegeben ist, können Sie überprüfen, ob die maximal zulässige Belastung überschritten wird.

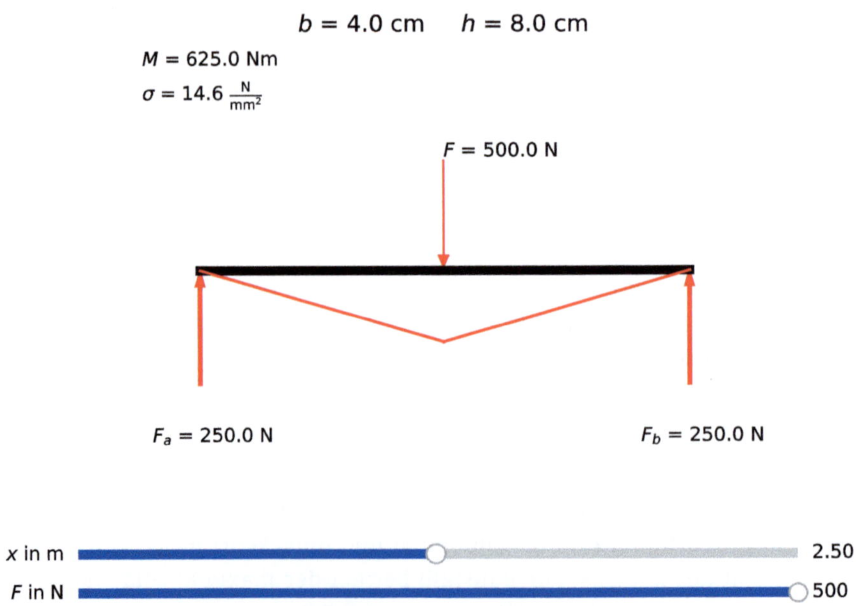

Bild 3.14 Simulation des Biegemoments bei Einzellast

Mit dem oberen Slider-Knopf können Sie die Stelle verschieben, an der die Kraft F wirken soll, und mit dem unteren Slider-Knopf können Sie die Größe der Kraft ändern. Die aktuellen Werte für das Biegemoment und die Biegespannung werden links oben auf der Benutzeroberfläche angezeigt.

Listing 3.4 erzeugt die Benutzeroberfläche des Programms *sld_biegemoment.py*. In den Zeilen 7 bis 10 können Sie die Daten des Balkens ändern.

Listing 3.4 Simulation des Biegemoments bei Einzellast

```
1  #sld_biegemoment.py
2  import numpy as np
3  import matplotlib.pyplot as plt
4  from matplotlib.patches import FancyArrowPatch,ArrowStyle
5  from matplotlib.widgets import Slider
6  #Daten
7  F0=500  #N
8  b= 0.04 #Breite in m
9  h= 0.08 #Höhe in m
10 l= 5    #Länge des Balkens m
11 E=200e9 #N/m^2
12 Mb=F0*l/4 #maximales Biegemoment
13 Iy=b*h**3/12 #Flächenmoment 2.Grades
14 xmax,ymax=6,2
15 syF=2e-3 #Skaliereung für Pfeillänge
16 syM=1e-3 #Skaliereung für Biegemoment
17 #Slider abfragen
18 def update(val):
19     F = sldF.val
20     x=sldX.val
21     Fb=F*x/l       #Auflagekraft B
22     Fa=F*(l-x)/l   #Auflagekraft A
23     if x<=l/2:
24         Mb=F/2*x  #Biegemoment
25     else:
26         Mb=F/2*(l-x)
27     sigma=Mb/Iy*h/2*1e-6 #mm^2
28     txtF.set_text('$F$ = %.1f N' %F)
29     txtF.set(x=x,y=syF*F)
30     txtFa.set_text('$F_{a}$ = %.1f N' %Fa)
31     txtFb.set_text('$F_{b}$ = %.1f N' %Fb)
32     txtMb.set_text('$M_{b}$ = %.1f Nm' %Mb)
33     txtSig.set_text(r'$\sigma$ = %.1f $\mathrm{\frac{N}{mm^{2}}}$' %sigma)
34     pfeilF.set_positions((x,syF*F),(x,0))
35     linieM1.set_data([0,x],[0,-Mb*syM])
36     linieM2.set_data([l,x],[0,-Mb*syM])
37 #Grafikbereich
38 fig, ax=plt.subplots(label="Biegemoment")
39 fig.subplots_adjust(left=0.12,bottom=0.18)
40 x=np.linspace(0,l,500)
41 ax.axis([-1,l+1,-ymax,ymax])
42 ax.plot([0,l],[0,0],'k-',lw=5) #Balken
43 linieM1, = ax.plot([0,l/2],[0,-625*syM],'r-')
44 linieM2, = ax.plot([l,l/2],[0,-625*syM],'r-')
45 #Auflagekräfte
46 ax.arrow(0,-1,0,1,width=0.03,length_includes_head=True,color='red')
47 ax.arrow(l,-1,0,1,width=0.03,length_includes_head=True,color='red')
48 #Lastvektor
49 spitze = ArrowStyle.Simple(head_length=6,head_width=5)
50 pfeilF = FancyArrowPatch((l/2,syF*F0),(l/2,0),color='red',arrowstyle=spitze)
51 ax.add_patch(pfeilF)
52 #platzieren der Textelemente
```

```
53 txtFa=ax.text(-0.5,-1.5,'$F_{a}$ = %.1f N'%(F0/2))
54 txtFb=ax.text(4.5,-1.5, '$F_{b}$ = %.1f N'%(F0/2))
55 txtF =ax.text(2.5,1, '$F$ = %.1f N' %F0)
56 txtMb =ax.text(-0.6,1.8,'$M$ = %.1f Nm' %(F0*l/4))
57 txtSig=ax.text(-0.6,1.5, r'$\sigma$ = %.1f $\mathrm{\frac{N}{mm^{2}}}$' %7.3)
58 ax.set_title('$b$ = %0.1f cm \t $h$ = %.1f cm' %(b*100,h*100))
59 #Slider
60 xyX=fig.add_axes([0.09, 0.08, 0.82, 0.03])
61 sldX=Slider(xyX,'$x$ in m',0.05*l,0.95*l,valinit=l/2,valstep=0.05)
62 xyF=fig.add_axes([0.09, 0.02, 0.82, 0.03])
63 sldF=Slider(xyF,'$F$ in N',100,F0,valinit=F0,valstep=1)
64 sldX.on_changed(update)
65 sldF.on_changed(update)
66 ax.axis('off')
67 plt.show()
```

Analyse

Die Anweisungen in den Zeilen 20 und 21 erfassen die aktuellen Werte für die belastende Kraft und den Angriffspunkt der Kraft.

In den Zeilen 23 bis 26 wird das aktuelle Biegemoment nach Formel 3.7 berechnet.

Die Biegespannung wird in Zeile 27 berechnet. Zu beachten ist, dass die Querschnittsfläche in mm^2 umgewandelt werden muss.

Zeilen 28 bis 33 werden die aktualisierten Werte für die Einzellast, die Auflagekräfte, das Biegemoment und die Biegespannung ausgegeben. Die Anweisung in Zeile 29 bewirkt, dass der Wert für Einzellast die Position des Pfeilendes annimmt.

In den Zeilen 35 und 36 berechnet die Matplotlib-Methode `set_data(...)` die x-y-Koordinatendaten für die Linienzüge des Biegemoments `Mb`.

3.3.3 Die Differenzialgleichung der Biegelinie

Um den Verlauf der Biegelinie $w = f(x)$ längs der x-Achse zu bestimmen, muss eine Differentialgleichung aufgestellt werden. Es werden hier nur zwei einfache Fälle betrachtet: Ein zweiseitig gelagerter Balken wird mit einer Einzellast F und einer konstanten Streckenlast q_0 belastet.

Einzellast

Die zweite Ableitung der Biegelinie ist proportional zum Biegemoment und umgekehrt proportional zur Biegesteifigkeit:

$$w''(x) = \frac{M_y}{E \cdot I_y} = \frac{F \cdot |x|}{E \cdot I_y} \tag{3.9}$$

Die zweite Ableitung einer Funktion beschreibt deren Krümmungsverhalten. Eine positive zweite Ableitung bedeutet, dass die Funktion linksgekrümmt (konvex) ist. Alle Tangenten liegen **unterhalb** der Funktionskurve. Eine negative zweite Ableitung bedeutet, dass die Funktion rechtsgekrümmt (konkav) ist. Alle Tangenten liegen **oberhalb** der Funktionskurve.

Durch zweimaliges Integrieren erhält man mit den Randbedingungen $w(l/2) = 0$ und $w'(0) = 0$ die Lösung:

$$w(x) = \frac{-Fl^3}{48E \cdot I_y} + \frac{F\,|x|^3}{6E \cdot I_y}$$

Integriert wird in den Grenzen von $-l/2$ bis $+l/2$.

Das SymPy-Programm *sym_biegelinie1.py* (Listing 3.5) löst die DGL Formel 3.9.

Listing 3.5 Lösung einer DGL zweiter Ordnung

```
#sym_biegelinie1.py
from sympy import *
F,Iy,E,l=symbols('F,Iy,E,l')
x = symbols('x')
w = Function('w')(x)
dgl=Eq(w.diff(x,2),F*abs(x)/(E*Iy))
aL=dsolve(dgl)          #allgemeine Lösung der DGL
rb={                    #Randbedingungen
    w.subs(x,l/2):0,
    w.diff(x,1).subs(x,0):0,
    }
sL=dsolve(dgl,ics=rb) #spez. Lösung
rL=sL.rhs              #rechte Seite der Gleichung
wmax=rL.subs(x,0)
#Ausgaben
print("allgemeine Lösung\n",aL)
print("spezielle Lösung\n",sL)
print("rechte Seite der Gleichung\n w(x) =",rL)
print("wmax =",wmax)
```

Ausgabe

```
allgemeine Lösung
 Eq(w(x), C1 + C2*x + F*x**3/(6*E*Iy))
spezielle Lösung
 Eq(w(x), -F*l**3/(48*E*Iy) + F*x**3/(6*E*Iy))
rechte Seite der Gleichung
 w(x) = -F*l**3/(48*E*Iy) + F*x**3/(6*E*Iy)
wmax = -F*l**3/(48*E*Iy)
```

Analyse

An den Enden des Balkens $-l/2$ und $+l/2$ verschwindet die Durchbiegung (Zeile 9). In der Mitte des Balkens $l = 0$ hat die Biegelinie keine Steigung, die erste Ableitung der Biegefunktion (Parabel dritten Grades) muss also null sein (Zeile 10, siehe: Bild 3.15).

Konstante Streckenlast

In Bild 3.12 ist ein Balken mit der Länge l und einem rechteckförmigen Querschnitt dargestellt. Er wird durch eine konstante Streckenlast q_0 belastet.

Wenn die DGL Formel 3.9 zweiter Ordnung zweimal abgeleitet wird, erhält man eine DGL vierter Ordnung für konstante Streckenlast. Die Durchbiegung $w(x)$ kann dann mit folgender Differenzialgleichung vierter Ordnung beschrieben werden:

$$w^{(4)}(x) = -\frac{q_0}{E \cdot I_y} \tag{3.10}$$

Die Durchbiegung des Balkens an der Stelle x ist proportional zur Streckenlast q_0 und umgekehrt proportional zur Biegesteifigkeit ($E \cdot I_y$). Die DGL wird durch viermaliges Integrieren gelöst. Die vier Integrationskonstanten können mithilfe der Randbedingungen $w(0) = 0$, $w(l) = 0$ und $w''(l) = 0$ ermittelt werden. Die Randbedingungen sagen aus, dass an den Auflagern keine Biegung vorkommt. Als zusätzliche Bedingung gilt: $w'(l/2) = 0$. Diese Bedingung sagt aus, dass die Biegelinie an der Stelle $x = l/2$ keine Steigung hat.

Die DGL Formel 3.10 hat die Lösung:

$$w(x) = \frac{-q_0}{E \cdot I_y}\left(\frac{l^3}{24}x - \frac{l}{12}x^3 + \frac{1}{24}x^4\right) \tag{3.11}$$

Das Programm *sym_biegelinie2.py* (Listing 3.6) berechnet die Gleichung der Biegelinie.

Listing 3.6 Lösung einer DGL vierter Ordnung

```
1  #sym_biegelinie2.py
2  from sympy import *
3  q0,Iy,E,l=symbols('q0,Iy,E,l')
4  x = symbols('x')
5  w = Function('w')(x)
6  dgl=Eq(w.diff(x,4),-q0/(E*Iy))
7  aL=dsolve(dgl)          #allgemeine Lösung der DGL
8  rb={                    #Randbedingungen
9      w.subs(x,0):0,
10     w.subs(x,l):0,
11     w.diff(x,1).subs(x,l/2):0,
12     w.diff(x,2).subs(x,l):0
13     }
14 sL=dsolve(dgl,ics=rb) #spez. Lösung
15 rL=sL.rhs               #rechte Seite der Gleichung
16 wmax=rL.subs(x,l/2)     #Maximum der Durchbiegung
```

```
17 #Ausgaben
18 print("allgemeine Lösung\n",aL)
19 print("spezielle Lösung\n",sL)
20 print("rechte Seite der Gleichung\n w(x) =",rL)
21 print("wmax =",wmax)
```

Ausgabe

```
allgemeine Lösung
 Eq(w(x), C1 + C2*x + C3*x**2 + C4*x**3 - q0*x**4/(24*E*Iy))
spezielle Lösung
 Eq(w(x), -l**3*q0*x/(24*E*Iy) + l*q0*x**3/(12*E*Iy) - q0*x**4/(24*E*Iy))
rechte Seite der Gleichung
 w(x) = -l**3*q0*x/(24*E*Iy) + l*q0*x**3/(12*E*Iy) - q0*x**4/(24*E*Iy)
wmax = -5*l**4*q0/(384*E*Iy)
```

Analyse

An den Auflagepunkten muss die Durchbiegung null sein (Zeile 9 und 10). Die erste Ableitung (Steigung) muss in der Mitte des Balkens auch null sein (Zeile 11). Die zweite Ableitung (Krümmung) muss an den Auflagepunkten ebenfalls null sein (Zeile 12). Das Maximum der Durchbiegung `wmax` existiert an der Stelle `l/2` (Zeile 16).

Vergleich der Biegelinien bei Einzel- und konstanter Streckenlast

Das Matplotlib-Programm *plot_biegelinie.py* visualisiert die Biegelinie für Einzel- und konstante Streckenlast. Der Screenshot ist in Bild 3.15 dargestellt. Den Quelltext finden Sie im Download-Ordner *03_elastizitaet*. In den Zeilen 5 bis 9 können Sie die Daten des Balkens ändern und deren Auswirkung auf die Durchbiegung des Balkens testen.

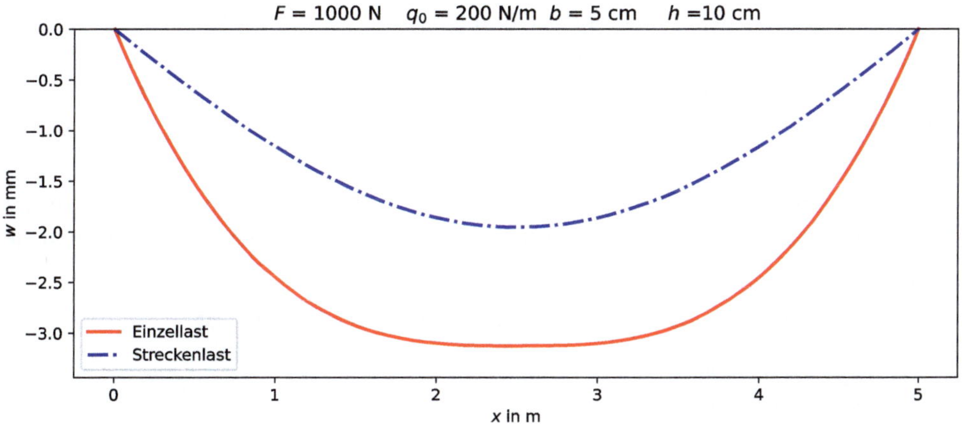

Bild 3.15 Vergleich der Biegelinien bei Einzel- und konstanter Streckenlast

Simulation der Biegelinie bei konstanter Streckenlast

Mit dem Matplotlib-Programm *sld_balken_biegung.py* können Sie die Durchbiegung eines Balkens bei konstanter Streckenlast für verschiedene Bellastungsfälle simulieren. Bild 3.16 zeigt die Benutzeroberfläche.

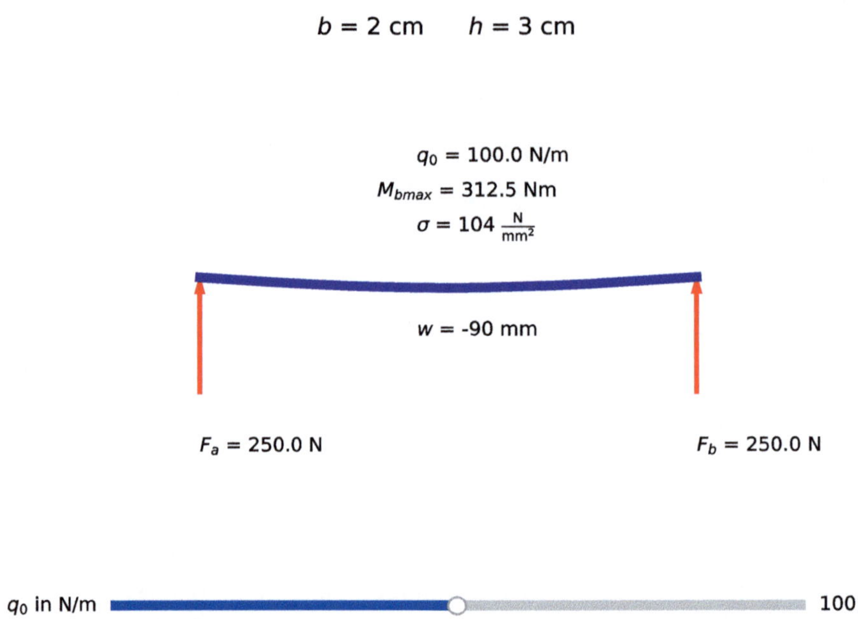

Bild 3.16 Simulation der Durchbiegung für einen Balken bei konstanter Streckenlast

Wenn Sie den Slider-Knopf verschieben, werden Sie feststellen, dass sich der Balken mit zunehmender Streckenlast stärker durchbiegt. Gleichzeitig vergrößert sich auch die Biegespannung. Schon bei einer Streckenlast von 100 N/m beträgt die Biegespannung 104 N/mm^2. Damit liegt sie deutlich über dem zulässigen Wert von 50 N/mm^2. Die Werte für die Breite und Höhe des Balkens wurden also zu klein gewählt. Bei praxistauglichen Werten würde man aber mit dem bloßen Auge keine Durchbiegung beobachten können.

Das Programm *sld_balken_biegung.py* (Listing 3.7) zeigt eine Möglichkeit, wie die Durchbiegung eines Balkens simuliert werden kann. In den Zeilen 7 bis 10 können Sie die Daten ändern.

Listing 3.7 Simulation der Durchbiegung bei konstanter Streckenlast

```
1  #sld_balken_biegung.py
2  import numpy as np
3  import matplotlib.pyplot as plt
4  from matplotlib.patches import FancyArrowPatch,ArrowStyle
5  from matplotlib.widgets import Slider
6  #Daten des Balkens
7  qmax = 200 #N/m^2
```

```
8  b = 0.02   #Breite in m
9  h = 0.03   #Höhe in m
10 l = 5      #Länge des Balkens m
11 E=200e9    #N/m^2
12 Iy=b*h**3/12 #Flächenmoment zweiten Grades
13 #Biegelinie
14 def biegung(x,q):
15     return -q*(x**4/24-l*x**3/12+l**3*x/24)/(E*Iy)
16 #Biegemoment
17 def biegemoment(x,q):
18     return q/2*x*(l-x)
19 #Slider abfragen
20 def update(val):
21     q0 = sldQ.val
22     F=q0*l
23     Fa=Fb=F/2
24     w=biegung(l/2,q0)*1e3 #Durchbiegung in mm umwandeln
25     Mbmax=biegemoment(l/2,q0)
26     sigma=Mbmax/Iy*h/2*1e-6 #Umwandlung in N/mm^2
27     txtQ.set_text('$q_0$ = %.1f N/m' %q0)
28     txtFa.set_text('$F_{a}$ = %.1f N' %Fa)
29     txtFb.set_text('$F_{b}$ = %.1f N' %Fb)
30     txtW.set_text('$w$ = %.0f mm' %w)
31     txtMbmax.set_text('$M_{bmax}$ = %.1f Nm' %Mbmax)
32     txtSig.set_text(r'$\sigma$ = %3.0f $\mathrm{\frac{N}{mm^{2}}}$' %sigma)
33     biegelinie.set_data(x,biegung(x,q0))
34 #Grafikbereich
35 fig, ax=plt.subplots(label="Biegelinie für Streckenlast")
36 fig.subplots_adjust(left=0.12,bottom=0.18)
37 x=np.linspace(0,l,500)
38 ax.axis([-1,l+1,-2,2])
39 biegelinie, = ax.plot(x,biegung(x,100),'b-',lw=5)
40 #Auflagekräfte
41 ax.arrow(0,-1,0,1,width=0.03,length_includes_head=True,color='red')
42 ax.arrow(l,-1,0,1,width=0.03,length_includes_head=True,color='red')
43 #platzieren der Textelemente
44 txtFa=ax.text(0,-1.5,'$F_{a}$ = %.1f N' %250)
45 txtFb=ax.text(5,-1.5,'$F_{b}$ = %.1f N' %250)
46 txtQ =ax.text(2.2,1, '$q_0$ = %.1f N/m' %(qmax//2))
47 txtMbmax=ax.text(1.8,0.7,'$M_{bmax}$ = %.1f Nm' %312.5)
48 txtSig=ax.text(2.2,0.4, r'$\sigma$ = %.0f $\mathrm{\frac{N}{mm^{2}}}$' %104)
49 txtW =ax.text(2.2,-0.5, '$w$ = %.0f mm' %-90)
50 #Slider
51 xyQ=fig.add_axes([0.13, 0.02, 0.78, 0.03])
52 sldQ=Slider(xyQ,'$q_0$ in N/m',0,qmax,valinit=qmax//2,valstep=1)
53 sldQ.on_changed(update)
54 ax.set_title('$b$ =%2.0f cm\t$h$ =%2.0f cm' %(b*100,h*100))
55 ax.axis('off')
56 plt.show()
```

Analyse

In den Zeilen 14 bis 15 erfolgt die Funktionsdefinition der Python-Funktion `biegung(x,q)` für die Berechnung der Biegelinie. In Zeile 15 wird die Formel 3.11 übernommen. In Zeile 24 wird diese Funktion aufgerufen. Ihr werden die Argumente `l/2` und `q0` übergeben.

Das Biegemoment wird mit Formel 3.8 in `biegemoment(x,q)` berechnet (Zeile 18). In Zeile 25 wird diese Funktion aufgerufen. Ihr werden die Argumente `l/2` und `q0` übergeben.

In Zeile 33 berechnet die Matplotlib-Methode `set_data(x,biegung(x,q0))` die *x*-*y*-Koordinatendaten für die Durchbiegung des Balkens.

3.4 Aufgaben

1. Für den Draht aus Bild 3.4 soll der Dehnungsverlauf $w = f(z)$ grafisch dargestellt werden. Der Wert des erforderlichen Drahtquerschnitts A soll mit der Methode `set_title(...)` ausgegeben werden. Schreiben Sie ein Matplotlib-Programm, das diese Aufgaben erfüllt. Gegeben sind folgende Daten: Masse der Kugel m = 30 kg, Drahtlänge l = 30 m, $E = 1{,}9 \cdot 10^5$ N/mm², $\rho = 7{,}85 \cdot 10^{-6}$ kg/mm³, σ_{zul} = 500 N/mm².

2. Man kann das Flächenmoment zweiten Grades einer Rechteckfläche auch mit einem Einfachintegral berechnen, wenn man für $dA = b \cdot dz$ setzt und in den Grenzen von $-h/2$ bis $h/2$ integriert. Schreiben Sie ein SymPy-Programm, das diese Aufgabe erfüllt.

3. Berechnen Sie das Flächenmoment zweiten Grades für einen Kreisquerschnitt mit SymPy. Die Berechnung vereinfacht sich, wenn Sie Polarkoordinaten benutzen: $dA = r \cdot dr \cdot d\varphi$ und $z = r \cdot \sin\varphi$.

4. Schreiben Sie eine Python-Funktion `balken(F,l)`, die für einen zweiseitig gelagerten Balken mit rechteckförmigem Querschnitt die Breite b, die Höhe h, die Querschnittsfläche A und das maximale Biegemoment berechnet. Die Kraft F wirkt in der Mitte des Balkens. Die Höhe des Balkenquerschnitts soll doppelt so groß sein wie die Breite.

5. Schreiben Sie ein Matplotlib-Programm, das die Durchbiegung $w(x)$ bei konstanter Streckenlast eines zweiseitig eingespannten Balkens zeichnet (Linienbreite: `lw = 20`). Die neutrale Fase soll als Strichpunktlinie dargestellt werden. Die Biegespannung und die Durchbiegung sollen mit `set_title(...)` ausgegeben werden.

6. Simulieren Sie das Biegemoment $M_b = f(x,q_0)$ für eine konstante Streckenlast. Die Streckenlast q_0 soll mit einem Slider-Steuerelement zwischen 0 und 200 N/m verändert werden.

7. Für einen einseitig eingespannten Balken soll die DGL $I_y \cdot E \cdot w''(x) = -M_y(x)$ der Biegelinie mit SymPy gelöst werden. Für die Randbedingungen gilt: $w(0) = 0$, $w'(0) = 0$ und für das Biegemoment gilt Formel 3.6. Schreiben Sie ein Programm, das diese Aufgabe löst.

4 Kinematik

Die **Kinematik** (dt. Bewegung) untersucht die Bewegung von Körpern. Von den Kräften, die die Bewegung verursachen, den Massen und den Formen der Körper wird abstrahiert. Die Körper können beliebige Gegenstände sein, z. B. Fahrräder, Tennisbälle, Kugeln beim Kugelstoßen oder Hammerwerfen. Die Physik unterscheidet zwischen gleichförmiger und beschleunigter Bewegung. Körper können sich auf geradlinigen, kreisförmigen, parabelförmigen Bahnen bewegen. Andere denkbare **Bahnkurven** (Trajektorien) sind z. B. Ellipsen (Planetenbewegungen), Hyperbeln oder zufällige Bewegungen (brownsche Molekularbewegung). Dieses Kapitel behandelt die Begriffe **Geschwindigkeit** v, **Beschleunigung** a, **Winkelgeschwindigkeit** ω und **Winkelbeschleunigung** α.

4.1 Gleichförmig geradlinige Bewegung

Mit dem VPython-Programm *vp_bewegung_geradlinig.py* können Sie die geradlinige Bewegung eines Würfels animieren. Bild 4.1 zeigt die Benutzeroberfläche des Programms.

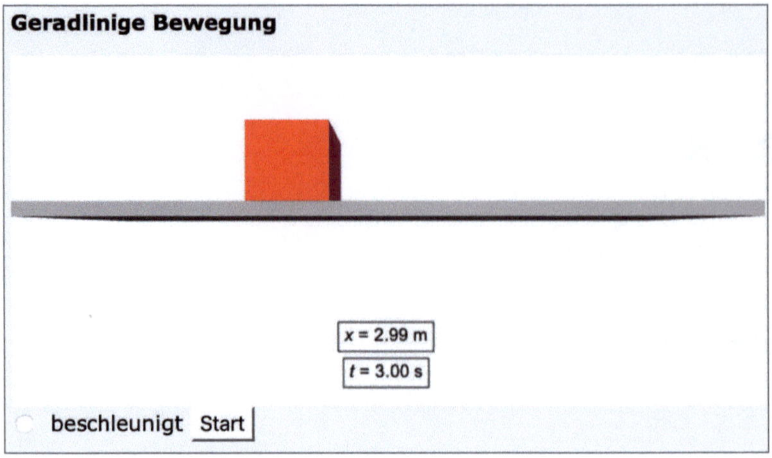

Bild 4.1 Animation einer gleichförmig geradlinigen Bewegung

Wenn Sie sich noch einmal in Erinnerung rufen wollen, was man unter einer gleichförmigen Bewegung genau versteht, können Sie die folgende Übung durchführen.

Übung: Gleichförmig geradlinige Bewegung

Starten Sie das Programm *vp_bewegung_geradlinig.py* und klicken Sie auf den Start-Button. Die Benutzeroberfläche öffnet sich in einem neuen Fenster Ihres Standardbrowsers. Sie können das Programm jederzeit stoppen, indem Sie auf den Stop-Button klicken. Wenn Sie den Zahlenwert x für den zurückgelegten Wert durch den Zahlenwert t der verstrichenen Zeit dividieren, dann werden Sie feststellen, dass sich der Körper mit einer Geschwindigkeit von etwa 1 m/s bewegt. Die Geschwindigkeit ist also zu jedem Zeitpunkt konstant.

Die Geschwindigkeit v einer gleichförmigen (linearen) Bewegung eines Körpers ist definiert als Quotient aus zurückgelegtem Weg s und der Zeit t, in der sich der Körper bewegt:

$$v = \frac{s}{t}$$

Der zurückgelegte Weg $s(t)$ wird mit dem Produkt aus Geschwindigkeit v und Zeit t berechnet:

$$s(t) = v \cdot t$$

Die konstante Geschwindigkeit v ist die Steigung der Geraden $s(t)$. Mit dem Matplotlib-Programm *sld_konstante_geschwindigkeit.py* (Listing 4.1) können Sie sich die Funktionsgraphen der Geschwindigkeit und des zurückgelegten Wegs für verschiedene

Einstellungen des Slider-Knopfs anzeigen lassen. Bild 4.2 zeigt die Benutzeroberfläche des Programms.

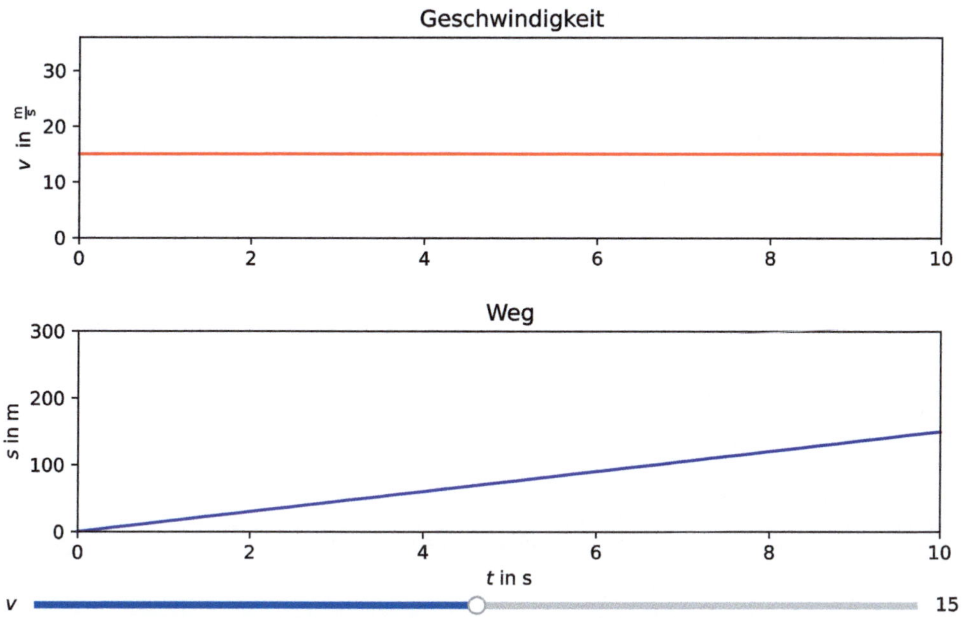

Bild 4.2 Zurückgelegter Weg bei konstanter Geschwindigkeit

Wenn Sie nach dem Programmstart den Slider-Knopf verschieben, werden Sie feststellen, dass der zurückgelegte Weg dem **Flächeninhalt** zwischen der Geraden (Geschwindigkeit, rote Linie) und der *t*-Achse entspricht. Dieser Zusammenhang gilt allgemein für alle Flächen unter beliebigen Kurvenverläufen. Wenn der Flächeninhalt nicht mehr elementar berechnet werden kann, dann muss er durch Integration bestimmt werden. Wenn Sie die **Steigung** der ansteigenden Geraden (Weg, blaue Linie) ermitteln, erhalten Sie die Geschwindigkeit, z. B. 150 m/10 s = 15 m/s. Die Steigung an der Stelle *t* kann für stetige Funktionen mithilfe der Differenzialrechnung berechnet werden.

Mit dem Programm *sld_geschwindigkeit_weg.py* (Listing 4.1) können Sie die Funktionsgraphen für den Weg *s* und die Geschwindigkeit *v* mithilfe des Slider-Steuerelements dynamisch verändern. Zeile 10 zeigt, wie eine zur *t*-Achse parallel verlaufende Gerade mit Python programmiert werden kann.

Listing 4.1 Simulation des zurückgelegten Wegs bei konstanter Geschwindigkeit

```
1   #sld_geschwindigkeit_weg.py
2   import numpy as np
3   import matplotlib.pyplot as plt
4   from matplotlib.widgets import Slider
5   tmax=10 #s
6   vmax=30 #m/s
7   v0=vmax/2
8   #Geschwindigkeit
9   def vc(v):
10      return 0*t + v
11  #Weg
12  def s(v):
13      return v*t
14  #Slider abfragen
15  def update(val):
16      v = sldV.val
17      geschwindigkeit.set_data(t,vc(v))
18      weg.set_data(t,s(v))
19  #Grafikbereich
20  fig = plt.figure(figsize=(8,5))
21  #zwei Unterdiagramme erzeugen
22  left,bottom,width,height=0.12,0.08,0.8,0.30
23  ax1 = fig.add_axes([left,bottom+0.5,width,height])#Geschwindigkeit
24  ax2 = fig.add_axes([left,bottom+0.06,width,height])#Weg
25  t=np.linspace(0,tmax)
26  #Wertebereich der x und y-Achsen
27  ax1.axis([0,tmax,0,1.2*vmax])
28  ax2.axis([0,tmax,0,300])
29  #Initialisierung der Funktionen
30  geschwindigkeit, = ax1.plot(t,vc(v0),'r-')
31  weg, = ax2.plot(t,s(v0),'b-')
32  #Slider Position: left,bottom,width,height
33  xyV=fig.add_axes([0.08, 0.02, 0.82, 0.02])
34  sldV=Slider(xyV,'$v$',0,vmax,valinit=v0,valstep=0.1)
35  sldV.on_changed(update)
36  #Beschriftungen
37  ax1.set(ylabel=r'$v$  in  $\mathrm{\frac{m}{s}}$',title='Geschwindigkeit')
38  ax2.set(xlabel='$t$ in s',ylabel='$s$ in m',title='Weg')
39  plt.show()
```

Analyse

Das Programm besteht aus drei Teilen: Import der Module (Zeile 2 bis 4), Funktionsdefinitionen (Zeile 9 bis 18) und Grafikbereich (Zeile 19 bis 39).

Wie eine parallel zur *t*-Achse verlaufende Gerade mit Python programmiert werden kann, demonstriert Zeile 10: Die Variable `t` wird einfach mit `0` multipliziert.

Die Python-Funktion `update(val)` (Zeile 15 bis 18) ist zuständig für die Abfrage der Position des Slider-Knopfs. Der Zahlenwert des Sliders wird in die Variable `v` gespeichert (Zeile 16). Der aktuelle Wert von `v` wird den Funktionen `weg.set_data(t,s(t,v))` und `geschwindigkeit.set_data(t,v0(t,v))` übergeben (Zeile 17 und 18). Diese Funktionen legen Arrays für die *x*-*y*-Koordinatendaten des Funktionsplots an.

In Zeile 20 erzeugt die Methode `subplots()` ein Figure-Objekt `fig`. In den Zeilen 23 und 24 erzeugt die Matplotlib-Methode `add_axes(...)` die beiden Objekte `ax1` und `ax2`. In den Zeilen 27 und 28 erzeugt die Matplotlib-Methode `axis(...)` die Koordinatensysteme für die dynamischen Funktionsplots der Geschwindigkeit und des Wegs.

In den Zeilen 30 und 31 erzeugt die Matplotlib-Methode `plot(...)` die Objekte `geschwindigkeit` und `weg`. Das Komma ist wichtig, da in diesen Zeilen ein Tupel erzeugt wird.

In Zeile 34 erzeugt die Methode `Slider(...)` das Objekt `sldV`. In Zeile 35 aktualisiert die Methode `on_changed(update)` die Änderungen des Sliders.

Die Anweisung in Zeile 39 `plt.show()` veranlasst die grafische Ausgabe des Funktionsplots auf den Monitor.

4.2 Beschleunigte geradlinige Bewegung

Wenn sich die Geschwindigkeit eines Körpers gleichmäßig (linear) erhöht oder verringert, bezeichnet man diese Bewegung als beschleunigte Bewegung. Im ersten Fall hat die Beschleunigung a einen positiven und im zweiten Fall hat sie einen negativen Wert.

4.2.1 Beschleunigung

Sie können sich anhand des Programms *vp_bewegung_geradlinig.py* das Phänomen der Beschleunigung verdeutlichen, indem Sie die folgende Übung ausführen.

Übung: Beschleunigte geradlinige Bewegung

Starten Sie das Programm *vp_bewegung_geradlinig.py* und aktivieren Sie den Radiobutton **beschleunigt**. Klicken Sie nun auf den Start-Button: Sie werden feststellen, dass sich der Körper mit zunehmender Zeit immer schneller bewegt. Sie können die Bewegung jederzeit anhalten, indem Sie auf den Stop-Button klicken. Wenn Sie die Bewegung in willkürlich gewählten Zeitabständen stoppen, können Sie eine Wertetabelle für ein *x*-*t*-Diagramm anlegen. Wenn Sie nun diese Werte in ein *x*-*t*-Koordinatensystem als Punkte einzeichnen und diese Punkte intuitiv als geschlossenen Linienzug approximieren, werden Sie feststellen, dass der Funktionsgraph des zurückgelegten Wegs $x(t)$ annähernd einen parabelförmigen Verlauf annimmt.

Die Vermutung, dass für den Weg $s \sim t^2$ gilt, soll nun näher untersucht werden. Dazu muss zunächst der Begriff der **Beschleunigung** definiert werden. Die Beschleunigung a einer gleichförmig beschleunigten Bewegung wird mit dem Differenzenquotienten aus der Steigung der Geschwindigkeitsfunktion berechnet. Es gilt also:

$$a = \frac{\Delta v}{\Delta t}$$

Bild 4.3 veranschaulicht den Begriff der Beschleunigung für eine linear ansteigende Geschwindigkeit.

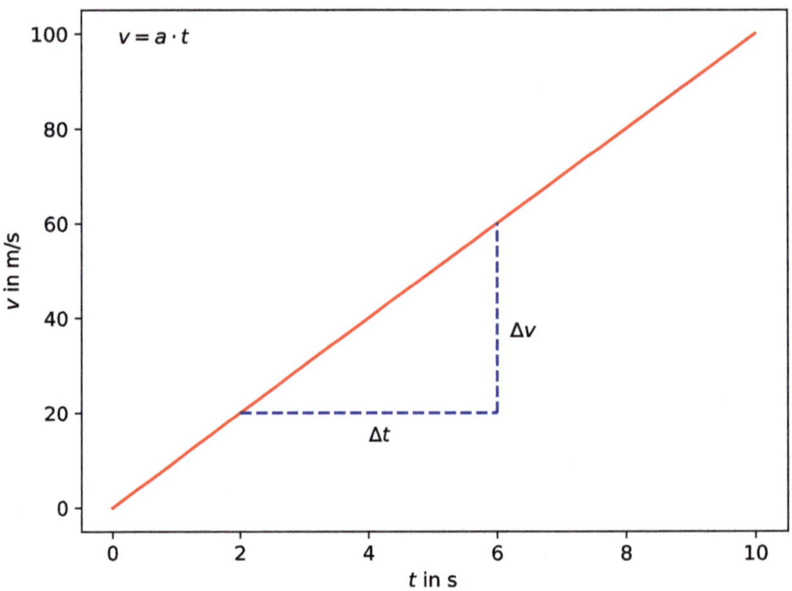

Bild 4.3 Veranschaulichung der Beschleunigung

Aus dem Bild 4.3 kann abgelesen werden, dass die Beschleunigung 10 m/s^2 beträgt.

Bewegungsgleichung

Wenn die Beschleunigung als konstante Größe gegeben ist, können aus der Beschleunigung die Bewegungsgleichungen für die Geschwindigkeit $v = f(t)$ und den Weg $s = f(t)$ durch Integration ermittelt werden:

$$a = \frac{\mathrm{d}v}{\mathrm{d}t} \Longrightarrow \mathrm{d}v = a\mathrm{d}t \Longrightarrow \int \mathrm{d}v = \int a \cdot \mathrm{d}t$$

Nach der Integration erhält man für die Geschwindigkeit

$$v(t) = a \cdot t + v_0$$

Die Integrationskonstante v_0 legt den Anfangswert der Geschwindigkeit fest. Der Weg kann durch Integration der Momentangeschwindigkeit berechnet werden:

$$v = \frac{\mathrm{d}s}{\mathrm{d}t} \Longrightarrow \mathrm{d}s = v\mathrm{d}t \Longrightarrow \int \mathrm{d}s = \int v\mathrm{d}t$$

Mit der Gleichung für die Geschwindigkeit $v(t)=at+v_0$ erhält man:

$$\int \mathrm{d}s = \int (at + v_0)\,\mathrm{d}t = \int v_0\mathrm{d}t + \int a \cdot t\mathrm{d}t$$

Nach Durchführung der Integration ergibt sich für den Weg:

$$s(t) = \frac{1}{2}a \cdot t^2 + v_0 \cdot t + s_0$$

Dabei gibt die Integrationskonstante s_0 den Anfangswert des Wegs vor.

4.2.2 Weg-Zeit-Gesetz

Das Weg-Zeit-Gesetz beschreibt den Zusammenhang zwischen Beschleunigung a, Geschwindigkeit v und Weg s. Wenn die Funktion für die Beschleunigung $a = f(t)$ gegeben ist, können durch fortgesetztes Integrieren die Geschwindigkeit und der Weg bestimmt werden. In Bild 4.4 sehen Sie die Benutzeroberfläche des Matplotlib-Programms *sld_weg_zeit_gesetz.py* für die Simulation des Weg-Zeit-Gesetzes.

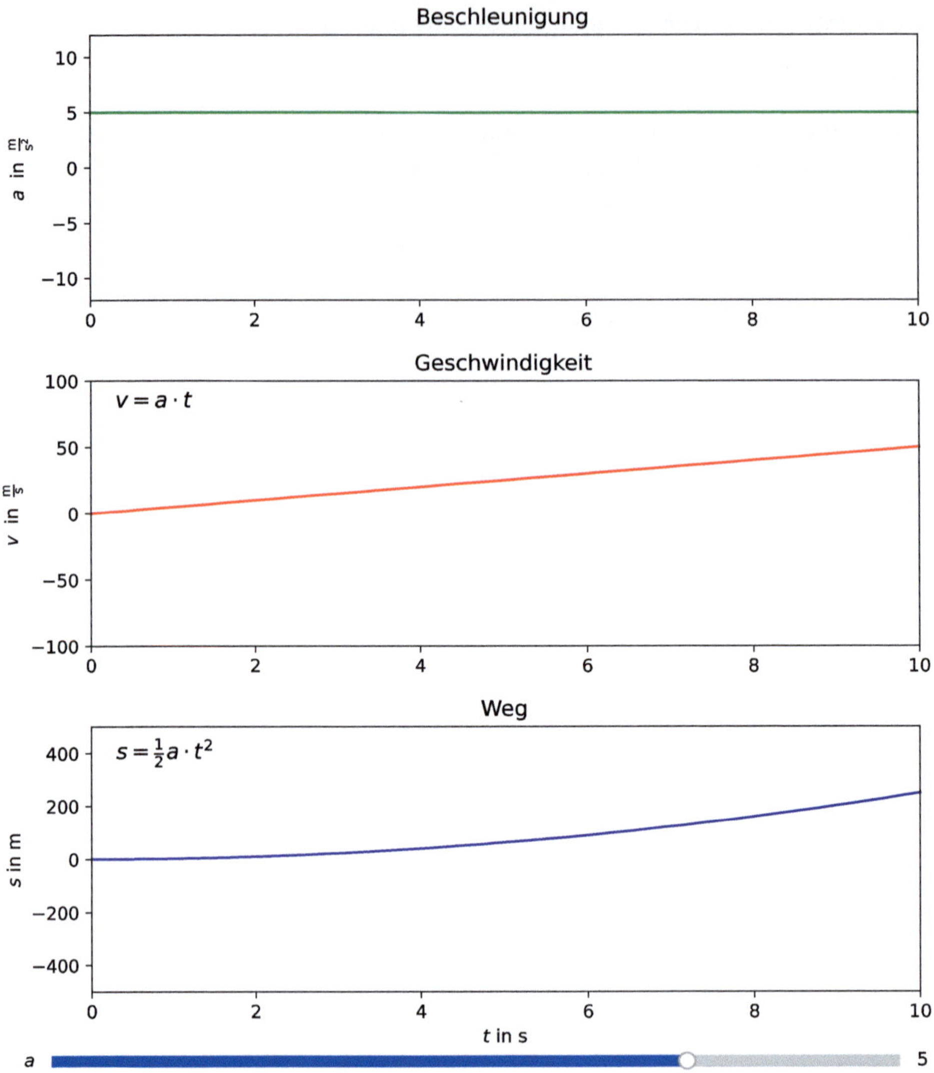

Bild 4.4 Simulation des Weg-Zeit-Gesetzes

Wenn Sie den Slider-Knopf verstellen, ändern Sie damit die Beschleunigung. Je höher Sie die Beschleunigung einstellen, desto größer wird die Steigung der Geschwindigkeitsfunktion und desto steiler verläuft die Wegfunktion. Sie können zu jedem Zeitpunkt zwischen 0 bis 10 Sekunden die Augenblickswerte der Geschwindigkeit und des zurückgelegten Wegs aus dem Diagramm ablesen. Mit diesem Programm können Sie auch den freien Fall simulieren, wenn Sie den Slider-Knopf auf 9.8 einstellen.

Das Programm *sld_weg_zeit_gesetz.py* (Listing 4.2) zeigt die Umsetzung mit Matplotlib. In den Zeilen 5 und 6 können Sie die Werte für die Zeitachse und die maximale Beschleunigung ändern.

Listing 4.2 Simulation des Weg-Zeit-Gesetzes

```
1  #sld_weg_zeit_gesetz.py
2  import numpy as np
3  import matplotlib.pyplot as plt
4  from matplotlib.widgets import Slider
5  tmax=10 #s
6  amax=10 #m/s^2
7  a0=amax/2
8  #konstante Beschleunigung
9  def ac(a):
10     return 0*t+a
11 #Geschwindigkeit
12 def v(a):
13     return a*t
14 #Weg
15 def s(a):
16     return 0.5*a*t**2
17 #Slider abfragen
18 def update(val):
19     a = sldA.val
20     beschleunigung.set_data(t,ac(a))
21     geschwindigkeit.set_data(t,v(a))
22     weg.set_data(t,s(a))
23 #Grafikbereich
24 fig = plt.figure(figsize=(8,9),label='Weg-Zeit-Gesetz')
25 #drei Unterdiagramme erzeugen
26 left,bottom,width,height=0.12,0.08,0.8,0.23
27 ax1 = fig.add_axes([left,bottom+0.6,width,height])#Beschleunigung
28 ax2 = fig.add_axes([left,bottom+0.3,width,height])#Geschwindigkeit
29 ax3 = fig.add_axes([left,bottom,width,height])   #Weg
30 t=np.linspace(0,tmax)
31 #Wertebereich der x und y-Achsen
32 ax1.axis([0,tmax,-12,12])
33 ax2.axis([0,tmax,-100,100])
34 ax3.axis([0,tmax,-500,500])
35 #Initialisierung der Funktionen
36 beschleunigung, = ax1.plot(t,ac(a0),'g-')
37 geschwindigkeit, = ax2.plot(t,v(a0),'r-')
38 weg, = ax3.plot(t,s(a0),'b-')
39 #Slider Position: left,bottom,width,height
40 xyA=fig.add_axes([0.08, 0.01, 0.82, 0.02])
41 sldA=Slider(xyA,'$a$',-amax,amax,valinit=a0,valstep=0.1)
42 sldA.on_changed(update)
43 #Beschriftungen
44 ax1.set(ylabel='$s$ in m',title='Beschleunigung')
45 ax1.set(ylabel=r'$a$  in  $\mathrm{\frac{m}{s^{2}}}$')
46 ax2.set(ylabel=r'$v$  in  $\mathrm{\frac{m}{s}}$',title='Geschwindigkeit')
47 ax2.text(0.3,80,r'$v=a\cdot t$',fontsize=12)
48 ax3.set(xlabel='$t$ in s',ylabel='$s$ in m',title='Weg')
49 ax3.text(0.3,380,r'$s=\frac{1}{2} a\cdot t^{2}$',fontsize=12)
50 plt.show()
```

Analyse

In den Zeilen 9 bis 16 stehen die Funktionsdefinitionen für die Beschleunigung `ac(a)`, für die Geschwindigkeit `v(a)` und für den Weg `s(a)`.

In den Zeilen 27 bis 29 erzeugt die Matplotlib-Methode `add_axes(...)` drei Unterdiagramme. Diese umständliche Lösung wurde gewählt, weil die Matplotlib-Methode `tight_layout()` nicht mit dem Slider-Steuerelement kompatibel ist. Würde man die drei Unterdiagramme mit der Anweisung `fig, ax=plt.subplots(3,1)` erzeugen, dann würde zwischen den einzelnen Unterdiagrammen nicht genügend Platz für die Beschriftungen bleiben.

In den Zeilen 32 bis 34 legt die Matplotlib-Methode `axis(...)` die Wertebereiche für die *x*- und *y*-Achsen fest.

4.2.3 Momentangeschwindigkeit

Eine linear ansteigende Geschwindigkeit $v(t)$ wird aus dem Produkt der konstanten Beschleunigung a und der Zeit t berechnet:

$$v\,(t) = a \cdot t$$

Die Momentangeschwindigkeit $v(t)$ wird mit dem Differenzialquotienten berechnet. Es gilt:

$$v = \frac{\mathrm{d}s}{\mathrm{d}t}$$

Die Formel für den zurückgelegten Weg $s(t)$ wurde oben schon hergeleitet. Wenn die Anfangsgeschwindigkeit null ist und noch kein Weg zurückgelegt wurde, gilt:

$$s\,(t) = \frac{1}{2}a \cdot t^2$$

Wenn für den Weg s eine Berechnungsvorschrift bekannt ist, kann daraus für jeden Zeitpunkt t die Geschwindigkeit v berechnet werden. Diese Geschwindigkeit bezeichnet man als **Momentangeschwindigkeit** oder auch als Augenblicksgeschwindigkeit. Sie wird aus der ersten Ableitung der Wegfunktion $s(t)$ nach der Zeit t berechnet. In Bild 4.5 sehen Sie die Benutzeroberfläche eines Matplotlib-Programms *sld_momentangeschwindigkeit.py*, mit dem Sie die Momentangeschwindigkeit für einen bestimmten Zeitpunkt ermitteln können.

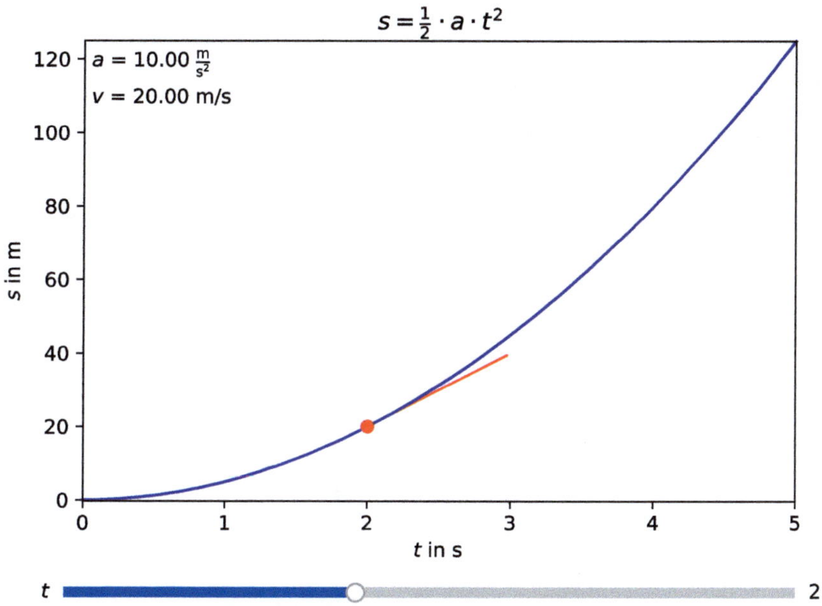

Bild 4.5 Momentangeschwindigkeit

Wenn Sie den Slider-Knopf verschieben, wird für den eingestellten Zeitpunkt die Tangente der Parabelsteigung gezeichnet. Die Momentangeschwindigkeit entspricht der Steigung der Tangente zum Zeitpunkt $t = t_0$. Zum Zeitpunkt $t = 2$ s hat der Körper eine Momentangeschwindigkeit von 20 m/s. Sie wird oben links in der Benutzerfläche angezeigt.

Das Programm *sld_momentangeschwindigkeit.py* (Listing 4.3) zeigt die Implementierung für die Simulation der Momentangeschwindigkeit (Tangentensteigung). In Zeile 6 können Sie die Beschleunigung ändern.

Listing 4.3 Momentangeschwindigkeit

```
1  #sld_momentangeschwindigkeit.py
2  import numpy as np
3  import matplotlib.pyplot as plt
4  from matplotlib.widgets import Slider
5  from matplotlib.patches import FancyArrowPatch,ArrowStyle
6  a=10   #Beschleunigung in m/s^2
7  delta_t=1
8  t1=2
9  #Weg
10 def s(t):
11     return a*t**2/2
12 #1. Ableitung
13 def s_1(t):
14     return a*t
15 #Slider abfragen
16 def update(val):
```

```
17      t1 = sldV.val
18      v=s_1(t1) #Momentangeschwindigkeit
19      t2,s2=t1+delta_t,s_1(t1)*delta_t + s(t1)
20      Tangente.set_positions((t1,s(t1)),(t2,s2))
21      punkt.set_data([t1],[s(t1)]) #Punkt
22      txtV.set_text('$v$ = %.2f m/s' %v)
23  #Grafikbereich
24  fig, ax = plt.subplots(label='Momentangeschwindigkeit')
25  fig.subplots_adjust(left=0.12,bottom=0.2)
26  ax.set_xlim(0,5)
27  ax.set_ylim(-0.25,125)
28  #Tangente
29  Tangente = FancyArrowPatch((t1,s(t1)),
30                      (t1+delta_t,s(t1)+s_1(t1)*delta_t),
31                      color='red')
32  ax.add_patch(Tangente)
33  #Textausgaben
34  txtA=ax.text(0.05,118,r'$a$ = %.2f $\mathrm{\frac{m}{s^2}}$' %a) #Text
35  txtV=ax.text(0.05,108,'$v$ = 20.00 m/s') #Text
36  t = np.linspace(0, 5, 100)
37  ax.plot(t, s(t),'b-') #Weg
38  punkt, = ax.plot(t1,s(t1), 'or') #Punkt
39  #x-, y-Position, Laenge, Hoehe
40  xyV = fig.add_axes([0.1, 0.05, 0.8, 0.03])
41  sldV=Slider(xyV,'$t$',0.0,5.0,valinit=2,valstep=0.1)
42  sldV.on_changed(update)
43  #Beschriftungen
44  ax.set_title(r'$s=\frac{1}{2}\cdot a \cdot t^{2}$')
45  ax.set(xlabel='$t$ in s',ylabel='$s$ in m')
46  plt.show()
```

Analyse

In den Zeilen 10 und 11 steht die Definition für die Weg-Zeit-Funktion `s(t)`. Die Momentangeschwindigkeit $v(t)$ wird als Tangentensteigung veranschaulicht. Sie wird in den Zeilen 13 und 14 als erste Ableitung der Funktion $s(t)$ definiert.

In Zeile 20 ermittelt die Matplotlib-Methode `set_positions((t1,s(t1)),(t2,s2))` die aktuelle Steigung der Tangente.

In Zeile 21 aktualisiert die Matplotlib-Methode `set_data([t1],[s(t1)])` die Position des Punkts, an dem die Tangentensteigung berechnet werden soll. In Zeile 22 aktualisiert die Matplotlib-Methode `set_text('v = %.2f m/s' %v)` die Ausgabe links oben auf der Benutzeroberfläche.

In Zeile 29 erzeugt die Matplotlib-Methode `FancyArrowPatch(...)` das Objekt `Tangente`. Die Argumente `(t1,s(t1))` sind die Koordinatendaten des Punkts, an dem die Steigung dargestellt werden soll.

4.3 Zusammengesetzte Bewegung

Die bisher besprochenen geradlinigen Bewegungen sind Idealisierungen. Sie kommen in der Praxis selten vor. Aus dem Sport sind die parabelförmigen Bahnkurven von Tennis- oder Fußbällen bekannt. Dass diese Bahnkurven parabelförmig sind, kann man allerdings mit bloßem Auge nicht erkennen, dazu benötigt man die Analysemethoden der Mathematik. Beim Hammerwerfen bewegt sich die Kugel des Hammers vor dem Abwurf auf einer Kreisbahn. Um diese komplizierten Bahnkurven mathematisch beschreiben zu können, wird die Geschwindigkeit in eine x- und eine y-Komponente aufgeteilt. Diese Aufteilung ist möglich, weil die Geschwindigkeit ein Vektor ist. Ein Vektor hat einen Betrag (Zahlenwert) und eine Richtung (Winkel). Vektorielle Größen werden mit einem Pfeil über dem Formelzeichen dargestellt. Für den Geschwindigkeitsvektor gilt:

$$\vec{v} = \vec{v}_x + \vec{v}_y$$

Für den Winkel des Geschwindigkeitsvektors gilt:

$$\tan\alpha = \frac{v_y}{v_x}, \quad \cos\alpha = \frac{v_x}{v}, \quad \sin\alpha = \frac{v_y}{v},$$

Wenn der Winkel und der Betrag eines Vektors gegeben sind, können daraus mit der Kosinus- und der Sinus-Funktion die x- und die y-Komponente des Geschwindigkeitsvektors berechnet werden. Um die Summe eines resultierenden Vektors zu bestimmen, müssen die einzelnen x- und y-Komponenten komponentenweise addiert werden. Das heißt: Zunächst werden alle x-Komponenten und dann alle y-Komponenten addiert. Der Betrag des Geschwindigkeitsvektors wird mit dem Satz des Pythagoras aus den Beträgen der x- und y-Komponenten des Geschwindigkeitsvektors berechnet.

4.3.1 Der idealisierte schiefe Wurf

Der idealisierte schiefe Wurf beschreibt die Bahnkurve einer Parabel. Der Luftwiderstand, den ein Körper während des Flugs überwinden muss, wird bei der Idealisierung nicht berücksichtigt. In Bild 4.6 sehen Sie die Benutzeroberfläche des VPython-Programms *vp_schiefer_wurf.py*. Mit diesem Animationsprogramm können Sie den schiefen Wurf realitätsnah nachvollziehen.

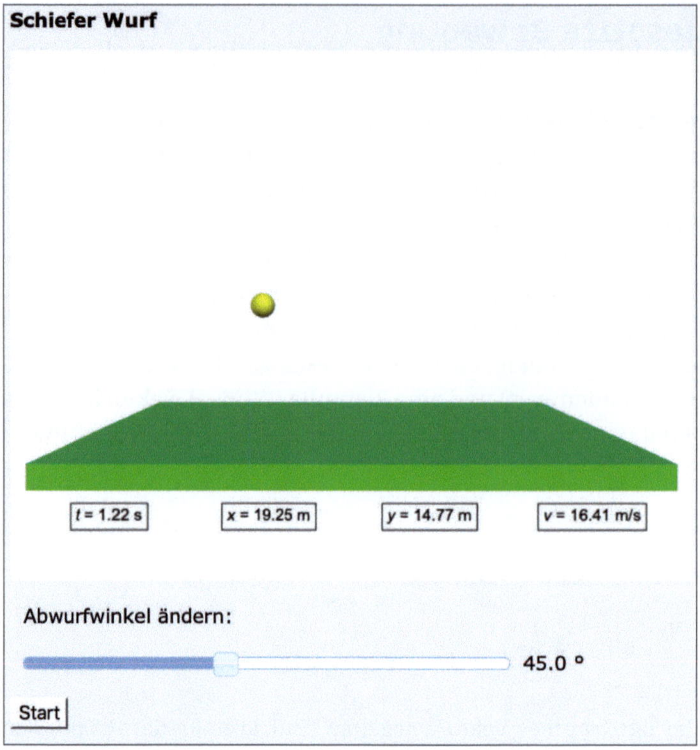

Bild 4.6 Animation eines schiefen Wurfs

Mit dem Start-Button können Sie das Programm starten und durch Klicken auf den Stop-Button halten Sie es jederzeit an. Zu jedem Zeitpunkt werden die x- und y-Koordinaten sowie die resultierende Geschwindigkeit des Balls angezeigt.

Übung: Schiefer Wurf

Starten Sie das VPython-Programm *vp_schiefer_wurf.py* und klicken Sie auf den Start-Button. Wenn Sie nun in kurzen Abständen die Animation anhalten, werden Sie feststellen, dass die Geschwindigkeit des Balls mit zunehmender Höhe abnimmt und nachdem der Ball seine höchste Position erreicht hat, nimmt die Geschwindigkeit wieder zu. Der Ball erreicht den Boden mit der gleichen Geschwindigkeit, mit der er abgeworfen wurde.

Je größer der Abwurfwinkel α gewählt wird, desto größer ist die Wurfhöhe und je kleiner der Winkel ist, desto flacher fliegt er. Die maximale Wurfweite wird mit einem Abwurfwinkel von 45° erreicht.

Mithilfe von Bild 4.7 können die Formeln für die x- und y-Komponenten des Geschwindigkeitsvektors hergeleitet werden.

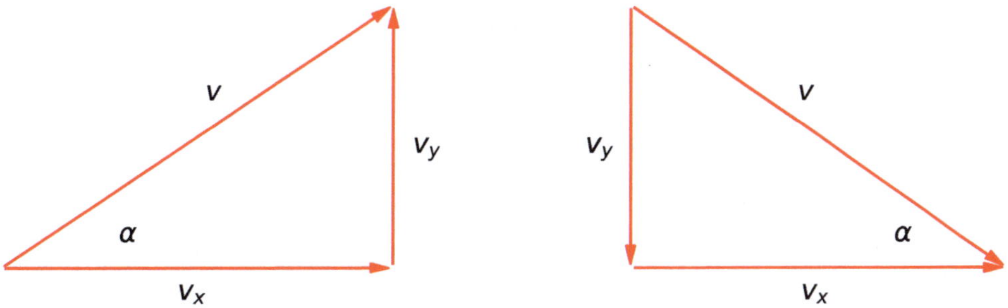

Bild 4.7 Komponenten eines Geschwindigkeitsvektors

Die Hypotenuse v wird durch den Betrag der Anfangsgeschwindigkeit v_0 ersetzt. Aus Bild 4.7 kann für die x-Komponente der Geschwindigkeit abgelesen werden:

$$v_x = v_0 \cdot \cos\alpha$$

Sie ist unabhängig von der Zeit, weil in der Formel die Zeit t nicht vorkommt.

Für die y-Komponente der Geschwindigkeit gilt:

$$v_y = v_0 \cdot \sin\alpha - g \cdot t$$

Sie ist abhängig von der Zeit, weil in der Formel die Zeit t vorkommt. Die Erdbeschleunigung g wirkt zu jedem Zeitpunkt nach unten in Richtung des Erdmittelpunkts.

Durch Integration von v_x erhält man die x-Komponente des Wegs:

$$x = v_0 \cdot \cos\alpha \cdot t$$

Durch Integration von v_y erhält man die y-Komponente des Wegs:

$$y = v_0 \cdot \sin\alpha \cdot t - \frac{g}{2}t^2$$

Wenn man die Gleichung $x(t)$ nach t auflöst und in die Gleichung $y(t)$ einsetzt, erhält man die Gleichung für die Wurfparabel:

$$y = -\frac{g}{2v_0 \cos^2\alpha}x^2 + \tan\alpha \cdot x \qquad (4.1)$$

Die Wurfzeit t_w wird für die Programmierung der Wurfparabel benötigt. Es gilt:

$$t_w = \frac{2v_0 \cdot \sin\alpha}{g}$$

Sie ist von der Anfangsgeschwindigkeit v_0, dem Abwurfwinkel α und der Erdbeschleunigung g abhängig.

TextBox als Eingabe für den Abwurfwinkel

In dem ersten Matplotlib-Programm wird ein Textfeld-Steuerelement (TextBox) für die Eingabe des Abwurfwinkels verwendet. Bild 4.8 zeigt die Benutzeroberfläche des Programms *textbox_schiefer_wurf.py*.

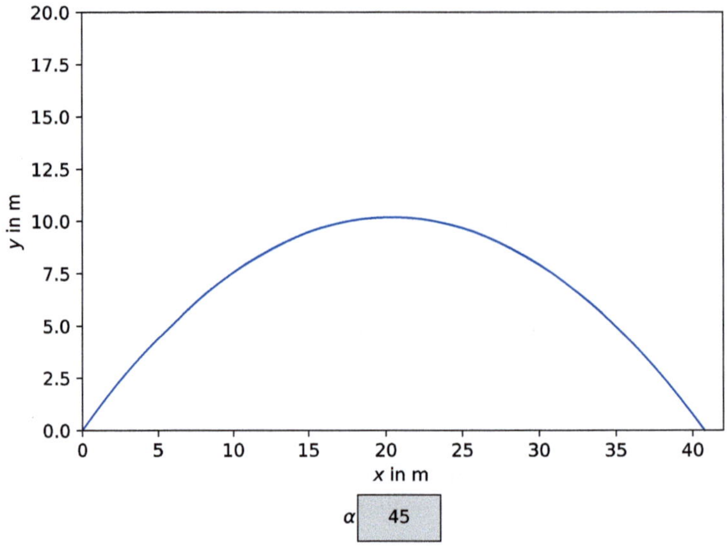

Bild 4.8 Simulation des schiefen Wurfs mit TextBox

In dem Textfeld können Sie andere Abwurfwinkel eingeben. Mit der Return-Taste können Sie die Simulation starten.

Mit dem Programm *textbox_schiefer_wurf.py* (Listing 4.4) lässt sich der Einfluss des Abwurfwinkels auf die Wurfweite testen. In Zeile 9 können Sie eine andere Abwurfgeschwindigkeit eintragen.

Listing 4.4 Schiefer Wurf mit TextBox für die Eingabe des Abwurfwinkels

```
1   #textbox_schiefer_wurf.py
2   import math
3   import numpy as np
4   import matplotlib.pyplot as plt
5   from matplotlib.widgets import TextBox
6   g=9.81 #Erdbeschleunigung
7   #s=f(t)
8   def wurf(winkel):
9       v0=20
10      alpha=float(winkel)
11      alpha=np.radians(alpha) #Abwurfwinkel
12      tw=2*v0*np.sin(alpha)/g #Wurfzeit
13      t=np.linspace(0,tw)
14      x=v0*np.cos(alpha)*t
15      y=v0*np.sin(alpha)*t-g*t**2/2
```

```
16      wurfbahn.set_data(x,y)
17      plt.draw()
18  #Grafikbereich
19  fig, ax = plt.subplots()
20  ax.axis([0,42,0,20])
21  fig.subplots_adjust(bottom=0.2)
22  wurfbahn, = ax.plot([], [], lw=1)
23  #left, bottom, width, height
24  xyBox = fig.add_axes([0.46, 0.02, 0.1, 0.075])
25  txtA = TextBox(xyBox,r'$\alpha $',textalignment="center")
26  txtA.on_submit(wurf)
27  txtA.set_val('45') #Defaultwert für Abwurfwinkel
28  ax.set(xlabel='$x$ in m',ylabel='$y$ in m')
29  plt.show()
```

Analyse

Die Anweisung in Zeile 5 importiert das Steuerelement `TextBox`. Dieses Steuerelement stellt ein Textfeld für die Eingabe von Strings (Zeichenkette) zur Verfügung. Auch Zahlen werden vom Python-Interpreter als Strings interpretiert.

In den Zeilen 7 bis 17 wird die Python-Funktion `wurf(winkel)` definiert. In den Zeilen 14 und 15 werden *x*- und *y*-Koordinaten der Wurfbahn berechnet. Diese Daten werden der Matplotlib-Methode `set_data(x,y)` als Argumente übergeben. Die Matplotlib-Funktion `plt.draw()` aktualisiert die Eingaben. Sie können diese Funktion testen, indem Sie Zeile 17 auskommentieren.

In Zeile 25 erzeugt die Matplotlib-Methode `TextBox(...)` das Objekt `txtA`. In Zeile 26 wird dieses Objekt benutzt, um auf die Matplotlib-Methode `on_submit(wurf)` zuzugreifen. Dieser Methode wird die Funktion `wurf` als Argument ohne Parameter übergeben. Sie ist für die Ereignisverarbeitung zuständig. In Zeile 27 können Sie einen anderen Defaultwert für den Abwurfwinkel vorgeben.

Momentangeschwindigkeit des schiefen Wurfs

Wenn man die Momentangeschwindigkeit beim schiefen Wurf ermitteln möchte, dann bietet es sich an, die Wurfparabel statisch darzustellen und den Körper auf diese Wurfbahn zu verschieben. Das Matplotlib-Programm *sld_wurf1.py* erzeugt die in Bild 4.9 dargestellte Benutzeroberfläche. Zu jedem eingestellten Zeitpunkt wird die aktuelle Wurfgeschwindigkeit oben links auf der Benutzeroberfläche angezeigt.

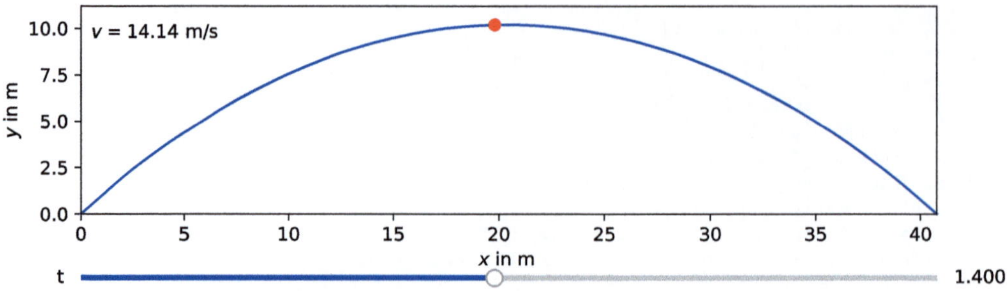

Bild 4.9 Simulation der Momentangeschwindigkeit

Wenn Sie den Slider-Knopf nach links verschieben, werden Sie feststellen, dass zum Zeitpunkt t=0 und der Geschwindigkeitsvektor den größten Betrag hat. In der rechten Slider-Knopf-Stellung hat er den gleichen Betrag der Abwurfgeschwindigkeit. Bei einer Entfernung von etwa 20 m ist die Wurfgeschwindigkeit am kleinsten.

Das Programm *sld_wurf1.py* (Listing 4.5) zeigt die Umsetzung. In den Zeilen 6 und 7 können Sie eine andere Abwurfgeschwindigkeit und einen anderen Abwurfwinkel eintragen.

Listing 4.5 Momentangeschwindigkeit des schiefen Wurfs

```
1  #sld_wurf1.py
2  import numpy as np
3  import matplotlib.pyplot as plt
4  from matplotlib.widgets import Slider
5  #Daten
6  v0=20
7  wurfwinkel=45
8  g=9.81
9  #Berechnungen
10 alpha=np.radians(wurfwinkel)
11 tw=2*v0*np.sin(alpha)/g
12 xmax=v0**2*np.sin(2*alpha)/g
13 ymax=v0**2*np.sin(alpha)**2/(2*g)
14 sy=6.4/4.8 #Breite, Höhe
15 breite=8
16 hoehe=sy*breite*ymax/xmax
17 #x,y-Werte
18 def f(t):
19     x=v0*np.cos(alpha)*t
20     y=v0*np.sin(alpha)*t-g*t**2/2
21     return x,y
22 #Betrag der Geschwindigkeit
23 def v(t):
24     vx=v0*np.cos(alpha)
25     vy=v0*np.sin(alpha)-g*t
26     return np.hypot(vx,vy)
27 #Slider abfragen
28 def update(val):
29     t = sldPunkt.val
30     x,y=f(t)
```

```
31        txtV.set_text('$v$ = %.2f m/s' %v(t))
32        punkt.set_data([x],[y])
33    #Grafikbereich
34    label='Momentangeschwindigkeit schiefer Wurf'
35    fig, ax=plt.subplots(figsize=(breite,hoehe),label=label)
36    fig.subplots_adjust(left=0.08,bottom=0.28)
37    txtV=ax.text(0.5,9.5,'v = %.2f m/s' %v0)
38    ax.axis([0,xmax,0,ymax+1])
39    t=np.linspace(0,tw)
40    x,y=f(t)
41    ax.plot(x,y) #Bahnkurve
42    x0,y0=f(1.4)
43    punkt, = ax.plot(x0,y0,'ro') #Punkt
44    xyPunkt=fig.add_axes([0.08, 0.08, 0.82, 0.03])
45    sldPunkt=Slider(xyPunkt,'t',0,tw,valinit=1.4,valstep=0.01)
46    sldPunkt.on_changed(update)
47    ax.set_xlabel('$x$ in m')
48    ax.set_ylabel('$y$ in m')
49    plt.show()
```

Analyse

Mit der selbstdefinierten Python-Funktion `f(t)` soll die Wurfparabel statisch dargestellt werden (Zeilen 18 bis 21). Diese Funktion wird in Zeile 40 aufgerufen und in Zeile 41 als Wurfparabel dargestellt.

In den Zeilen 23 bis 26 berechnet die selbstdefinierte Python-Funktion `v(t)` die *x*- und *y*-Komponenten des Geschwindigkeitsvektors. Die NumPy-Funktion `hypot(vx,vy)` (Zeile 26) berechnet mit dem Satz des Pythagoras den Betrag der Momentangeschwindigkeit.

In Zeile 29 wird der aktuelle Zahlenwert des Sliders `sldPunkt` (Zeile 45) der Variablen t zugewiesen. Die Textausgabe erfolgt in Zeile 31.

Veränderung des Abwurfwinkels und der Anfangsgeschwindigkeit

Mit dem Matplotlib-Programm *sld_wurf2.py* können Sie sowohl die Anfangsgeschwindigkeit als auch den Abwurfwinkel für den schiefen Wurf mit jeweils einem Slider-Steuerelement verändern. Bild 4.10 zeigt die Benutzeroberfläche.

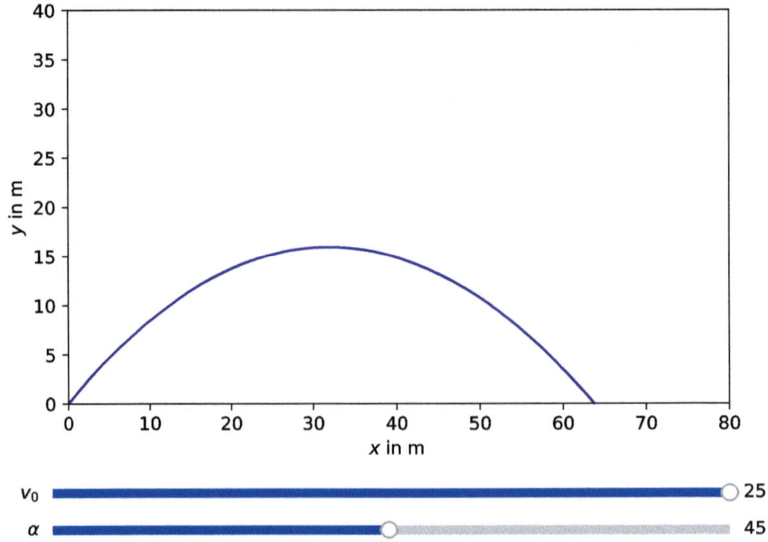

Bild 4.10 Änderung der Anfangsgeschwindigkeit und des Abwurfwinkels

Durch Verschieben der Slider-Knöpfe können Sie die optimalen Einstellungen für eine maximale Wurfweite simultan ausprobieren.

Listing 4.6 zeigt, wie das Matplotlib-Programm *sld_wurf2.py* implementiert wird. Die Begrenzung für den Zeichenbereich können Sie in Zeile 6 ändern.

Listing 4.6 Simulation der Wurfweite

```
1  #sld_wurf2.py
2  import numpy as np
3  import matplotlib.pyplot as plt
4  from matplotlib.widgets import Slider
5  g=9.81
6  xmax,ymax=80,40
7  #Wurfzeit
8  def wurfzeit(v0,alpha):
9      return 2*v0*np.sin(alpha)/g
10 #x,y-Werte
11 def f(t,v0,alpha):
12     x=v0*np.cos(alpha)*t
13     y=v0*np.sin(alpha)*t-g*t**2/2
14     return x,y
15 #Slider abfragen
16 def update(val):
17     winkel = sldAlpha.val
18     v0 = sldV0.val
19     alpha=np.radians(winkel)
20     tw = wurfzeit(v0,alpha)
21     t=np.linspace(0,tw,100)
22     x,y=f(t,v0,alpha)
23     kurve.set_data(x,y)
24 #Grafikbereich
```

```
25 fig, ax=plt.subplots(label='Simulation des Abwurfwinkels')
26 fig.subplots_adjust(left=0.1,bottom=0.24)
27 ax.axis([0,xmax,0,ymax])
28 kurve, = ax.plot([],[],'b-')
29 xyV0=fig.add_axes([0.08, 0.08, 0.82, 0.03])
30 xyAlpha=fig.add_axes([0.08, 0.02, 0.82, 0.03])
31 sldV0=Slider(xyV0,r'$v_{0}$',10,25,valinit=25,valstep=1)
32 sldAlpha=Slider(xyAlpha,r'$\alpha $',10,80,valinit=45,valstep=1)
33 sldV0.on_changed(update)
34 sldAlpha.on_changed(update)
35 ax.set(xlabel='$x$ in m',ylabel='$y$ in m')
36 plt.show()
```

Analyse

Die selbstdefinierte Python-Funktion `f(t,v0,alpha)` ist zuständig für die Berechnung der x- und y-Koordinatendaten. Sie gibt das Tupel `x,y` zurück. Sie wird in Zeile 22 aufgerufen und weist die aktualisierten Koordinatendaten dem Tupel `x,y` zu.

Die Wurfzeit muss für jede veränderte Einstellung des Slider-Knopfs neu berechnet werden (Zeile 20). Das eindimensionale NumPy-Array `linspace(0,tw,100)` muss ebenfalls aktualisiert werden (Zeile 21).

Animation des schiefen Wurfs

Die bisherigen Matplotlib-Programme zur Simulation des schiefen Wurfs verlangten nach dem Programmstart eine Eingabe durch eine TextBox oder eine Verschiebung des Slider-Knopfs. Das nächste Programm benutzt die Animationsfunktion von Matplotlib. Nach dem Programmstart läuft die Animation selbstständig ab. Der Ball und der resultierende Geschwindigkeitsvektor werden angezeigt (Bild 4.11).

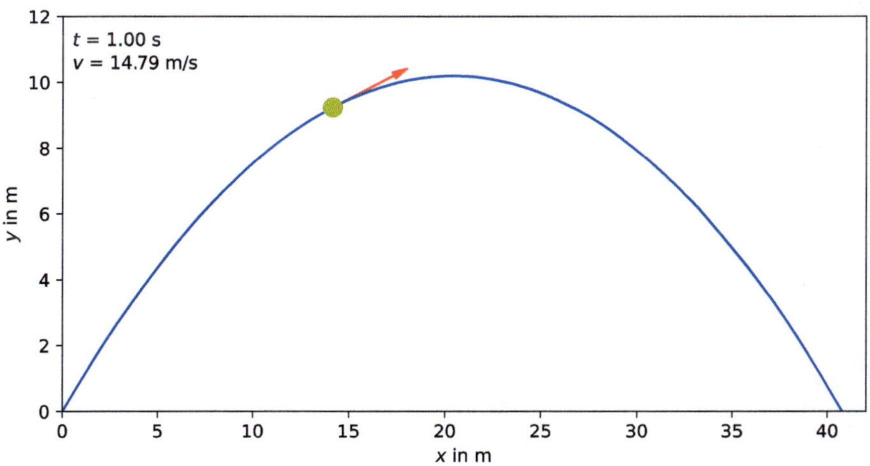

Bild 4.11 Animation eines schiefen Wurfs

Gleichzeitig wird zu jedem Ortswechsel die Zeit *t* und die Momentangeschwindigkeit *v* links oben auf der Benutzeroberfläche angezeigt.

Das Programm *ani_wurf.py* (Listing 4.7) zeigt, wie eine solche Animation implementiert werden kann. Die Werte für die Anfangsgeschwindigkeit und den Abwurfwinkel können Sie in den Zeilen 6 und 7 ändern.

Listing 4.7 Animation des schiefen Wurfs

```
1  #ani_wurf.py
2  import numpy as np
3  import matplotlib.pyplot as plt
4  from matplotlib.animation import FuncAnimation
5  from matplotlib.patches import FancyArrowPatch,ArrowStyle
6  v0=20          #Anfangsgeschwindigkeit in m/s
7  wurfwinkel=45  #Abwurfwinkel in °
8  alpha=np.radians(wurfwinkel)
9  dt=5e-3        #Zeitschrittweite
10 g=9.81         #m/s^2
11 delta_x = 4
12 xmax,ymax=42,12
13 #x,y = f(t)
14 def s(t,v0,alpha):
15     x=v0*np.cos(alpha)*t
16     y=v0*np.sin(alpha)*t-0.5*g*t**2
17     return x,y
18 #Geschwindigkeit
19 def v(t):
20     vx=v0*np.cos(alpha)
21     vy=v0*np.sin(alpha)-g*t
22     return vx,vy,np.hypot(vx,vy)
23 #Wurfbahn berechnen
24 def wurfbahn(i):
25     t=i*dt
26     x,y=s(t,v0,alpha)
27     vx,vy,vs=v(t)
28     delta_y=vy/vx*delta_x
29     x2,y2=x+delta_x, y+delta_y
30     pfeilV.set_positions((x,y),(x2,y2))
31     ball.set_data([x],[y])
32     txtZeit.set_text('$t$ = %.2f s' %t)
33     txtGeschwindigkeit.set_text('$v$ = %.2f m/s' %vs)
34     return ball,txtZeit,txtGeschwindigkeit,pfeilV
35 #Grafikbereich
36 fig,ax=plt.subplots(figsize=(8,4))
37 ax.axis([0,xmax,0,ymax])
38 tmax=2*v0*np.sin(alpha)/g
39 t=np.arange(0,tmax,dt)
40 x,y=s(t,v0,alpha)
41 ax.plot(x,y) #statische Bahnkurve zeichnen
42 ax.set(xlabel="$x$ in m",ylabel="$y$ in m")
43 ball, = ax.plot([],[],'yo',markersize=10)
44 #Textelemente
45 txtZeit=ax.text(0.5,11.1,'')
46 txtGeschwindigkeit=ax.text(0.5,10.4,'')
47 #Pfeil
```

```
48 spitze = ArrowStyle.Simple(head_length=8,head_width=4)
49 pfeilV = FancyArrowPatch((0,0),
50                          (0,0),
51                          color='red',arrowstyle=spitze)
52 ax.add_patch(pfeilV)
53 #Animation
54 ani=FuncAnimation(fig,wurfbahn,frames=t.size,interval=20,blit=True)
55 plt.show()
```

Analyse

Die selbsterstellte Python-Funktion `wurfbahn(i)` in den Zeilen 24 bis 34 übernimmt die *x*-*y*-Koordinatendaten für die Bahnkurve des Balls (Zeile 26) und die Koordinatendaten der Geschwindigkeitskoordinaten (Zeile 27). Das Tupel `x2,y2` in Zeile 29 enthält die Koordinatendaten für die Zeigerspitze. In Zeile 30 wird die Position der Pfeilspitze (Geschwindigkeitsvektor) festgelegt. Die Matplotlib-Methode `set_data([x],[y])` stellt den Ball auf der Zeichenfläche dar, wenn sie von der Animationsmethode `FuncAnimation(fig,wurfbahn,...)` in Zeile 54 aufgerufen wird. Sie dürfen nicht vergessen, ein explizites Objekt `ani` (Zeile 54) zu erzeugen. Der Bezeichner für dieses Objekt ist beliebig. Wenn es fehlt, wird die Animation nicht ausgeführt.

4.3.2 Kreisbewegung

Kreisbewegungen begegnen uns ständig im Alltag. Das Drehen eines Rads ist uns ebenso vertraut wie die Bewegung des Zeigers einer Uhr. Bei einer Uhr beschreibt die Zeigerspitze eine Kreisbahn. Wenn wir annehmen, dass der Sekundenzeiger die Länge 1 hat (ohne Einheit!) und sich in 60 Sekunden einmal dreht, dann können wir sagen, dass er eine Winkelgeschwindigkeit von etwa 0,1 1/s hat ($2\pi/60\,\text{s} \approx 0.1$ 1/s).

Gleichförmige Kreisbewegung

Bild 4.12 zeigt die Benutzeroberfläche des VPython-Programms *vp_kreisbewegung.py*. Es soll die Kreisbewegung eines Hammerwurfs in der Draufsicht darstellen.

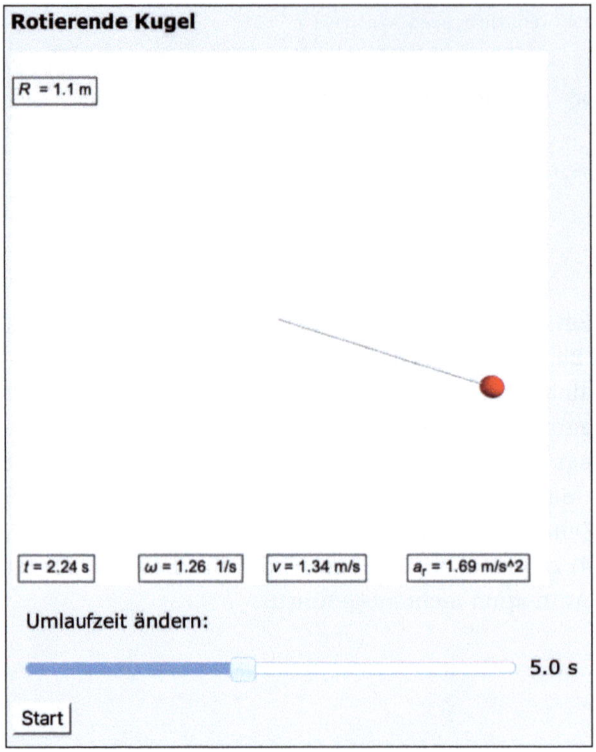

Bild 4.12 Animation eines Hammerwurfs

Mit dem Slider können Sie die Umlaufzeit ändern. Die Umlaufzeit für eine Umdrehung wird auch als **Periodendauer** T bezeichnet. Eine Periode ist dann vollendet, wenn die Kugel ihren Ausgangspunkt wieder erreicht hat.

Übung: Kreisbewegung

Starten Sie das VPython-Programm *vp_kreisbewegung.py* und klicken Sie auf den Start-Button. Wenn Sie den Slider-Knopf nach links schieben, dann werden Sie feststellen, dass sich die Kugel schneller bewegt. Die Umfangsgeschwindigkeit der Kugel ist also umgekehrt proportional zur Periodendauer. Es gilt also: Je kleiner die Periodendauer, desto größer ist die Umfangsgeschwindigkeit. Mit diesem Programm können Sie sich auch einen ersten Zugang zum Begriff der Winkelgeschwindigkeit verschaffen. Dazu stoppen Sie die Kugelbewegung nach einer Umdrehung und teilen 2π durch die verstrichene Zeit. Den Zahlenwert, den Sie so erhalten, entspricht in etwa der Winkelgeschwindigkeit.

Winkel in Bogenmaß

Bild 4.13 zeigt einen Kreisausschnitt mit dem Winkel φ. Wenn man die Länge des Kreisbogens s durch den Radius dividiert, erhält man den Winkel in Bogenmaß.

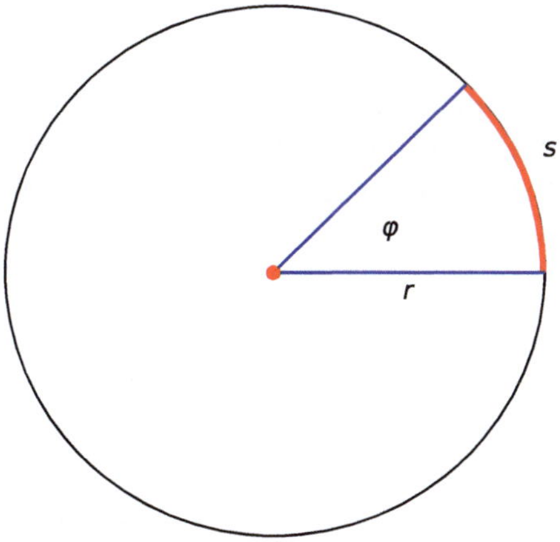

Bild 4.13
Winkel in Bogenmaß

Der Winkel φ in Bogenmaß ist das Verhältnis der Kreisbogenlänge s zum Radius r des Einheitskreises. Es gilt:

$$\varphi = \frac{s}{r}$$

Der besondere Vorteil des Bogenmaßes besteht darin, dass man bei gegebenem Winkel φ die Länge s eines Kreisbogens mit beliebigem Radius berechnen kann, indem man den Winkel mit dem Radius multipliziert. Damit man das Bogenmaß vom Gradmaß (Teile von 360°) besser unterscheiden kann, wurde es mit der Scheineinheit **rad** gekennzeichnet.

Winkelgeschwindigkeit

Die Winkelgeschwindigkeit ω einer gleichförmigen Kreisbewegung ist der Quotient aus dem Winkel φ in Bogenmaß und der Zeit t:

$$\omega = \frac{\varphi}{t}$$

Wenn z. B. sich eine Kugel auf einer Kreisbahn bewegt und für eine Umdrehung 1 Sekunde benötigt, dann beträgt die Winkelgeschwindigkeit 2π rad/1 s ≈ 6,28 rad/s (oder einfacher 6,28 1/s). Ein besonderes Merkmal der Winkelgeschwindigkeit besteht darin, dass sie unabhängig vom Radius ist. Das trifft für die Bahngeschwindigkeit nicht zu.

Bahngeschwindigkeit

Die **Bahngeschwindigkeit** v einer gleichförmigen Kreisbewegung wird aus dem Kreisumfang $2\pi \cdot r$ und der Periodendauer T berechnet. Es gilt:

$$v = \frac{2\pi \cdot r}{T} = 2\pi \cdot r \cdot f = \omega \cdot r$$

Die Bahngeschwindigkeit ist proportional zum Radius. Den Quotienten aus 2π und der Periodendauer T bezeichnet man als **Kreisfrequenz** und den Kehrwert der Periodendauer $1/T$ bezeichnet man als **Frequenz** f, Drehfrequenz oder umgangssprachlich als Drehzahl (in der Praxis Umdrehungen pro Minute).

Radialbeschleunigung

Zu jedem Zeitpunkt ändert der Geschwindigkeitsvektor seine Richtung (Bild 4.14). Auch wenn der Betrag der Geschwindigkeit konstant bleibt, handelt es sich dennoch bei einer gleichförmigen Kreisbewegung um eine beschleunigte Bewegung. Denn: Eine Beschleunigung kommt immer dann vor, wenn sich der Betrag **oder** die Richtung des Geschwindigkeitsvektors ändert.

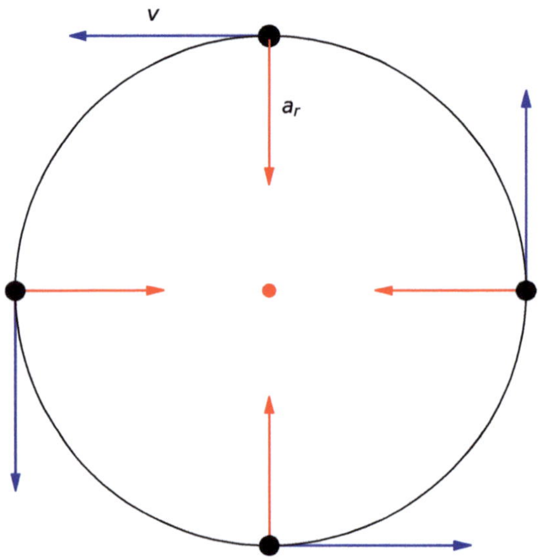

Bild 4.14
Der Geschwindigkeitsvektor ändert ständig seine Richtung

Der Beschleunigungsvektor zeigt zum Mittelpunkt des Kreises. In Bild 4.14 sind nur vier Beschleunigungsvektoren eingezeichnet. In Wirklichkeit gibt es zu jedem beliebig gewählten Zeitpunkt einen Beschleunigungsvektor. Der Beschleunigungsvektor einer gleichförmigen Kreisbewegung wird als **Radialbeschleunigung** oder **Zentripetalbeschleunigung** bezeichnet. Sie wird mit folgenden Formeln berechnet:

$$a_r = \frac{v^2}{r} = r \cdot \omega^2$$

Die Radialbeschleunigung steigt proportional zum Quadrat der Bahn- und Winkelgeschwindigkeit. Diesen Zusammenhang sollten Sie sich einprägen. Er ist relevant, wenn Sie mit einem Fahrzeug durch eine Kurve fahren.

Simulation einer gleichförmigen Kreisbewegung

Mit dem folgenden Matplotlib-Programm *sld_kreisbewegung.py* (Listing 4.8) können Sie die Gesetzmäßigkeiten der gleichförmigen Kreisbewegung näher untersuchen.

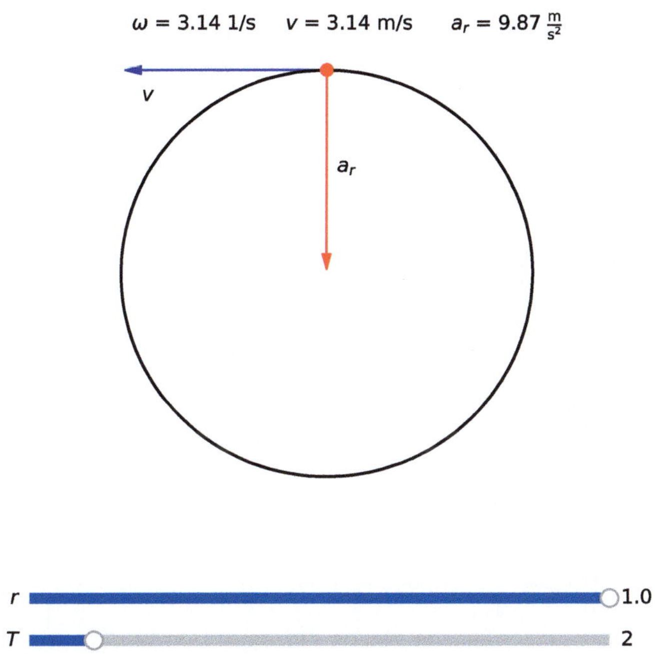

Bild 4.15 Simulation einer Kreisbewegung

Wenn Sie den Radius r verkleinern, werden Sie feststellen, dass sich die Umfangsgeschwindigkeit und die Radialbeschleunigung verringern. Die Winkelgeschwindigkeit ω bleibt konstant. Wenn Sie die Umlaufzeit T verkleinern, dann vergrößern sich die Winkelgeschwindigkeit, die Bahngeschwindigkeit und die Radialbeschleunigung.

Das Programm *sld_kreisbewegung.py* (Listing 4.8) zeigt eine mögliche Implementierung der interaktiven Simulation einer gleichförmigen Kreisbewegung mit zwei Slider-Steuerelementen. In Zeile 6 können Sie einen anderen Zahlenwert für den Radius eingeben.

Listing 4.8 Simulation einer Kreisbewegung

```
#sld_kreisbewegung.py
import numpy as np
import matplotlib.pyplot as plt
from matplotlib.widgets import Slider
from matplotlib.patches import FancyArrowPatch,ArrowStyle
r0=1.0
xmax=ymax=1.10
#x,y-Werte für Kreis
def kreis(phi,r):
    x=r*np.cos(phi)
    y=r*np.sin(phi)
    return x,y
#Slider abfragen
def update(val):
    r = sldR.val #Radius
    T = sldT.val #Periodendauer
    w=2*np.pi/T  #Winkelgeschwindigkeit
    v=w*r        #Bahngeschwindigkeit
    a=w**2*r     #Radialbeschleunigung
    txtW.set_text(r'$\omega$ = %.2f 1/s' %w)
    txtV.set_text('$v$ = %.2f m/s' %v)
    txtA.set_text(r'$a_{r} = %.2f \ \frac{m}{s^{2}} $ ' %a)
    x,y=kreis(phi,r)
    pfeilA.set_positions((0,r),(0,0))
    pfeilV.set_positions((0,r),(-r,r))
    kurve.set_data([x],[y])
    punkt.set_data([0],[r])
#Grafikbereich
fig, ax=plt.subplots(figsize=(5,5))
ax.axis([-xmax,xmax,-xmax,ymax])
phi=np.linspace(0,2*np.pi,500)
x,y=kreis(phi,r0)
kurve, = ax.plot(x,y,'k-')
punkt, = ax.plot(0,r0,'ro')
fig.subplots_adjust(left=0.1,bottom=0.24)
#Ausgaben
txtW = ax.text(-0.95,1.2, r'$\omega$ = %.2f m/s' %3.14)
txtV = ax.text(-0.2,1.2, '$v$ = %.2f m/s'  %3.14)
txtA = ax.text(0.6,1.2, r'$a_{r}$ = %.2f $\mathrm{\frac{m}{s^{2}}}$' %9.87)
ax.text(0.05,0.5,'$a_{r}$')
ax.text(-0.9,0.85,'$v$')
#Vektoren
spitze = ArrowStyle.Simple(head_length=8,head_width=4)
pfeilA = FancyArrowPatch((0,r0),(0,0),color='red',arrowstyle=spitze)
pfeilV = FancyArrowPatch((0,r0),(-r0,r0),color='blue',arrowstyle=spitze)
ax.add_patch(pfeilA)
ax.add_patch(pfeilV)
#Slider
xyR=fig.add_axes([0.08, 0.08, 0.82, 0.03])
sldR=Slider(xyR,r'$r$',0.2,1,valinit=r0,valstep=0.01)
xyT=fig.add_axes([0.08, 0.02, 0.82, 0.03])
sldT=Slider(xyT,r'$T$',1,10,valinit=2,valstep=0.1)
sldR.on_changed(update)
sldT.on_changed(update)
ax.set_aspect('equal')
ax.set_axis_off()
plt.show()
```

Analyse

In den Zeilen 15 und 16 werden die aktuellen Daten für den Radius `r` und der Periodendauer `T` aus den Slider-Objekten `sldR.val` und `sldT.val` abgefragt. Die Textausgabe erfolgt in den Zeilen 20 bis 22. Die Pfeile für den Beschleunigungsvektor `pfeilA` und den Geschwindigkeitsvektor `pfeilV` werden in den Zeilen 24 und 25 gezeichnet.

Wenn der Kreisradius verkleinert wird, verändern sich nicht die Positionen der Beschriftung für den Geschwindigkeitsvektor v und den Beschleunigungsvektor a_r. Das Problem der Textausgabe auf der Benutzeroberfläche ist also noch nicht optimal gelöst.

Animation einer gleichförmigen Kreisbewegung

In dem letzten Programm soll eine gleichförmige Kreisbewegung animiert werden. Die aktuellen Werte der x,y-Geschwindigkeitskomponenten sollen auf der Benutzeroberfläche angezeigt werden. Für den Ortsvektor der Kreisbewegung gilt:

$$r\,(t) = \begin{pmatrix} x\,(t) \\ y\,(t) \end{pmatrix} = \begin{pmatrix} r \cdot \cos \omega t \\ r \cdot \sin \omega t \end{pmatrix} \tag{4.2}$$

Die Geschwindigkeitskomponenten erhält man durch Ableitung der Ortskomponenten:

$$\begin{pmatrix} v_x \\ v_y \end{pmatrix} = \begin{pmatrix} \dot{x}\,(t) \\ \dot{y}\,(t) \end{pmatrix} = \begin{pmatrix} -r \cdot \omega \cdot \sin \omega t \\ r \cdot \omega \cdot \cos \omega t \end{pmatrix} \tag{4.3}$$

Bild 4.16 zeigt die Benutzeroberfläche des Animationsprogramms *ani_kreisbewegung.py*.

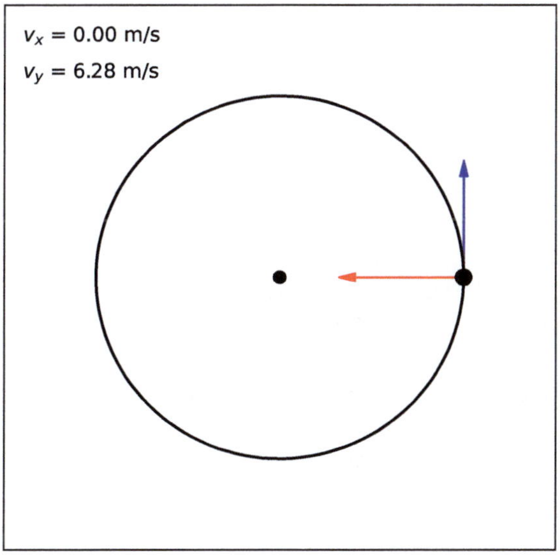

Bild 4.16
Animation einer Kreisbewegung

Das Programm *ani_kreisbewegung.py* (Listing 4.9) zeigt, wie die Animation aus Bild 4.16 programmiert werden kann. In den Zeilen 6 und 7 können Sie den Radius und die Periodendauer ändern.

Listing 4.9 Animation einer Kreisbewegung

```
1 #ani_kreisbewegung.py
2 import numpy as np
3 import matplotlib.pyplot as plt
4 from matplotlib.animation import FuncAnimation
5 from matplotlib.patches import FancyArrowPatch,ArrowStyle
6 r=1         #Radius der Umlaufbahn in m
7 T=1         #Periodendauer in s
8 dt=2e-3     #Zeitschrittweite
9 w=2*np.pi/T #Kreisfrequenz
10 xmax,ymax=1.5*r,1.5*r
11 #x,y-Werte für Kreis
12 def kreis(t,r,w,phase=0):
13     x=r*np.cos(w*t+phase)
14     y=r*np.sin(w*t+phase)
15     return x,y
16 #Kreisbahn berechnen
17 def kreisbahn(i):
18     t=i*dt
19     v=w*r  #Bahngeschwindigkeit
20     vx,vy=-r*w*np.sin(w*t),r*w*np.cos(w*t) #Geschwindigkeitskomponenten berechnen
21     txtVx.set_text('$v_{x}$ = %.2f m/s' %vx)
22     txtVy.set_text('$v_{y}$ = %.2f m/s' %vy)
23     x,y=kreis(t,r,w) #s(t)
24     r2=1.2
25     phase=np.arccos(r/r2)
26     x2,y2=kreis(t,r2,w,phase) #Kreiskoordinaten
27     pfeilV.set_positions((x,y),(x2,y2))      #v(t)
28     pfeilA.set_positions((x,y),(0.3*x,0.3*y)) #a(t)
29     masse.set_data([x],[y])
30     return masse,txtVx,txtVy,pfeilV,pfeilA
31 #Grafikbereich
32 fig,ax=plt.subplots(figsize=(5,5))
33 ax.axis([-xmax,xmax,-ymax,ymax])
34 t=np.arange(0,T,dt)
35 x,y = kreis(t,r,w)
36 ax.plot(x,y,'k-') #Kreis zeichnen
37 ax.plot(0,0,'ko') #Drehachse
38 masse, = ax.plot([],[],'ko',markersize=8) #schwarzer Punkt
39 txtVx = ax.text(-1.4,1.3,'')
40 txtVy = ax.text(-1.4,1.1,'')
41 spitze = ArrowStyle.Simple(head_length=8,head_width=4)
42 pfeilV = FancyArrowPatch((0,0),(0,0),color='blue',arrowstyle=spitze)
43 pfeilA = FancyArrowPatch((0,0),(0,0),color='red',arrowstyle=spitze)
44 ax.add_patch(pfeilV)
45 ax.add_patch(pfeilA)
46 ani=FuncAnimation(fig,kreisbahn,frames=t.size,interval=20,blit=True)
47 ax.set_aspect('equal')
48 ax.set_xticks([])
49 ax.set_yticks([])
50 plt.show()
```

Analyse

Die selbstdefinierte Python-Funktion `kreisbahn(i)` in den Zeilen 17 bis 30 berechnet alle Koordinatendaten `vx` und `vy` für den Geschwindigkeitsvektor (Zeile 20) nach Formel 4.3. Die aktualisierten Werte für die Geschwindigkeitskomponenten werden in den Zeilen 21 und 22 auf der Benutzeroberfläche ausgegeben. In Zeile 23 werden die aktuellen Koordinatendaten `x,y` für den schwarzen Punkt, der sich auf der Bahnkurve bewegt, erfasst. Diese Daten werden der Matplotlib-Methode `set_positions ((x,y), ...)` in den Zeilen 27 und 28 als Argumente übergeben.

In Zeile 36 werden der Kreis der Bahnkurve und in Zeile 37 die Drehachse der Kreisbewegung als schwarzer Punkt gezeichnet. Diese beiden Objekte sind statisch, nur die Punktmasse `masse` in Zeile 29 bewegt sich (Definition in Zeile 38).

In Zeile 46 ruft die Matplotlib-Methode `FuncAnimation(fig,kreisbahn,...)` die Funktion `kreisbahn` auf, damit die Animation durchgeführt werden kann.

Gleichmäßig beschleunigte Kreisbewegung

Bis die gewünschte Bahngeschwindigkeit erreicht wird, muss ein Drehkörper beschleunigt werden. Ein Hammerwerfer muss, um eine Bahngeschwindigkeit von z. B. 28 m/s zu erreichen, den Hammer von 0 m/s auf diese Endgeschwindigkeit beschleunigen. Bei einer gleichmäßig beschleunigten Kreisbewegung steigt die Winkelgeschwindigkeit linear an. Für die Winkelbeschleunigung α_T gilt dann:

$$\alpha_T = \frac{\Delta\omega}{\Delta t}$$

Die Winkelbeschleunigung α_T wird, um sie von der Radialbeschleunigung α_r zu unterscheiden, mit dem Index T gekennzeichnet. Sie wird als **Tangentialbeschleunigung** bezeichnet. Die Tangentialbeschleunigung ist ebenso wie die Bahngeschwindigkeit ein Vektor, der als Tangente an einen Kreis gezeichnet werden kann. Er hat die gleiche Richtung des Geschwindigkeitsvektors.

Wenn die tangentiale Winkelbeschleunigung α als konstante Größe gegeben ist, dann kann durch einfache Integration von α die Winkelgeschwindigkeit $\omega(t)$ berechnet werden. Bei den folgenden Berechnungen wird der Index T weggelassen, gemeint ist immer die Tangentialbeschleunigung. Die Integrationskonstanten sollen bei jeder Integration den Wert null erhalten.

$$\alpha = \frac{\mathrm{d}\omega}{\mathrm{d}t} \Longrightarrow \mathrm{d}\omega = \alpha \cdot \mathrm{d}t \Longrightarrow \int \mathrm{d}\omega = \int \alpha \cdot \mathrm{d}t$$

Nach der Integration erhält man für die Winkelgeschwindigkeit $\omega(t)$ einer gleichmäßig beschleunigten Kreisbewegung:

$$\omega\,(t) = \alpha \cdot t$$

Der Winkel φ kann durch Integration der Winkelgeschwindigkeit ω berechnet werden:

$$\omega = \frac{\mathrm{d}\varphi}{\mathrm{d}t} \Longrightarrow \mathrm{d}\varphi = \omega \mathrm{d}t \Longrightarrow \int \mathrm{d}\varphi = \int \omega \mathrm{d}t$$

Mit der Gleichung für die Winkelgeschwindigkeit $\omega(t) = \alpha \cdot t$ erhält man:

$$\int \mathrm{d}\varphi = \int \alpha \cdot t\mathrm{d}t$$

Nach Durchführung der Integration ergibt sich für den Winkel:

$$\varphi(t) = \frac{1}{2}\alpha \cdot t^2$$

Eine beschleunigte Kreisbewegung können Sie auch mit dem VPython-Programm *vp_kreisbewegung.py* simulieren (Bild 4.12), wenn Sie die Periodendauer T kontinuierlich verkleinern.

4.3.3 Umwandlung einer Kreisbewegung in eine geradlinige Bewegung

In Bild 4.17 sind eine Kurbel mit dem Radius r, eine Stange mit der Länge l und ein Kolben abgebildet. Die Kurbel bewegt sich auf einer Kreisbahn. Sie ist an ihrem Ende mit einer Stange verbunden. Das andere Ende der Stange ist mit einem Kolben verbunden. Der Kolben bewegt sich in einem Zylinder.

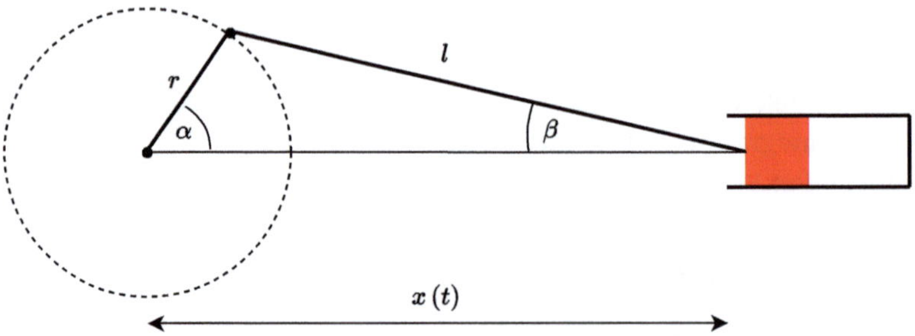

Bild 4.17 Schemazeichnung eines Hubkolbenmotors

Die Drehung der Kurbel bewirkt, dass sich der Kolben abwechselnd in Richtung der positiven und negativen x-Achse hin und her bewegt. Gesucht ist der Geschwindigkeitsverlauf $v(t)$ des Kolbens.

Aus Bild 4.17 kann eine Formel für den Kolbenweg $x(t)$ hergeleitet werden:

$$x\,(t) = r\cos\omega t + l\sqrt{1 - \left(\frac{r}{l}\right)^2 \sin^2 \omega t} \tag{4.4}$$

Durch die Ableitung von Formel 4.4 nach der Zeit erhält man den Geschwindigkeitsverlauf des Kolbens. Die Beschleunigung $a(t)$ des Kolbens berechnet man aus der Ableitung der Geschwindigkeitsfunktion (oder aus der zweiten Ableitung der Wegfunktion). In den Aufgaben 9 und 10 soll dieses Problem durch numerische und symbolische Differentiation gelöst werden. Wenn die Masse des Kolbens bekannt ist, kann aus dem Produkt von Masse und Beschleunigung (zweites Newtonsche Gesetz) die Kolbenkraft berechnet werden. Das ist Thema des nächsten Kapitels.

4.4 Aufgaben

1. Ein Fahrradfahrer fährt mit einer konstanten Geschwindigkeit von v = 5 m/s. Eine Fahrradfahrerin beginnt ihre Fahrt zum Zeitpunkt t = 0 mit einer Beschleunigung von a = 1 m/s^2. Stellen Sie beide Fahrten mit Matplotlib in einem Weg-Zeit-Diagramm dar. Markieren Sie den Schnittpunkt der Funktionsgraphen mit einem roten Punkt. Welche Bedeutung hat der Schnittpunkt?
2. Ein Fahrradfahrer fährt mit einer Geschwindigkeit von v = 5 m/s vor eine Wand. Die Knautschzone des Fahrrads beträgt 0,5 m. Stellen Sie die Situation mit Matplotlib in einem Geschwindigkeits-Zeit-Diagramm und in einem Beschleunigungs-Zeit-Diagramm dar.
3. Die Tangentensteigung soll in Listing 4.3 mit dem zentralen Differenzenquotienten berechnet werden. Ändern Sie das Programm entsprechend.
4. Stellen Sie das Weg-Zeit-Gesetz für den freien Fall mit Matplotlib in drei Unterdiagrammen dar. Die Wegfunktion $y = f(t)$ ist gegeben. Ermitteln Sie die Geschwindigkeits- und die Beschleunigungsfunktion durch numerische Differentiation a) mit dem zentralen Differentialquotienten und b) mit Numdifftools.
5. Stellen Sie das Weg-Zeit-Gesetz für den freien Fall mit Matplotlib in drei Unterdiagrammen dar. Die Beschleunigungsfunktion $a = f(t)$ ist gegeben.
6. Schreiben Sie ein Matplotlib-Programm, das einen schiefen Wurf mit nur einer Funktion $y = f(x)$ (siehe Formel 4.1) darstellt. Die Abwurfhöhe beträgt 1,8 m.
7. Stellen Sie die Bahngeschwindigkeit $v = f(\omega)$ und die Radialbeschleunigung $a_r = f(\omega)$ einer gleichförmigen Kreisbewegung mit Matplotlib in zwei Unterdiagrammen dar.

8. Ein Hammerwerfer beschleunigt seinen Hammer innerhalb von 10 Sekunden mit 2,5 rad/s^2. Stellen Sie die Tangentialbeschleunigung, die Winkelgeschwindigkeit und den Winkel in drei Unterdiagrammen dar. Schreiben Sie ein Matplotlib-Programm, das diese Anforderungen erfüllt.
9. Schreiben Sie ein Matplotlib-Programm, das die Wegfunktion $x(t)$ (Formel 4.4), den Geschwindigkeitsverlauf $v(t)$ und die Beschleunigung $a(t)$ des Kolbens aus Bild 4.17 in drei Unterdiagrammen darstellt. Die Geschwindigkeit $v(t)$ und die Beschleunigung $a(t)$ sollen durch numerische Differentiation a) mit dem zentralen Differenzenquotienten und b) mit Numdifftools berechnet werden. Folgende Daten sind gegeben: r =10 cm, l =80 cm und n = 50 1/s.
10. Berechnen Sie die erste und zweite Ableitung von Formel 4.4 mit der SymPy-Methode `diff(x,t,1)` und `diff(x,t,2)` symbolisch.

5 Dynamik

Die **Dynamik** (altgriechisch δύναμις dýnamis, deutsch „Kraft“) untersucht den Einfluss von Kräften auf die Bewegungen von Körpern. Wenn eine konstante Kraft auf einen frei beweglichen Körper einwirkt, dann verursacht sie eine gleichmäßig beschleunigte Bewegung. Kräfte können aber nicht nur Körper bewegen, sie können sie auch abbremsen oder ihre Bewegungsrichtung ändern. Grundlage der Dynamik sind die drei Newtonschen Gesetze.

5.1 Newtonsche Gesetze

Bereits 1687 formulierte Newton die drei nach ihm benannten Gesetze. Sie beschreiben die Trägheit (Beharrungsvermögen) von Massen, die Auswirkungen von Kräften auf Körper und die Wechselwirkung zwischen Körpern.

1. Gesetz: Trägheitsgesetz

Ein Körper bleibt im Zustand der Ruhe oder bewegt sich mit konstanter Geschwindigkeit, wenn keine Kraft auf ihn wirkt.

Bild 5.1 Ein Körper bewegt sich reibungsfrei mit konstanter Geschwindigkeit

Diese Aussage scheint der eigenen Erfahrung zu widersprechen. Erfahren wir doch im Alltag immer wieder, dass z. B. eine Kugel, die einmal in Bewegung gesetzt wird, irgendwann zur Ruhe kommt, seien die Bedingungen noch so ideal (ideale Kugelgestalt, ideal glatte und ebene, nicht geneigte Unterlage). Das erste Newtonsche Gesetz abstrahiert also von der bewegungshemmenden Reibung. Die Ursache, dass ein Körper sich für eine gewisse Zeit weiterbewegt, ist seine **Trägheit**. Jede Masse besitzt diese Eigenschaft (träge Masse). Bei einer Vollbremsung mit dem Automobil fliegt unser Körper in Fahrtrichtung. Der Sicherheitsgurt verhindert den Aufprall auf das Armaturenbrett. Bei einer starken Beschleunigung spüren wir den Druck des Fahrersitzes.

2. Gesetz: Aktionsgesetz

Wenn eine konstante Kraft auf einen Körper einwirkt, dann bewegt er sich mit einer linear ansteigenden Geschwindigkeit (gleichmäßig beschleunigte Bewegung).

$$\vec{a} = \frac{\vec{F}}{m}$$

Die Beschleunigung ist proportional zu der Kraft, die einen Körper in Bewegung versetzt, und umgekehrt proportional zur Masse dieses Körpers.

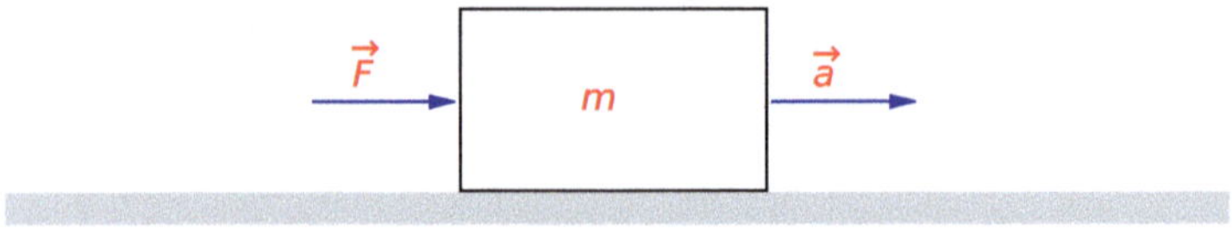

Bild 5.2 Ein Körper wird nach rechts verschoben

Je größer die Kraft ist, die auf den Körper in Bild 5.2 einwirkt, desto stärker wird er beschleunigt. Mit einem Rennrad können Sie mit gleicher Kraft schneller beschleunigen als mit einem vollbeladenen Cityrad.

Die Trägheitskraft kann auch mithilfe der ersten Ableitung der Geschwindigkeitsfunktion $v = f(t)$ berechnet werden:

$$F = m \cdot a = m \cdot \frac{\mathrm{d}v}{\mathrm{d}t} \quad (5.1)$$

3. Gesetz: Reaktionsgesetz

Wenn ein Körper auf einen anderen, zweiten Körper eine bestimmte Kraft ausübt, dann übt dieser zweite Körper auf den ersten Körper die gleiche, aber entgegengesetzte Kraft aus.

$$\vec{F} = -\vec{F}$$

Ein Planet 1 mit der Masse m_1 übt auf einen anderen Planeten 2 mit der Masse m_2 die gleiche Anziehungskraft aus wie umgekehrt der Planet 2 auf den Planeten 1 (Bild 5.3). Kräfte kommen in der Natur immer paarweise als Kraft und Gegenkraft vor. Dieses Phänomen wird als **Wechselwirkung** bezeichnet.

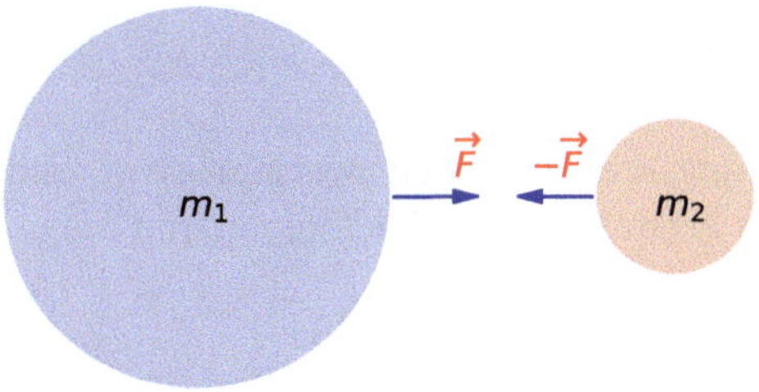

Bild 5.3
actio = reactio

Wenn Sie mit dem Daumen auf die Tischplatte drücken, dann übt die Tischplatte die gleiche Gegenkraft auf Ihren Daumen aus. Diese Erfahrung ist so selbstverständlich, dass sie uns nicht mehr bewusst ist.

5.2 Gravitationskraft

Aus der Alltagserfahrung wissen wir, dass zwischen einem Körper mit der Masse m und der Erde eine Kraft wirkt. Diese Kraft wird als **Erdanziehungskraft** oder physikalisch präziser formuliert als **Gravitationskraft** bezeichnet. Auch die Bezeichnung **Gewichtskraft** ist üblich. Ein Körper mit der Masse m = 100 kg wird von der Erde mit einer Kraft von etwa 981 N angezogen. Dieser Wert ergibt sich, wenn man das zweite Newtonsche Gesetz anwendet und die Masse mit der Erdbeschleunigung $g = 9{,}81\ \text{m}\cdot\text{s}^{-2}$ (der Normwert beträgt $9{,}80665\ \text{m}\cdot\text{s}^{-2}$) multipliziert. Für Überschlagsrechnungen ist es praktisch die Erdbeschleunigung mit $10\ \text{m}\cdot\text{s}^{-2}$ anzusetzen. Bei der Gravitationskraft wird zwischen **Nahwirkungskraft** und der **Fernwirkungskraft** unterschieden. Nahwirkungskräfte wirken in unmittelbarer oder in geringer Entfernung von der Erdoberfläche. Fernwirkungskräfte wirken zwischen Planeten, Monden und Sternen.

5.2.1 Nahwirkungskräfte

Anhand eines konkreten Beispiels soll demonstriert werden, welche Kraft auf ein Frachtflugzeug mit der Masse m = 100 000 kg wirkt, wenn es sich unmittelbar auf der Erde befindet oder in einer Höhe von h = 10 000 m fliegt. Dazu benötigen wir die Masse der Erde, den Erdradius und die Gravitationskonstante γ (Tabelle 5.1).

Tabelle 5.1 Daten für die Erde

	Zahlenwert	Einheit
Masse der Erde	$5{,}9722 \cdot 10^{24}$	kg
Mittlerer Erdradius	6371	km
Gravitationskonstante	$6{,}67428 \cdot 10^{-11}$	$m^3 \cdot kg^{-1} \cdot s^{-1}$

Das Gravitationsgesetz beschreibt die Anziehungskraft zwischen zwei Massen m_1 und m_2. Die Anziehungskraft ist proportional zum Produkt aus beiden Massen und umgekehrt proportional zum Quadrat des Abstands r dieser Massen:

$$F_g = \gamma \frac{m_1 \cdot m_2}{r^2} \tag{5.2}$$

Für r muss der Abstand zwischen den Schwerpunkten der beiden Massen in die Formel 5.2 eingesetzt werden. Bei idealen Kugeln sind das die Mittelpunkte. Aus der Gravitationskonstanten γ, der Masse der Erde m_1 und dem Erdradius r kann die Erdbeschleunigung g berechnet werden:

$$g = \gamma \frac{m_1}{r^2} = 6,67428 \cdot 10^{-11} \frac{\mathrm{m}^3}{\mathrm{kg} \cdot \mathrm{s}^2} \frac{5,9722 \cdot 10^{24} \mathrm{kg}}{\left(6,371 \cdot 10^6 \mathrm{~m}\right)^2} \approx 9,82 \frac{\mathrm{m}}{\mathrm{s}^2}$$

Dieser Zahlenwert (9,82) weicht um 1/100 von dem in der Praxis verwendeten Wert (9,81) ab. Das liegt zum einen daran, dass der Erdradius nicht konstant ist, denn die Erde hat nicht die ideale Form einer Kugel, und zum anderem an dem Messort der Erdbeschleunigung. Sie wird mit dem Pendelversuch (Formel 5.3) bestimmt. An unterschiedlichen Messorten ergeben sich wegen möglicher Höhenunterschiede auch unterschiedliche Messwerte. Auf dem Mount Everest (8848 m) oder auf der Höhe des Meeresspiegels wird man unterschiedliche Messergebnisse ermitteln. Die Erdbeschleunigung g ist also keinesfalls eine konstante Größe. Für praktische Berechnungen reicht der festgelegte Wert von $9{,}81\ m \cdot s^{-2}$ aus. Wie gering die Abweichungen sind, zeigen die Berechnungen von Listing 5.1.

Mit dem Programm *nahwirkung.py* (Listing 5.1) können Sie die Auswirkung des Abstands einer Masse von der Erdoberfläche auf die Erdbeschleunigung untersuchen.

Listing 5.1 Berechnung der Gewichtskraft

```
#nahwirkung.py
#Daten
h=10000              #Höhe in Meter
m=100000             #Masse in kg
gamma=6.67428e-11    #Gravitationskonstante m^3/(kgs^2
me=5.9722e24         #Erdmasse in Kg
re=6.371e6           #mittlerer Erdradius in Meter
```

```
#Berechnungen
g1=gamma*me/re**2      #g auf der Erdoberfläche
g2=gamma*me/(re+h)**2 #g in der Höhe h
Fg1=g1*m               #Gewichtskraft auf der Erdoberfläche
Fg2=g2*m               #Gewichtskraft in Höhe h
delta=Fg1-Fg2          #Differenz
#Ausgaben
print("Höhe: ",h,"m")
print("Masse:",m,"kg")
print("Erdbeschleunigung für h=0     :",g1,"m/s^2")
print("Erdbeschleunigung für h=10 km:",g2,"m/s^2")
print("Gewichtskraft für h=%1.3f m F=%.3f N" %(0,Fg1))
print("Gewichtskraft für h=%4.0f m F=%.3f N" %(h,Fg2))
print("Differenz %.0f N" %delta)
```

Ausgabe

```
Höhe: 10000 m
Masse: 100000 kg
Erdbeschleunigung für h=0: 9.820272866172923 m/s^2
Erdbeschleunigung für h=10 km: 9.78951725440779 m/s^2
Gewichtskraft für h=0.000 m F=982027.287 N
Gewichtskraft für h=10000 m F=978951.725 N
Differenz 3076 N
```

Unterschied zwischen der Anziehungskraft auf der Erdoberfläche und der Anziehungskraft in einer Höhe von 10 000 Meter ist zwar beeindruckend. Für praktische Berechnungen ist er aber irrelevant. In 10 000 m Höhe beträgt die Differenz für die Erdbeschleunigung etwa nur 3/100. Wir können also beruhigt bei kleinen Abständen von der Erdoberfläche mit dem Zahlenwert von 9,81 weiter rechnen.

5.2.2 Fernwirkungskräfte

In welcher Größenordnung Fernwirkungskräfte liegen können, erfährt man, wenn man die Anziehungskräfte zwischen Planeten, Monden und Sternen berechnet. Einen ersten Eindruck können Sie sich mit dem Programm *fernwirkung.py* (Listing 5.2) verschaffen. Es berechnet die Anziehungskraft zwischen Erde und Mond und die Anziehungskraft zwischen Erde und Sonne.

Listing 5.2 Gravitationskräfte

```
#fernwirkung.py
#Funktionsdefinition
def gravitationskraft(r,m1,m2):
    gamma=6.67428e-11  #Gravitationskonstante m^3/(kgs^2
    return gamma*m1*m2/r**2
#Daten
mErde=5.9722e24 #Masse der Erde in kg
mMond=7.36e22   #Masse des Mondes in kg
```

```
mSonne=1.99e30  #Masse der Sonne in kg
rMond=3.844e8   #Abstand Erde-Mond in Meter
rSonne=1.496e11 #Abstand Erde-Sonne in Meter
#Berechnungen
F1=gravitationskraft(rMond,mErde,mMond)
F2=gravitationskraft(rSonne,mErde,mSonne)
#Ausgaben
print("Anziehung zwischen Erde und Mond  %.3e N" %F1)
print("Anziehung zwischen Erde und Sonne %.3e N" %F2)
```

Ausgabe

```
Anziehung zwischen Erde und Mond 1.985e+20 N
Anziehung zwischen Erde und Sonne 3.544e+22 N
```

Für die Anziehungskraft zwischen Erde und Mond (kleine Masse) haben Sie vielleicht einen kleineren Wert im Vergleich zum Abstand zwischen Erde und Sonne (große Masse) erwartet. Zu bedenken ist aber, dass die Abstände die Anziehungskräfte quadratisch beeinflussen.

5.2.3 Bestimmung der Erdmasse

Die Masse der Erde kann man messtechnisch nicht ermitteln. Sie kann aber aus der Erdbeschleunigung und der Gravitationskonstanten berechnet werden. Die Erdbeschleunigung g kann mit dem Pendelversuch und die Gravitationskonstante γ kann mit der Gravitationsdrehwaage ermittelt werden.

Für die Periodendauer T eines Fadenpendels mit der Länge l gilt:

$$T = 2\pi\sqrt{\frac{l}{g}}$$

Durch Umstellung ergibt sich für die Erdbeschleunigung:

$$g = \frac{4\pi^2 \cdot l}{T^2} \tag{5.3}$$

Aus dem Gravitationsgesetz kann folgende Formel für die Berechnung der Erdmasse m_e hergeleitet werden:

$$m_e = \frac{g \cdot r^2}{\gamma}$$

Das Programm *erdmasse.py* (Listing 5.3) berechnet die Masse der Erde mit dieser Formel.

Listing 5.3 Bestimmung der Erdmasse

```
#erdmasse.py
#Daten
g=9.806               #Erdbeschleunigung m/s^2
gamma=6.67428e-11     #Gravitationskonstante m^3/(kgs^2
re=6371e3             #mittlerer Erdradius in Meter
#Berechnungen
me=g*re**2/gamma      #Erdmasse
#Ausgabe
print("Erdmasse: ",me,"kg")
```

Ausgabe

```
Erdmasse: 5.963519954901502e+24 kg
```

Dieser Wert weicht von dem in der Fachliteratur angegebenen Wert ab. Dort findet man $5{,}97 \cdot 10^{24}$ kg für die Masse der Erde [Tipler:1401]. Es gibt andere, genauere Methoden zur Bestimmung der Erdmasse.

5.3 Federkraft

Unter Federkraft versteht man die Kraft, die aufgewendet werden muss, um eine Feder (genauer: Schraubenfeder) zu dehnen. Wird das Federende wieder losgelassen, nimmt es seine ursprüngliche Position wieder ein. Bei der Dehnung wird die Strecke s zurückgelegt. Wir vermuten, dass die Federkraft F proportional zur Dehnung s ist. Um diese Annahme zu überprüfen, führen wir einen Versuch durch.

5.3.1 Federkonstante durch Versuch ermitteln

Bild 5.4 zeigt eine Schraubenfeder, an deren unterem Ende eine Masse m befestigt ist. Wir messen die Dehnung bei verschiedenen Massen und tragen die Messwerte für die Dehnungen mit den zugehörigen Massen in die Tabelle 5.2 ein.

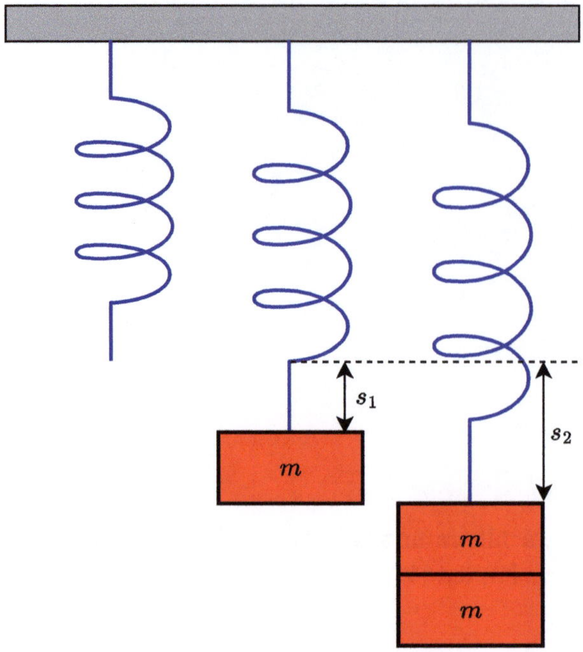

Bild 5.4 Versuch zur Ermittlung der Federkonstanten

Je größer die Masse gewählt wird, desto weiter wird die Feder gedehnt, d. h.:, die Masse bewegt sich weiter nach unten. In Tabelle 5.2 sind für verschiedene Belastungsfälle die Kräfte *F* und die zugehörigen Dehnungen *s* eingetragen. Für die Berechnung der Kräfte wurde, um die Messwerttabelle übersichtlicher zu gestalten, eine Erdbeschleunigung von 10 m/s^2 angenommen.

Tabelle 5.2 Messwerte für die Ermittlung der Federkonstante

Masse *m* in g	0	100	200	300	400	500
Kraft *F* in N	0	1	2	3	4	5
Dehnung *s* in cm	0	0,9	2,1	2,9	4,1	4,9

Trägt man diese Werte in ein Kraft-Weg-Diagramm ein und zeichnet eine Ausgleichgerade, erhält man eine linear ansteigende Gerade. Bild 5.5 zeigt die Ausgleichsgerade, deren Steigung mit der SciPy-Funktion `linregress()` berechnet wurde.

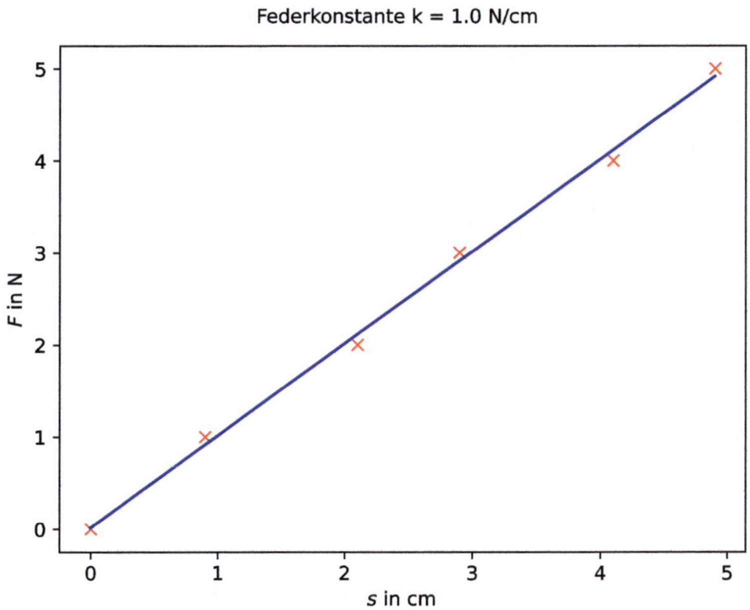

Bild 5.5 Ausgleichgerade für die Federkennlinie

Zwischen der Kraft F und der Dehnung s besteht offenbar ein linearer Zusammenhang:

$$F = \mathrm{k} \cdot s$$

Je weiter die Feder gedehnt wird, desto größer ist die Federkraft. Diese Proportionalität gilt allerdings nur für kleine Auslenkungen. Die Steigung der Geraden in Bild 5.5 entspricht der Federkonstante k. Andere Bezeichnungen für die Federkonstante sind D oder c. Die Federkonstante k kann aus der Steigung mit $\mathrm{k} = \Delta F/\Delta s$ berechnet werden. Wenn die Feder von 2 cm auf 3 cm gedehnt wird, dann hat sich die Kraft von 2 N auf 3 N erhöht. Wir erhalten also eine Federkonstante von k = 1 N/cm. In der Praxis wird die Einheit der Federkonstanten in N/m angegeben. Die untersuchte Feder hat also eine Federkonstante von 100 N/m.

Das SciPy-Programm *sci_federkonstante.py* (Listing 5.4) zeigt, wie die Daten einer Ausgleichgerade mit der SciPy-Funktion `linregress()` berechnet werden können. In Zeile 6 können Sie den exakten Wert für die Erdbeschleunigung eintragen.

Listing 5.4 Berechnung der Steigung für die Ausgleichsgerade

```
1  #sci_federkonstante.py
2  import numpy as np
3  import matplotlib.pyplot as plt
4  from scipy.stats import linregress
5  #Daten
6  g=10  #m/s^2
7  m=np.array([0,100,200,300,400,500]) #Massen in Gramm
```

```
8  F=m*0.001*g #Umwandlung in kg
9  s=np.array([0,0.9,2.1,2.9,4.1,4.9]) #Weg in cm
10 #Grafikbereich
11 fig, ax = plt.subplots()
12 #Steigung, Schnittpunkt mit y-Achse,
13 k,F0,r,p,e = linregress(s,F)
14 ax.plot(s,F, 'rx')    #Messpunkte
15 ax.plot(s,k*s + F0,'b-') #Ausgleichsgerade
16 #Beschriftungen
17 ax.text(1.3,5.5,'Federkonstante $k$ = %.1f N/cm' %k)
18 ax.set(xlabel='$s$ in cm', ylabel='$F$ in N')
19 plt.show()
```

Analyse

Die Anweisung `from scipy.stats import linregress` in Zeile 4 importiert die Funktion `linregress` aus dem SciPy-Untermodul `stats`.

In Zeile 10 werden die sechs Massen, mit denen die Feder jeweils belastet wird, in ein eindimensionales NumPy-Array eingetragen und in das Objekt `m` gespeichert.

Die Multiplikation in Zeile 8 wandelt die Massen in Kilogramm um und berechnet gleichzeitig die einzelnen Kräfte. Die Ergebnisse werden in das Objekt `F` gespeichert.

In Zeile 9 werden die sechs Messwerte der Dehnungen in ein eindimensionales NumPy-Array eingetragen und dem Objekt `s` zugewiesen.

In Zeile 13 berechnet diese Funktion die Steigung der Geraden `k` für die Federkraft. Der Parameter `F0` steht für den y-Achsenabschnitt. Die anderen Parameter `r`, `p`, `e` werden nicht benötigt. Sie müssen aber angegeben werden.

5.3.2 Federkennline mit Matplotlib dynamisch verändern

Das Matplotlib-Programm *sld_Federkraft.py* (Bild 5.6) soll den Begriff der Federkonstanten veranschaulichen. Es wird gezeigt, wie horizontale und vertikale Linien dynamisch mit dem Slider-Steuerelement verschoben werden können. Diese Linien haben die Aufgabe, die aktuell eingestellte Kraft mit der zugehörigen Dehnung auf der x- und y-Achse zu markieren.

Wenn Sie den Slider-Knopf nach rechts verschieben, also die Dehnung vergrößern, dann zeigt das Programm die aktuellen Koordinaten als horizontale Linie für die Kraft F und als vertikale Linie für die Dehnung s an. Sie können so für jede Dehnung den Quotienten aus Kraft F und Dehnung s berechnen. Das Ergebnis entspricht der Steigung des Funktionsgraphen und diese Steigung ist gleich der Federkonstanten.

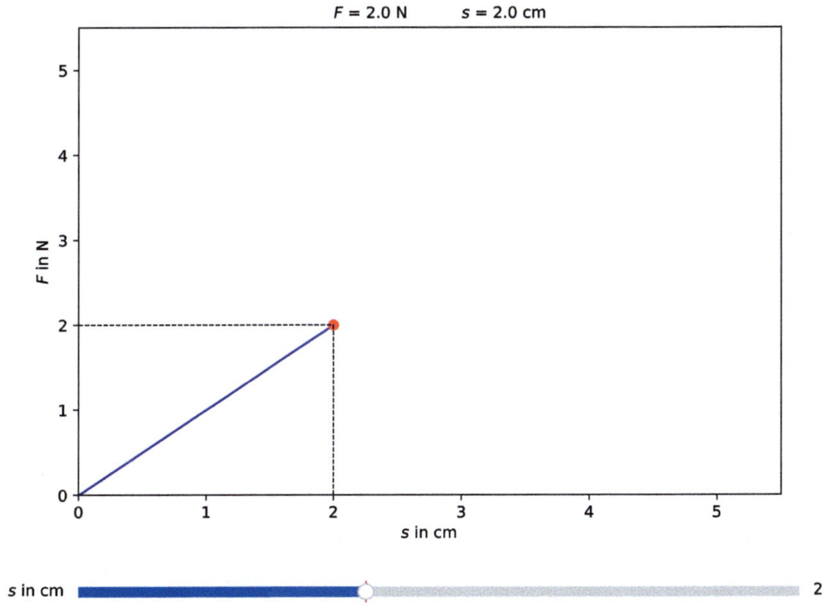

Bild 5.6 Simulation der Federkonstanten

Das Programm *sld_Federkraft.py* (Listing 5.5) zeigt exemplarisch, wie dynamisch veränderbare horizontale und vertikale Linien implementiert werden können. In Zeile 7 können Sie die Steigung der Geraden ändern.

Listing 5.5 Federkraft als Funktion der Längenänderung

```
1  #sld_Federkraft.py
2  import numpy as np
3  import matplotlib.pyplot as plt
4  from matplotlib.widgets import Slider
5  #Daten
6  smax=5   #cm
7  k=1      #Steigung in N/cm
8  Fmax=k*smax
9  #Hookesches Gesetz
10 def federkraft(s,k):
11     return k*s
12 #Slider abfragen
13 def update(val):
14     s = sldS.val #Weg in cm
15     sg=np.arange(0,s,0.001) #Array für Funktionsplot
16     F=k*s        #Federkraft für Textausgabe in N
17     txtF.set_text('F = %.1f N' %F)
18     txtS.set_text('s = %.1f cm' %s)
19     punkt.set_data([s],[F])
20     weg.set_data([sg],[federkraft(sg,k)])
21     h_linie.set_data([0,s],[F,F]) #horizontale Linie
22     v_linie.set_data([s,s],[0,F]) #vertikale Linie
23 #Grafikbereich
24 fig, ax=plt.subplots(figsize=(8,6))
```

```
25 ax.axis([0,1.1*smax,0,1.1*Fmax])
26 txtF=ax.text(2,5.6,'F = %.1f N' %0.0)  #Kraft
27 txtS=ax.text(3,5.6,'s = %.1f cm' %0.0) #Weg
28 weg, = ax.plot([],[],'b-')
29 punkt, = ax.plot([],[],'ro') #roter Punkt
30 h_linie, = ax.plot([],[],'k--',lw=0.75)
31 v_linie, = ax.plot([],[],'k--',lw=0.75)
32 fig.subplots_adjust(left=0.12,bottom=0.18)
33 xyS=fig.add_axes([0.12, 0.02, 0.8, 0.03])
34 sldS=Slider(xyS,'$s$ in cm',0,smax,valinit=0,valstep=0.1)
35 sldS.on_changed(update)
36 #Beschriftungen
37 ax.set_xlabel('$s$ in cm')
38 ax.set_ylabel('$F$ in N')
39 plt.show()
```

Analyse

In Zeile 15 ändert die NumPy-Funktion `arange(0,s,...)` die Länge des eindimensionalen Arrays bei jeder Änderung der Slider-Knopfstellung, sodass nur jeweils die aktuellen Endwerte des Funktionsgraphen für die Federkraft angezeigt werden.

Die horizontale Linie wird in Zeile 21 und die vertikale Linie wird in Zeile 22 implementiert. Bei horizontalen Liniendarstellungen müssen die y-Koordinaten `[F,F]` und bei vertikalen Liniendarstellungen müssen die x-Koordinaten `[s,s]` gleich sein. Die eckigen Klammern bedeuten, dass es sich um die Python-Datenstruktur *Liste* handelt.

5.4 Trägheitskräfte

Aus unserer Fahrpraxis mit dem Automobil (Kraftfahrzeug) wissen wir, dass unser Körper beim Anfahren mit hoher Beschleunigung in die Sitze gedrückt wird. Wenn wir dagegen abbremsen, dann wird auf unseren Körper eine Kraft in Fahrtrichtung ausgeübt, was wir am Druck des Sicherheitsgurts deutlich spüren können. Diese Kräfte, die bei allen Beschleunigungsvorgängen vorkommen, nennt man Trägheitskräfte. Die **Trägheitskraft** ist proportional zur Beschleunigung a und der beschleunigten Masse m. Beim Anfahren muss die Trägheitskraft überwunden werden. Beim Bremsen verzögert („behindert“) die Trägheitskraft den Bremsvorgang.

5.4.1 Anfahren

Beim Fahrradfahren merkt man deutlich, dass man während der Anfangsphase des Anfahrvorgangs eine relativ große Kraft aufbringen muss, um überhaupt in Fahrt zu kommen. Nach dieser Phase wird der Kraftaufwand immer geringer und die nun aufzubringende Kraft wird für die Überwindung des Luft- und Rollwiderstands benötigt. Verringerung des Kraftaufwands bedeutet wegen des zweiten Newtonschen Gesetzes auch eine geringere Beschleunigung. Man kann also den Beschleunigungsvorgang als eine linear abfallende Gerade mathematisch modellieren. Die Funktion $a = f(t)$ hat also den Verlauf einer Geraden mit negativer Steigung $-a_0/t_a$ und der Anfangsbeschleunigung a_0.

$$a(t) = a_0 - \frac{a_0}{t_a} t$$

Die Anfahrzeit t_a ist die Zeit, die aufgebracht werden muss, bis die gewünschte Endgeschwindigkeit erreicht wird.

Wenn $a(t)$ gegeben ist, dann kann $F(t)$ einfach mit

$$F(t) = m \cdot a(t)$$

berechnet werden.

Bild 5.7 zeigt die Beschleunigung $a = f(t)$, die Kraft $F = f(t)$, die Geschwindigkeit $v = f(t)$ und den zurückgelegten Weg $s(t)$ während des Anfahrvorgangs in vier Unterdiagrammen. Die Anfahrzeit t_a beträgt 5 Sekunden.

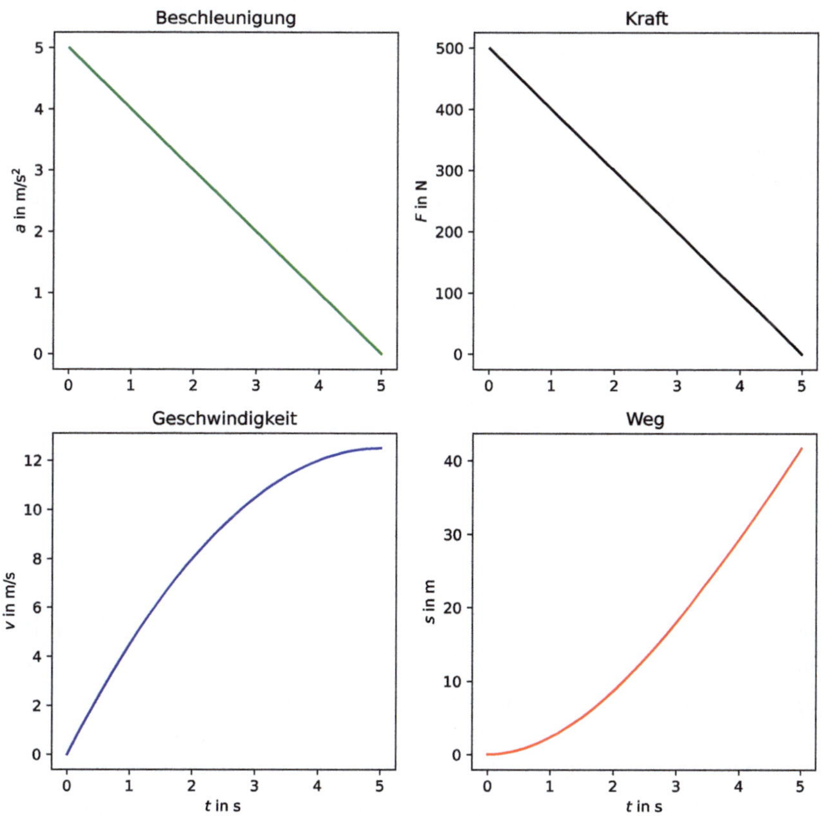

Bild 5.7 Anfahrvorgang

Der Geschwindigkeitsverlauf und der zurückgelegte Weg werden durch numerische Integration der Beschleunigung *a*(*t*) bzw. der Geschwindigkeit *v*(*t*) ermittelt. Das Programm *quad_anfahren.py* (Listing 5.6) zeigt, wie diese Integration mit der SciPy-Funktion `quad()` durchgeführt werden kann.

Listing 5.6 Kraftaufwand für den Anfahrvorgang

```
1  #quad_anfahren.py
2  import numpy as np
3  import matplotlib.pyplot as plt
4  from scipy.integrate import quad
5  #Daten
6  v0=0    #m/s
7  a01= 5  #m/s^2
8  ta = 5  #Anfahrzeit in Sekunden
9  m=100   #kg
10 #beschleunigen
11 def beschleunigung(t):
12     return a01 - a01/ta*t
13 #Kraft
14 def kraft(t):
15     return m*beschleunigung(t)
16 #Geschwindigkeit
17 @np.vectorize
18 def geschwindigkeit(t):
19     return quad(beschleunigung,0,t)[0] + v0
20 #Weg
21 @np.vectorize
22 def weg(t):
23     return quad(geschwindigkeit,0,t)[0]
24 #Grafikbereich
25 fig, ax = plt.subplots(2,2,figsize=(8,8),label='Anfahrvorgang')
26 t=np.linspace(0,ta,200)
27 ax[0,0].plot(t,beschleunigung(t),'g-') #Beschleunigung
28 ax[0,1].plot(t,kraft(t),'k-')          #Kraft
29 ax[1,0].plot(t,geschwindigkeit(t),'b') #Geschwindigkeit
30 ax[1,1].plot(t,weg(t),'r-') #Weg
31 #Beschriftungen
32 ax[0,0].set(ylabel=r'$a$ in m/$\rm s^{2}$',title='Beschleunigung')
33 ax[0,1].set(ylabel='$F$ in N',title='Kraft')
34 ax[1,0].set(xlabel='$t$ in s',ylabel='$v$ in m/s',title='Geschwindigkeit')
35 ax[1,1].set(xlabel='$t$ in s',ylabel='$s$ in m',title='Weg')
36 fig.tight_layout()
37 plt.show()
```

Analyse

In Zeile 12 steht der Rückgabewert `a01 - a01/ta*t` der selbstdefinierten Funktion `beschleunigung()`, mit der Anfangsbeschleunigung `a01` und der Steigung `a01/ta`.

Die Anweisung `@np.vectorize` in den Zeilen 17 und 21 bewirkt, dass die selbstdefinierten Python-Funktionen `geschwindigkeit(t)` und `weg(t)` in den Zeilen 19 und 23 ein NumPy-Array zurückgeben. Die Anweisung mit einem vorangestellten At-Symbol `@` wird in Python als Dekorator-Syntax bezeichnet. Die gleiche Wirkung können Sie auch etwas aufwendiger mit der Anweisung

```
fg=np.vectorize(geschwindigkeit)
ax[1,0].plot(t, fg(t),...)
```

erreichen.

In Zeile 19 integriert die SciPy-Funktion `quad(beschleunigung,0,t)` die Beschleunigungsfunktion in den Grenzen von 0 bis `t`. Zurückgegeben wird die Geschwindigkeitsfunktion (Zeile 19). Das Listenelement `[0]` verhindert die Ausgabe der Fehlerabschätzung.

In Zeile 23 integriert die SciPy-Funktion `quad(geschwindigkeit,0,t)` die Geschwindigkeitsfunktion in den Grenzen von 0 bis `t`. Zurückgegeben wird die Wegfunktion (Zeile 23).

Die `plot`-Methoden in den Zeilen 27 bis 30 sind zuständig für die Darstellung der Bewegungsgleichungen.

5.4.2 Bremsen

Für den Bremsvorgang kann eine konstante negative Beschleunigung angenommen werden. Die Bremskraft ist dann ebenfalls konstant. Die Geschwindigkeit muss linear abnehmen. Am Anfang des Bremsvorgangs hat die Geschwindigkeit den Wert v_0. Zum Zeitpunkt t_b ist der Bremsvorgang abgeschlossen. Bild 5.8 zeigt den Verlauf der Geschwindigkeit beim Bremsvorgang. Nach fünf Sekunden bewegt sich der Körper nicht mehr.

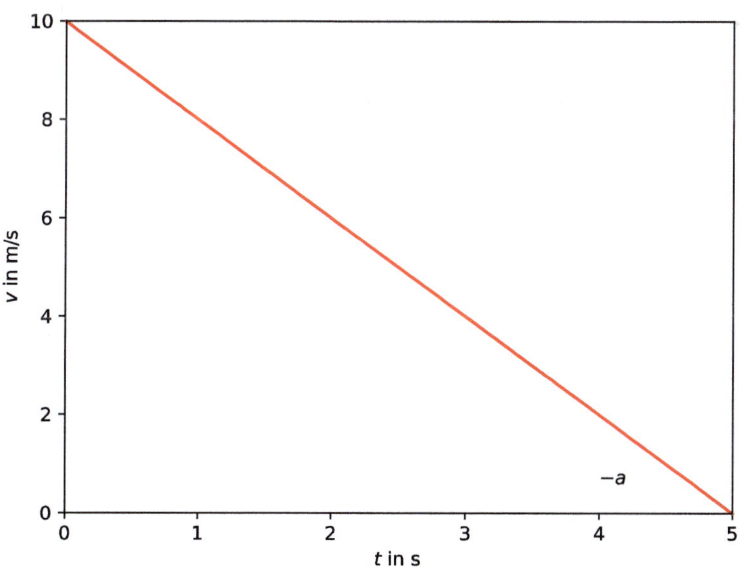

Bild 5.8 Geschwindigkeitsverlauf beim Bremsvorgang

Die Anfangsgeschwindigkeit v_0 hat einen Wert von 10 m/s. Die Bremszeit t_b beträgt 5 Sekunden.

Aus Bild 5.8 kann die Gleichung für die Geschwindigkeit beim Bremsvorgang abgelesen werden:

$$v(t) = v_0 - \frac{v_0}{t_b}t$$

Die Bremszeit t_b ist die Zeit, die vergeht, bis der Körper zum Stillstand kommt. Durch Integration erhält man den Bremsweg:

$$s(t) = v_0 \cdot t - \frac{1}{2}\frac{v_0}{t_b}t^2$$

Bild 5.9 stellt den Bremsvorgang in vier Unterdiagrammen dar. Dargestellt werden die Beschleunigung, die Bremskraft, die Geschwindigkeit und der Bremsweg.

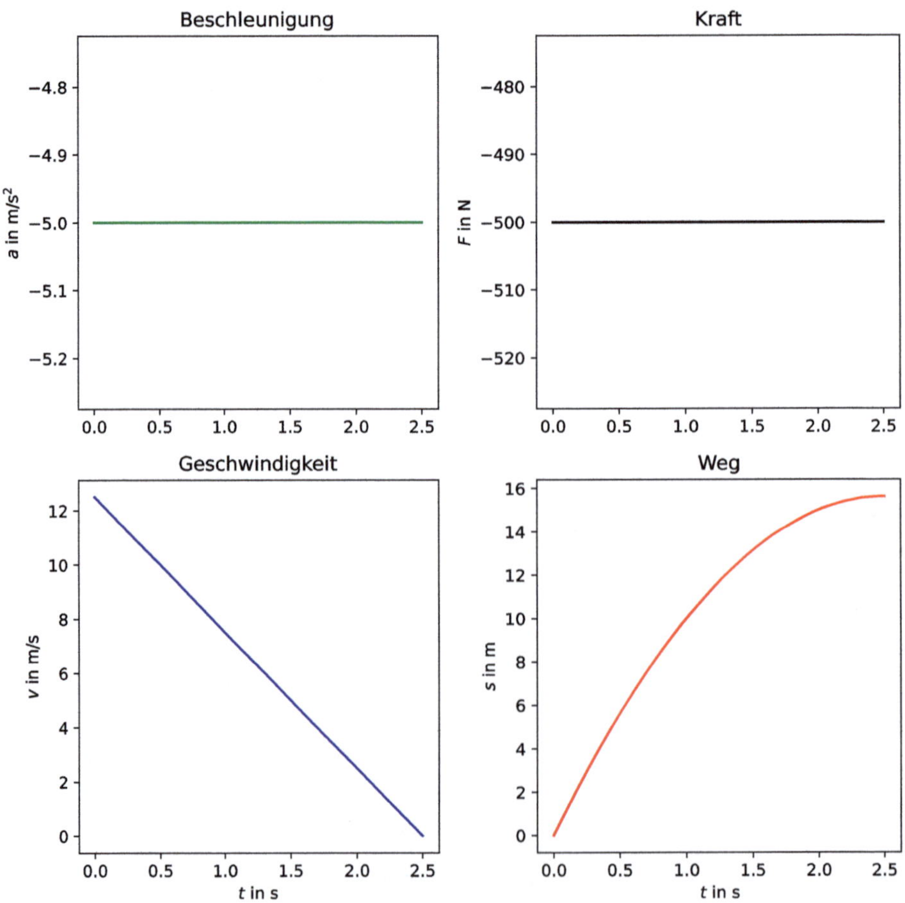

Bild 5.9 Bremsvorgang für konstante Bremskraft

Mit dem SciPy-Programm *quad_bremsen.py* (Listing 5.7) wurde das Bild 5.9 erstellt. Die Funktionsverläufe für die Geschwindigkeit und den Bremsweg werden durch numerische Integration mit der SciPy-Funktion `quad()` berechnet. In den Zeilen 7 und 8 können Sie andere Werte für die Beschleunigung und die abzubremsende Masse eintragen.

Listing 5.7 Bremsvorgang

```
1  #quad_bremsen.py
2  import numpy as np
3  import matplotlib.pyplot as plt
4  from scipy.integrate import quad
5  #Daten
6  v0=12.5 #m/s
7  a=-5    #m/s
8  m=100   #kg
9  #Beschleunigung
10 def beschleunigung(t):
11     return 0*t+a
12 #Kraft
13 def kraft(t):
14     return m*beschleunigung(t)
15 #Geschwindigkeit
16 @np.vectorize
17 def geschwindigkeit(t):
18     return quad(beschleunigung,0,t)[0] + v0
19 #Bremsweg
20 @np.vectorize
21 def bremsweg(t):
22     return quad(geschwindigkeit,0,t)[0]
23 #Grafikbereich
24 fig, ax =plt.subplots(2,2,figsize=(8,8),label='Bremsweg')
25 tb=abs(v0/a)
26 t=np.linspace(0,tb,200)
27 ax[0,0].plot(t,beschleunigung(t),'g-') #Beschleunigung
28 ax[0,1].plot(t,kraft(t),'k-')              #Kraft
29 ax[1,0].plot(t,geschwindigkeit(t),'b') #Geschwindigkeit
30 ax[1,1].plot(t,bremsweg(t),'r-')       #Bremsweg
31 #Beschriftungen
32 ax[0,0].set(ylabel=r'$a$ in m/$\rm s^{2}$',title='Beschleunigung')
33 ax[0,1].set(ylabel='$F$ in N',title='Kraft')
34 ax[1,0].set(xlabel='$t$ in s',ylabel='$v$ in m/s',title='Geschwindigkeit')
35 ax[1,1].set(xlabel='$t$ in s',ylabel='$s$ in m',title='Weg')
36 fig.tight_layout()
37 plt.show()
```

Analyse

In Zeile 11 gibt die selbsterstellte Funktion `beschleunigung()` die Funktion `0*t+a` zurück. Die Null vor der Variablen `0*t` bewirkt, dass eine parallel zur *t*-Achse verlaufende Gerade erzeugt wird. In der Mathematik erzeugt die Multiplikation mit null das Resultat null. In Python kann damit eine Gerade mit der Steigung null dargestellt werden. Nicht logisch, aber praktisch.

In den Zeilen 17 und 18 wird die Funktion `geschwindigkeit()` definiert. Sie gibt in Zeile 18 das Integral der Beschleunigungsfunktion zurück. Wichtig ist, dass die Anfangsgeschwindigkeit `v0` mit integriert wird.

Simulation des Bremswegs

Für die Simulation des Bremswegs wird angenommen, dass die Geschwindigkeitsfunktion $v = f(t)$ durch eine lineare Funktion mit negativer Steigung $-a$ und der Anfangsgeschwindigkeit v_0 nachgebildet werden kann.

$$v\,(t) = -a \cdot t + v_0$$

Bild 5.10 zeigt die Benutzeroberfläche des Matplotlib-Programms *sld_bremsen.py*. Die Beschleunigung, die Bremskraft und der Bremsweg werden im oberen Bereich angezeigt.

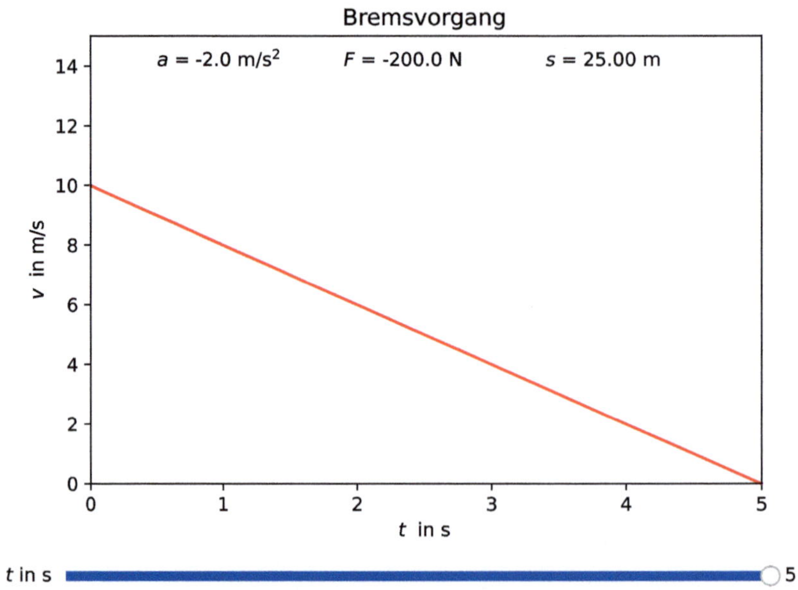

Bild 5.10 Simulation des Bremswegs

Wenn Sie den Slider-Knopf nach links verschieben, verkürzt sich die Bremszeit, was zur Folge hat, dass die Bremskraft und die Beschleunigung ansteigen.

Mit dem Programm *sld_bremsen.py* (Listing 5.8) können Sie den Bremsvorgang simulieren. Die abzubremsende Masse können Sie in Zeile 5 und die Geschwindigkeit v_0 vor dem Abbremsen können Sie in Zeile 9 ändern. In Zeile 8 wird die Reaktionszeit festgelegt. Es soll Menschen geben, die mit einer kürzeren Reaktionszeit als eine Sekunde reagieren können.

Listing 5.8 Simulation des Bremswegs

```
1 #sld_bremsen.py
2 import numpy as np
3 import matplotlib.pyplot as plt
4 from matplotlib.widgets import Slider
5 m=100     #kg
6 vmax=15   #m/s
7 tmax=5    #Sekunden
8 tr=1      #Reaktionszeit in Sekunden
9 v0=10     #m/s
10 #Beschleunigung beim Abbremsen
11 def beschleunigung(tb):
12     return -v0/tb
13 #Geschwindigkeitsverlauf während des Bremsens
14 def bremsgeschwindigkeit(t,tb):
15     a=beschleunigung(tb)
16     return a*t+v0
17 #Slider abfragen
18 def update(val):
19     tb = sldTb.val #Bremszeit
20     a=beschleunigung(tb)
21     s=v0*tb/2          #Bremsweg: Dreiecksfläche
22     F=m*a                          #Bremskraft
23     txtS.set_text('$s$ = %.2f m' %s) #Bremsweg
24     txtA.set_text(r'$a$ = %.1f in m/$\rm s^{2}$' %a) #Beschleunigung
25     txtF.set_text('$F$ = %.1f N' %F) #Bremskraft
26     geschwindigkeit.set_data([t],[bremsgeschwindigkeit(t,tb)])
27 #Grafikbereich
28 fig, ax=plt.subplots()
29 ax.axis([0,tmax,0,vmax])
30 txtA=ax.text(0.5,14,r'$a$ = %.1f m/$\rm s^{2}$' %25) #Beschleunigung
31 txtF=ax.text(1.9,14,'$F$ = %.1f N' %-200)   #Kraft
32 txtS=ax.text(3.4,14,'$s$ = %.2f m' %1)      #Bremsweg
33 t=np.linspace(0,tmax,500) #1 Dimensionales Array für Bremszeit
34 geschwindigkeit, = ax.plot(t,bremsgeschwindigkeit(t,tmax),'r-')
35 fig.subplots_adjust(left=0.12,bottom=0.18)
36 xyTb=fig.add_axes([0.09, 0.02, 0.82, 0.03])
37 sldTb=Slider(xyTb,'$t$ in s',tr,tmax,valinit=tmax,valstep=0.01)
38 sldTb.on_changed(update)
39 #Beschriftungen
40 ax.set_title('Bremsvorgang')
41 ax.set_xlabel('$t$  in s')
42 ax.set_ylabel('$v$  in m/s')
43 plt.show()
```

Analyse

In den Zeilen 11 und 12 wird die Python-Funktion `beschleunigung(tb)` definiert. In Zeile 20 wird sie aufgerufen und die vom Slider eingestellte Bremszeit `tb` als Argument übergeben.

In Zeile 21 berechnet die Anweisung `s = v0*tb/2` den Bremsweg. Er entspricht dem Flächeninhalt eines Dreiecks.

Die Bremskraft wird in Zeile 22 mit dem zweiten Newtonschen Gesetz `F=m*a` berechnet.

In den Zeilen 23 bis 25 erzeugt die Matplotlib-Methode `set_text()` die Textausgaben auf der Benutzeroberfläche für die Beschleunigung, die Bremskraft und den Bremsweg.

Für die Darstellung der Bremswegkennlinie ist die Matplotlib-Methode `set_data()` in Zeile 26 zuständig.

5.4.3 Beschleunigungsmesser

Wenn man wissen möchte, wie ein Fahrzeug beschleunigt wird, dann kann man ein Fadenpendel als Beschleunigungsmesser verwenden. Das Fadenpendel wird an der Decke des Fahrzeugs befestigt. Wenn das Fahrzeug in Richtung der positiven x-Achse beschleunigt wird, dann bewegt sich die am unteren Ende befestigte Pendelmasse aufgrund der Massenträgheit in Richtung der negativen x-Achse. Der Auslenkwinkel φ ist ein Maß für die Beschleunigung a. Aus dem Kräftedreieck kann der Winkel φ mit dem Tangens berechnet werden. Der Vektor der Antriebskraft zeigt in Richtung der positiven x-Achse. Der Vektor der Gewichtskraft zeigt in Richtung der negativen y-Achse. Beide Vektoren bilden zusammen mit der Seilkraft des Pendels ein rechtwinkliges Dreieck. Es gilt also:

$$\tan\varphi = \frac{F}{F_g} = \frac{m \cdot a}{m \cdot g} = \frac{a}{g} \Longrightarrow a = g \cdot \tan\varphi$$

Bild 5.11 zeigt die Benutzeroberfläche des Matplotlib-Programms *sld_beschleunigungsmesser.py*. Links ist ein Fadenpendel und rechts ein Kräftediagramm dargestellt.

Wenn Sie den Slider-Knopf verstellen, dann verändert sich der Auslenkwinkel φ. Rechts oben in der Benutzeroberfläche können Sie dann die Beschleunigung a und die erforderliche Antriebkraft F ablesen.

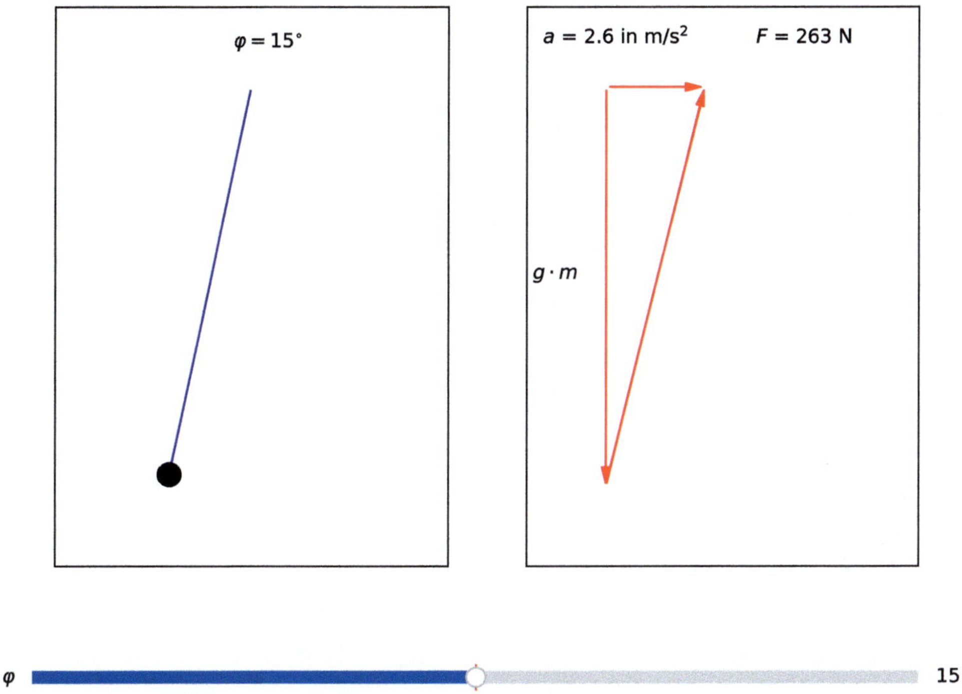

Bild 5.11 Fadenpendel als Beschleunigungsmesser

Mit dem Programm *sld_beschleunigungsmesser.py* (Listing 5.9) können Sie die Simulation der Pendelauslenkung durchführen. In Zeile 6 können Sie für die Masse des Fahrzeugs einen anderen Wert eintragen.

Listing 5.9 Simulation eines Beschleunigungsmessers

```
1  #sld_beschleunigungsmesser.py
2  import numpy as np
3  import matplotlib.pyplot as plt
4  from matplotlib.widgets import Slider
5  from matplotlib.patches import FancyArrowPatch,ArrowStyle
6  m=100  #Masse, die beschleunigt werden soll in kg
7  g=9.81  #Erdbeschleunigung in m/s^2
8  #Slider abfragen
9  def update(val):
10     winkel = sldPhi.val #Auslenkwinkel
11     phi=np.radians(winkel)
12     a=g*np.tan(phi) #Beschleunigung
13     F=m*a
14     x=-10*np.sin(phi)
15     y=-10*np.cos(phi)
16     pfeilP.set_positions((0,0),(x,y)) #Pendelposition
17     kugel.set_data([x],[y])
18     pfeilA.set_positions((0,0),(a,0)) #Pfeil für Beschleunigung
19     pfeilF.set_positions((0,-10),(a,0))
20     txtPhi.set_text(r'$\varphi = %.f {}^{\circ}$' %winkel)
```

```
21         txtA.set_text(r'$a$ = %.1f in m/$\rm s^{2}$' %a) #Beschleunigung
22         txtF.set_text('$F$ = %.f N' %F) #Kraft
23     #Grafikbereich
24     fig, ax = plt.subplots(1,2,figsize=(8,6),label='Beschleunigungsmesser')
25     fig.subplots_adjust(left=0.12,bottom=0.2)
26     ax[0].axis([-6,6,-12,2])
27     ax[1].axis([-2,8,-12,2])
28     #Diagramm links
29     #Pendelfaden
30     pfeilP = FancyArrowPatch((0,0),
31                              (-2.5,-9.7),
32                              color='blue')
33     #Kugel für Pendel
34     kugel, = ax[0].plot([-2.5,-2.5],[-9.7,-9.7],'ko',markersize=12)
35     #Diagramm rechts
36     spitze = ArrowStyle.Simple(head_length=8,head_width=4)
37     #Beschleunigungsvektor in x-Richtung
38     pfeilA = FancyArrowPatch((0,0),
39                              (2.5,0),
40                              color='red',arrowstyle=spitze)
41     #Erdbeschleunigung
42     pfeilG = FancyArrowPatch((0,0),
43                              (0,-10),
44                              color='red',arrowstyle=spitze)
45     #Faden
46     pfeilF = FancyArrowPatch((0,-10),
47                              (2.5,0),
48                              color='red',arrowstyle=spitze)
49
50     ax[0].add_patch(pfeilP)
51     ax[1].add_patch(pfeilA)
52     ax[1].add_patch(pfeilG)
53     ax[1].add_patch(pfeilF)
54     #Textausgaben
55     txtPhi=ax[0].text(-0.55,1,r'$\varphi = %.f {}^{\circ}$' %15)       #Winkel
56     txtF=ax[1].text(3.8,1.1,'$F$ = 263 N') #Kraft
57     txtA=ax[1].text(-1.6,1.1,r'$a$ = %.1f in m/$\rm s^{2}$' %2.6)
58     ax[1].text(-1.85.,-4.8,r'$g\cdot m$') #Beschriftung Fg
59     #x-, y-Position, Laenge, Hoehe
60     xyPhi = fig.add_axes([0.1, 0.05, 0.8, 0.03]) #Auslenkwinkel
61     sldPhi=Slider(xyPhi,r'$\varphi$',0.0,30.0,valinit=15,valstep=0.1)
62     sldPhi.on_changed(update)
63     ax[0].set_xticks([]);ax[0].set_yticks([])
64     ax[1].set_xticks([]);ax[1].set_yticks([])
65     plt.show()
```

Analyse

In den Zeilen 9 bis 22 steht die selbstdefinierte Python-Funktion `update(val)`. Ihr wird der vom Slider-Knopf eingestellte Wert `val` des Auslenkwinkels (Zeile 61) übergeben. In Zeile 12 wird die Beschleunigung a mit der Tangensfunktion berechnet. In Zeile 18 wird dieser Wert der Matplotlib-Methode `pfeilA.set_positions((0,0),(a,0))` übergeben.

In den Zeilen 14 und 15 werden die aktuellen x- und y-Koordinaten berechnet. Diese Koordinatendaten werden der Matplotlib-Methode `pfeilP.set_positions((0,0),(x,y))` in Zeile 16 übergeben.

5.5 Fall und schiefer Wurf mit Luftwiderstand

In Kapitel 4 (Kinematik) wurden ideale Verhältnisse angenommen. Das heißt: Der Einfluss des Luftwiderstands auf den schiefen Wurf wurde nicht berücksichtigt. Die Realität zeigt dagegen, dass diese idealisierten Annahmen nicht immer zutreffen. Als Beispiel wird in diesem Abschnitt ein Fußball gewählt, dessen Bewegung durch den Luftwiderstand abgebremst wird.

5.5.1 Luftwiderstand

Aus Erfahrung wissen wir, dass wir beim Fahrradfahren mit Gegenwind (Luftströmung) eine höhere Antriebskraft aufbringen müssen als mit Rückenwind. Eine Kraft müssen wir aber auch bei völliger Windstille aufbringen, um eine konstante Geschwindigkeit aufrechtzuerhalten. Das merken wir besonders dann, wenn wir unsere Geschwindigkeit erhöhen wollen, dann ist die aufzuwendende Antriebskraft erheblich höher. Außerdem wissen wir aus Erfahrung, dass der Kraftaufwand bei aufrechter Sitzposition größer ist als bei einer nach vorne gebeugten Sitzposition. Bei gebeugter Sitzposition verringern wir die Querschnittsfläche A gegenüber der Luftströmung. Dadurch verringern wir auch den Druckwiderstand $\Delta p \cdot A$ der Luft. Δp ist die Druckdifferenz zwischen der Vorder- und Rückseite der von der Luft umströmten Fläche. Diese Widerstandskraft, die der Antriebskraft entgegenwirkt, wird als **Luftwiderstand** bezeichnet. Er wird mit folgender Formel berechnet:

$$F_w = \frac{1}{2}\rho \cdot c_w \cdot A \cdot v^2 \tag{5.4}$$

Dabei steht ρ für die Dichte der Luft (1,2 bis 1,3 $kg \cdot m^{-3}$). Die Konstante c_w ist von der Form des Körpers abhängig, sie wird als Widerstandsbeiwert oder als Strömungswiderstandskoeffizient bezeichnet. Für eine Kugel hat sie den Wert von 0,1 bis 0,4 [Kuchling, Tabelle 7, Seite 622]. Der Luftwiderstand steigt proportional zum Quadrat der Geschwindigkeit.

Bild 5.12 zeigt den Luftwiderstand in Abhängigkeit von der Geschwindigkeit für einen Fußball ($A \approx 0{,}01\ m^2$).

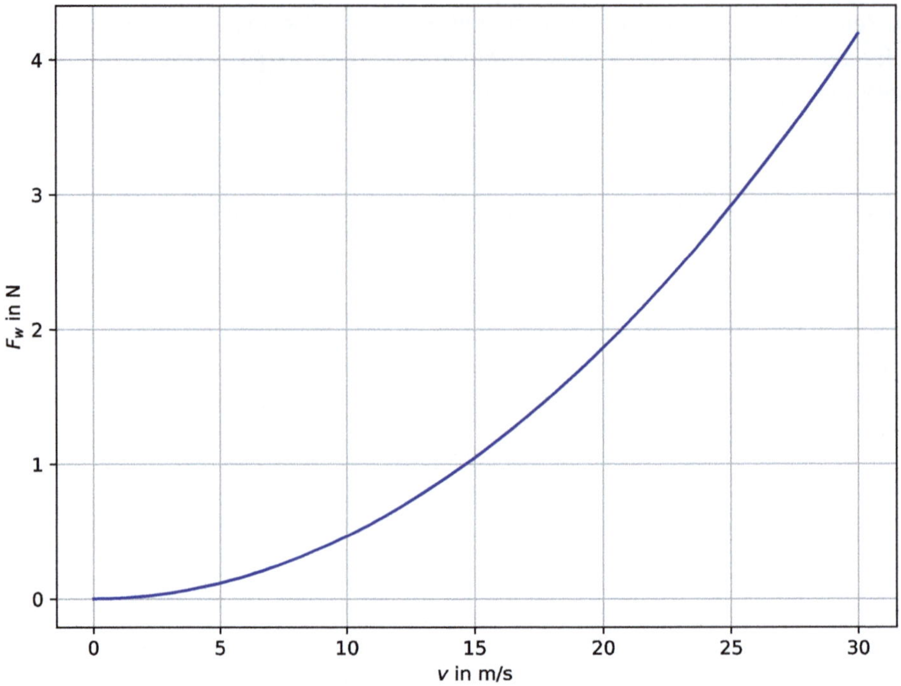

Bild 5.12 Luftwiderstand eines Fußballs

Man sieht deutlich, dass der Luftwiderstand für einen Fußball einen relativ kleinen Wert annimmt. Bei 30 m/s beträgt er etwa 4 N. Ein Fahrradfahrer setzt bis zu 80 % seiner Antriebsleistung ein, um gegen den Luftwiderstand anzufahren [Gressmann: 68]. Die Antriebsleistung ist proportional zur dritten Potenz der Geschwindigkeit ($P \sim v^3$, siehe: Abschnitt 6.2, Formel 6.7).

Tabelle 5.3 enthält die für die Simulation und Animation relevanten Daten der Flugbahnen von Fußball und Kugeln des Hammerwurfs und Kugelstoßens.

Tabelle 5.3 Daten für Fußball, Hammerwurf und Kugelstoßen

	m in kg	d in cm	v_0 in m/s
Fußball	0,45	22	30
Hammerwurf	7,26	12,4	28
Kugelstoßen	7,26	12,4	14

In der ersten Spalte stehen die Massen der Kugeln, die zweite Spalte gibt die Durchmesser an und die dritte Spalte enthält die Anfangsgeschwindigkeiten. Mit diesen Daten können Sie Bahnkurven simulieren und animieren.

5.5.2 Senkrechter Fall mit Luftwiderstand

Auf eine fallende Kugel mit der Masse m (z. B. ein Fußball) wirken drei Kräfte. Bild 5.13 zeigt eine Momentaufnahme für den senkrechten Fall mit Luftwiderstand.

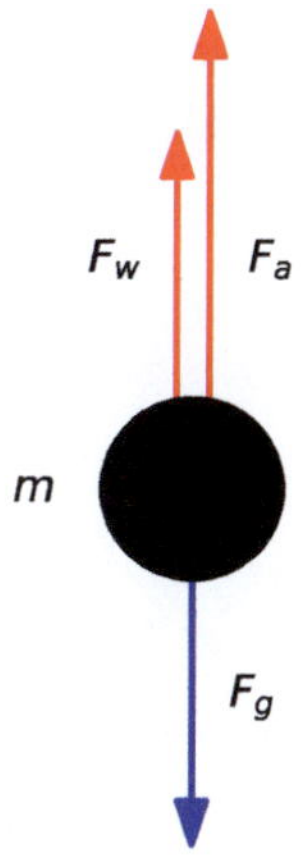

Bild 5.13
Kräfte an einer fallenden Kugel

Die Erdbeschleunigung g beschleunigt die Masse m in Richtung des Erdmittelpunkts. Die Erdanziehungskraft F_g erhält ein negatives Vorzeichen, weil sie in negativer Richtung der y-Achse zeigt. Die Trägheitskraft F_a und der Luftwiderstand F_w wirken in positiver Richtung der y-Achse. Sie erhalten also ein positives Vorzeichen. Für jeden Zeitpunkt muss die Summe aller Kräfte gleich null sein:

$$F_a + F_w - F_g = 0$$

Mit Formel 5.1 und Formel 5.4 erhält man die Differenzialgleichung (DGL) erster Ordnung für den senkrechten Fall mit Luftwiderstand:

$$m\frac{\mathrm{d}v}{\mathrm{d}t} = m \cdot g - \frac{1}{2}\rho \cdot c_w \cdot A \cdot v^2 \qquad (5.5)$$

Die Geschwindigkeit $v(t)$ ändert sich nicht mehr, wenn die Ableitung von $v(t)$ null wird. Um die Endgeschwindigkeit des fallenden Körpers zu erhalten, muss man auf der linken Seite der Gleichung für $\mathrm{d}v/\mathrm{d}t$ null einsetzen und die Gleichung nach v auflösen. Dann erhält man für die Endgeschwindigkeit

$$v_e = \sqrt{\frac{2m \cdot g}{c_w \cdot \rho \cdot A}}$$

Die Endgeschwindigkeit ist proportional zur Masse des Körpers und umgekehrt proportional zu seinem Strömungswiderstandskoeffizienten c_w und seiner Querschnittsfläche A.

Die DGL (Formel 5.5) kann auch analytisch gelöst werden. Ihre Lösung lautet:

$$v(t) = v_e \tanh\left(\frac{g}{v_e}t\right) \tag{5.6}$$

Lösung der DGL mit dem Euler-Verfahren

Die DGL soll mit dem Euler-Verfahren numerisch gelöst werden. Dazu müssen beide Seiten der DGL (Formel 5.5) durch die Masse m geteilt werden und man erhält:

$$\frac{dv}{dt} = g - \frac{\rho \cdot c_W \cdot A}{2m} v^2 = g - b \cdot v^2$$

Für den zurückgelegte Weg s des Körpers gilt:

$$\frac{ds}{dt} = v$$

Das DGL-System lässt sich ohne großen Aufwand mit dem Summenalgorithmus (Euler-Verfahren) numerisch lösen.

```
b=1/2*rho*cw*A
while t<=tmax:
    v = v + g*dt - b*v**2/m*dt    #Geschwindigkeit
    s = s + v*dt                  #Weg
    t = t + dt
```

Das Programm *dgl_fall.py* (Listing 5.10) verwendet diesen Algorithmus, um die Geschwindigkeits- und Wegfunktion der realen Fallbewegung numerisch zu berechnen. In den Zeilen 5 bis 7 können Sie die Daten des Körpers ändern, um verschiedene Szenarien zu simulieren.

Listing 5.10 Senkrechter Fall mit Luftwiderstand

```
1  #dgl_fall.py
2  import numpy as np
3  import matplotlib.pyplot as plt
4  #Daten
5  m=0.45     #Masse der Kugel in kg
6  d=0.22     #Durchmesser der Kugel in Meter
7  cw=0.2     #Strömungswiderstandskoeffizient
8  rho=1.225 #Luftdichte in kg/m^3
9  g=9.81     #Erdbeschleunigung in m/s^2
10 tmax=10    #Zeitintervall
11 #Berechnungen
12 A=np.pi*(d/2)**2 #Querschitt der Kugel
13 b=1/2*rho*cw*A   #Konstante kg/m
14 #Endgeschwindigkeit
15 ve=np.sqrt((2*m*g)/(cw*rho*A))
16 #Anfangswerte
17 t=v=s=0
18 dt=0.01              #Zeitschrittweite
```

```
lt,lv,ls=[],[],[] #drei leere Listen
#Lösung der DGL
while t<=tmax:
    v = v + g*dt - b*v**2/m*dt #Geschwindigkeit
    s = s + v*dt               #Weg
    lt.append(t)
    lv.append(v)
    ls.append(s)
    t = t + dt
#Grafikbereich
fig,ax =plt.subplots(2,1,figsize=(8,6))
t=np.arange(0,tmax,dt)
ax[0].plot(lt,lv,'b-')  #Fallgeschwindigkeit
ax[1].plot(lt,ls,'r-')  #Weg
#Beschriftungen
ax[0].set(ylabel='$v$ in m/s',title='Geschwindigkeit')
ax[1].set(xlabel='$t$ in s',ylabel='$s$ in m',title='Weg')
fig.tight_layout()
print("Endgeschwindigkeit",round(ve,3),"m/s")
plt.show()
```

Ausgabe

```
Endgeschwindigkeit 30.79 m/s
```

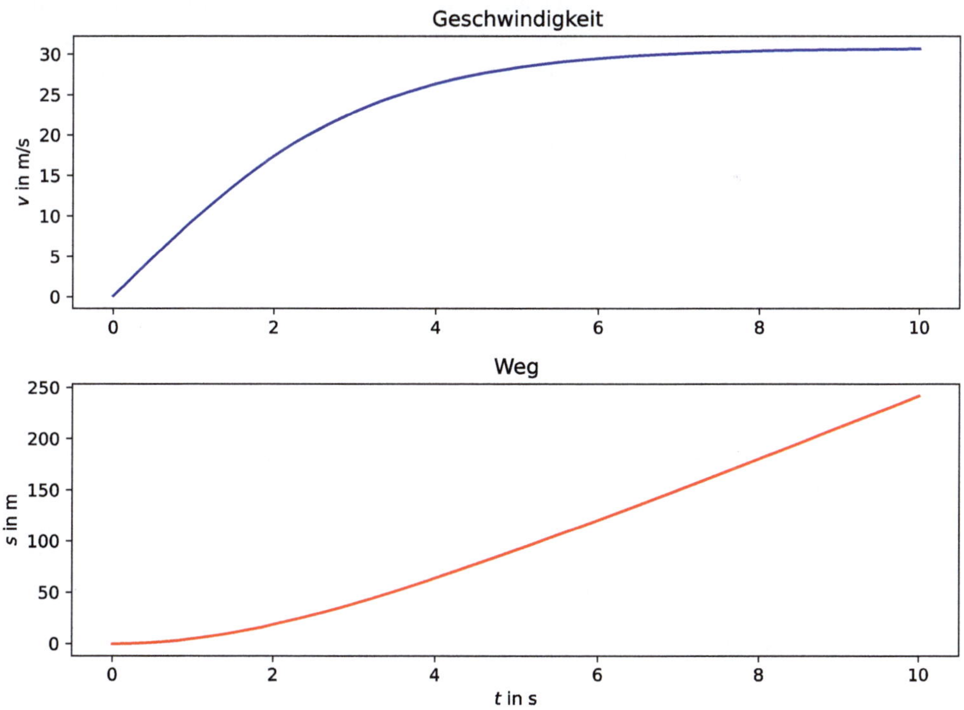

Bild 5.14 Freier Fall mit Luftwiderstand

Analyse

In Zeile 13 wird die Konstante b berechnet. Sie berücksichtigt den Einfluss des Strömungswiderstandskoeffizienten c_w und die Querschnittsfläche A des fallenden Körpers auf den Luftwiderstand.

In Zeile 19 werden drei leere Listen angelegt. In diesen Listen sollen die Koordinatendaten für die Zeit lt der Geschwindigkeit lv und dem Weg ls gespeichert werden (Zeile 24 bis 26), damit sie der plot-Methode (Zeile 31und 32) als Argumente übergeben werden können.

In den Zeilen 22 und 23 erfolgt die numerische Lösung der DGL mit dem Summenalgorithmus.

Durch Änderung der Zeitschrittweite dt in Zeile 18 können Sie die Genauigkeit des Verfahrens testen. Ein größerer Wert erhöht die Ungenauigkeit, ein zu kleiner Wert führt zu Rundungsfehlern und das Verfahren wird instabil. Ein numerisches Verfahren ist dann stabil, wenn die Rundungsfehler, die im Laufe der Berechnung entstehen, nicht anwachsen.

Lösung der DGL mit der SciPy-Funktion solve_ivp

Wenn eine Differenzialgleichung oder ein Differenzialgleichungssystem mit der SciPy-Funktion solve_ivp() gelöst werden soll, dann muss das System in die explizite Form umgewandelt werden. Auf der linken Seite der Gleichungen dürfen nur die ersten Ableitungen stehen. Wenn ein System höherer Ordnung vorliegt, muss es in ein System erster Ordnung umgewandelt werden.

Die Geschwindigkeit v ist die erste Ableitung der Wegfunktion:

$$\frac{\mathrm{d}s}{\mathrm{d}t} = v$$

und für die Beschleunigung gilt:

$$\frac{\mathrm{d}v}{\mathrm{d}t} = g - \frac{b \cdot v^2}{m}$$

Diese beiden Gleichungen können direkt in eine selbstdefinierte Python-Funktion übernommen werden.

```
def dgl(t,anfangswerte,m,b):
    s,v = anfangswerte
    ds_dt=v              #Geschwindigkeit
    dv_dt = g - b*v**2/m #Beschleunigung
    return ds_dt,dv_dt
```

Das SciPy-Programm *sci_fall.py* (Listing 5.11) zeigt den vollständigen Quelltext. Parameteränderungen können Sie in den Zeilen 6 bis 8 vornehmen.

Listing 5.11 Lösung der DGL mit solve_ivp

```
1  #sci_fall.py
2  import numpy as np
3  import matplotlib.pyplot as plt
4  from scipy.integrate import solve_ivp
5  #Daten
6  m=0.45     #Masse der Kugel in kg
7  d=0.22     #Durchmesser der Kugel in Meter
8  cw=0.2     #Strömungswiderstandskoeffizient
9  rho=1.225 #Luftdichte in kg/m^3
10 g=9.81     #Erdbeschleunigung in m/s^2
11 tmax=10    #Zeitintervall
12 #Berechnungen
13 A=np.pi*(d/2)**2 #Querschitt der Kugel
14 b=1/2*rho*cw*A   #Reibungskonstante kg/m
15 #Definitition der DGL
16 def dgl(t,anfangswerte,m,b):
17     s,v = anfangswerte
18     ds_dt=v                #Geschwindigkeit
19     dv_dt = g - b*v**2/m #Beschleunigung
20     return ds_dt,dv_dt
21 #Lösung der DGL
22 dt=0.001     #Zeitschrittweite
23 y0=[0,0]     #Anfangswerte für Weg und Geschwindigkeit
24 ti=[0,tmax] #Integrationsintervall
25 t=np.arange(0,tmax,dt)
26 z=solve_ivp(dgl,ti,y0,args=(m,b),dense_output=True)
27 s,v = z.sol(t)
28 #Grafikbereich
29 fig, ax=plt.subplots(2,1,figsize=(8,6),label='Fall mit Luftwiderstand')
30 ax[0].plot(t,v,'b-') #Funktionsplot für Geschwindigkeit
31 ax[1].plot(t,s,'r-') #Funktionsplot für Weg
32 #Beschriftungen
33 ax[0].set(ylabel='$v$ in m/s',title='Geschwindigkeit')
34 ax[1].set(xlabel='$t$ in s',ylabel='$s$ in m',title='Weg')
35 fig.tight_layout()
36 plt.show()
```

Listing 5.11 erzeugt nahezu die gleiche Ausgabe wie Bild 5.14. Mit dem bloßen Auge ist kein Unterschied zu erkennen.

Analyse

Die Anfangswerte für den Weg und die Geschwindigkeit sind beide null (Zeile 23).

Die SciPy-Funktion `solve_ivp(dgl,ti,y0,args=(m,b),dense_output=True)` berechnet die Koordinatendaten für die t- und y-Achse (Zeile 26). Als erstes Argument muss die Funktion `dgl` aus Zeile 16 übergeben werden. Danach folgt das Integrationsintervall `ti`. An dritter Stelle müssen die Anfangswerte `y0` übergeben werden. Dem Parameter `args` können zusätzliche Parameter zugewiesen werden. Der Parameter `dense_` `output=True` ermöglicht es, dass eine kontinuierliche Lösung berechnet wird. Nur wenn dieser Parameter auf `True` gesetzt wird, kann die SciPy-Funktion `z.sol(t)` die Lösungen aus dem Objekt z trennen.

Mit `print(z)` können Sie sich die Ergebnisse ausgeben lassen:

```
message: The solver successfully reached the end of the integration interval.
  success: True
   status: 0
        t: [ 0.000e+00  1.000e-04  1.100e-03  1.110e-02  1.111e-01
             1.111e+00  3.273e+00  5.206e+00  7.139e+00  9.651e+00
             1.000e+01]
        y: [[ 0.000e+00  4.905e-08 ...  2.304e+02  2.411e+02]
            [ 0.000e+00  9.810e-04 ...  3.065e+01  3.068e+01]]
      sol: <scipy.integrate._ivp.common.OdeSolution object at 0x109d7bcd0>
```

Das erste Array ist eindimensional. Das zweite Array ist zweidimensional. Die SciPy-Funktion `z.sol(t)` trennt die Lösung des y-Arrays auf, sodass sie in die beiden Variablen s und v gespeichert werden kann.

Alternativ können Sie Zeile 26 und 27 durch die folgenden Anweisungen

```
z=solve_ivp(dgl,ti,y0,args=(m,b),t_eval=t)
s,v = z.y
```

ersetzen.

Die Beschreibung der SciPy-Funktion `solve_ivp()` enthält nur die notwendigen Informationen für ihre elementare Anwendung. Mehr Details erfahren Sie unter der URL:

https://docs.scipy.org/doc/scipy/reference/generated/scipy.integrate.solve_ivp.html

5.5.3 Schiefer Wurf mit Luftwiderstand

Beim schiefen Wurf mit Luftwiderstand muss zusätzlich zur y-Komponente der Einfluss auf die x-Komponente des Luftwiderstands auf den Bewegungsablauf berücksichtigt werden. Für die Kraftbilanz in positiver x-Richtung gilt dann:

$$m\frac{\mathrm{d}v_x}{\mathrm{d}t} = -b \cdot v_x\sqrt{v_x^2 + v_y^2}$$

Der Einfluss von v^2 auf den Luftwiderstand wird ersetzt durch das Produkt aus v_x und dem Betrag der Geschwindigkeit v.

Entsprechend gilt für die Kraftbilanz in negativer y-Richtung:

$$m\frac{\mathrm{d}v_y}{\mathrm{d}t} = -g \cdot m - b \cdot v_y\sqrt{v_x^2 + v_y^2}$$

Für die Geschwindigkeit in x-Richtung gilt:

$$\frac{\mathrm{d}x}{\mathrm{d}t} = v_x$$

Für die Geschwindigkeit in y-Richtung gilt:

$$\frac{\mathrm{d}y}{\mathrm{d}t} = v_y$$

Die vier Gleichungen können direkt in die Python-Funktion `dgl()` übernommen werden. Diese Funktion wird anschließend der SciPy-Funktion `solve_ivp(dgl,...)` als Argument übergeben,

Mit Listing 5.12 können Sie die Bahnkurve eines schiefen Wurfs mit Luftwiderstand simulieren. In den Zeilen 6 bis 10 können Sie die Daten ändern.

Listing 5.12 Schiefer Wurf mit Luftwiderstand

```
1  #sci_wurf_real.py
2  import numpy as np
3  import matplotlib.pyplot as plt
4  from scipy.integrate import solve_ivp
5  #Daten
6  m=0.45     #Masse der Kugel in kg
7  d=0.11     #Durchmesser der Kugel in Meter
8  cw=0.4     #Strömungswiderstandskoeffizient
9  v0=30      #m/s
10 winkel=45 #Abwurfwinkel in °
11 rho=1.225 #Luftdichte in kg/m^3
12 g=9.81     #Erdbeschleunigung in m/s^2
13 #Berechnungen
14 A=np.pi*(d/2)**2 #Querschnitt der Kugel
15 b=1/2*rho*cw*A   #Reibungskonstante kg/m
16 alpha=np.radians(winkel)
17 xmax=v0**2*np.sin(2*alpha)/g
18 ymax=v0**2*np.sin(alpha)**2/(2*g)
19 tmax=2*v0*np.sin(alpha)/g  #Wurfzeit
20 #Definitition der DGL
21 def dgl(t,anfangswerte,m,b):
22     x,y,vx,vy = anfangswerte #für jede Gleichung einen Anfangswert
23     dvx_dt = - b*vx*np.sqrt(vx**2 + vy**2)/m     #Beschleunigung in x-Richtung
24     dvy_dt = - g - b*vy*np.sqrt(vx**2 + vy**2)/m #Beschleunigung in y-Richtung
25     dx_dt = vx #Geschwindigkeit in x-Richtung
26     dy_dt = vy #Geschwindigkeit in y-Richtung
27     return dx_dt,dy_dt,dvx_dt,dvy_dt
28 #ohne Luftwiderstand
29 def wurf_ideal(t,v0,alpha):
30     x = v0*np.cos(alpha)*t
31     y = v0*np.sin(alpha)*t - g/2*t**2
32     return x,y
33 #Lösung der DGL
34 vx0=v0*np.cos(alpha)
35 vy0=v0*np.sin(alpha)
```

```
36 dt=0.005           #Zeitschrittweite
37 y0=[0,0,vx0,vy0]  #Anfangswerte: x=0, y=0
38 ti=[0,tmax]       #Integrationsintervall
39 t=np.arange(0,tmax,dt)
40 z=solve_ivp(dgl,ti,y0,args=(m,b),dense_output=True)
41 x,y,vx,vy = z.sol(t)
42 #Grafikbereich
43 fig, ax=plt.subplots(figsize=(8,4))
44 ax.set_xlim(0,1.05*xmax)
45 ax.set_ylim(0,1.05*ymax)
46 #reale Bahnkurve
47 ax.plot(x,y,'r-')
48 #ideale Bahnkurve
49 x2,y2 = wurf_ideal(t,v0,alpha)
50 ax.plot(x2,y2,'b-.')
51 #Beschriftungen
52 ax.set(xlabel='$x$ in m', ylabel='$y$ in m')
53 plt.show()
```

Ausgabe

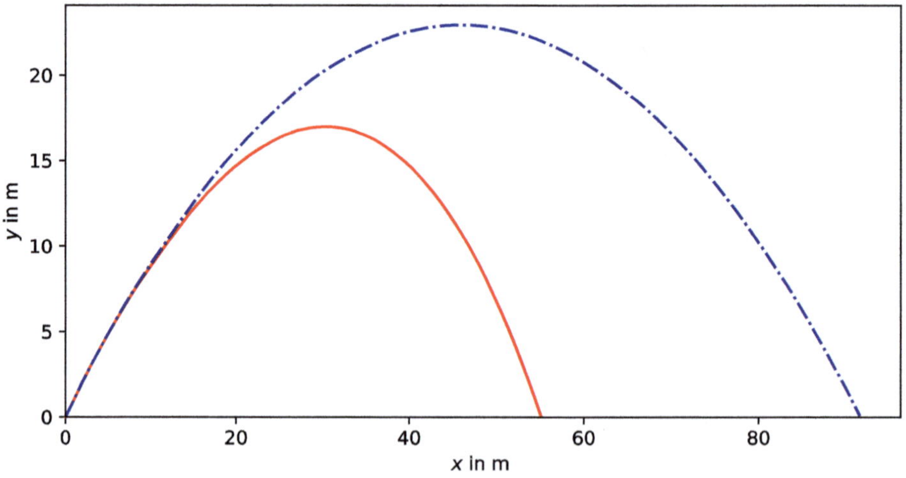

Bild 5.15 Schiefer Wurf mit Luftwiderstand für einen Fußball

Analyse

In den Zeilen 21 bis 27 wird das DGL-System mit der Python-Funktion `dgl()` implementiert. In Zeile 36 können Sie die Zeitschrittweite `dt` ändern und damit den Einfluss von `dt` auf den Verlauf der Bahnkurve untersuchen.

Um einen Vergleich zum realen schiefen Wurf herzustellen, wird in den Zeilen 49 und 50 die Bahnkurve des idealen Wurfs für die Darstellung (Zeile 53) vorbereitet.

Animation des schiefen Wurfs mit Luftwiderstand

Die Bahnkurven des schiefen Wurfs zeigen einen statischen Zustand: Dargestellt wird nur das Resultat des Wurfs, nicht aber wie er sich aus seinen Anfangsbedingungen entwickelt. Mithilfe einer Animation kann der reale Wurfverlauf zeitverzögert (Zeitlupe) anschaulich und für das Auge des Betrachters besser nachvollzogen werden.

Bild 5.16 zeigt eine Momentaufnahme der Animation des schiefen Wurfs mit Luftwiderstand. Der schwarze Kreis symbolisiert einen Fußball. Die ideale Wurfbahn wird als Strich-Punkt-Linie dargestellt.

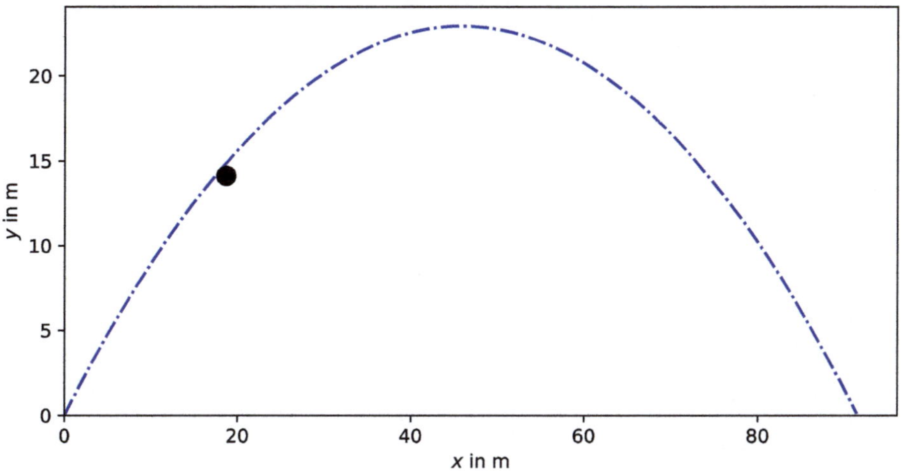

Bild 5.16 Animation eines realen Wurfs (Momentaufnahme)

Mit dem Matplotlib-Programm *ani_wurf_real.py* (Listing 5.13) können Sie die Flugbahn eines Fußballs animieren. In den Zeilen 7 bis 11 können Sie die Daten für andere Szenarien anpassen.

Listing 5.13 Animation des schiefen Wurfs mit Luftwiderstand

```
1  #ani_wurf_real.py
2  import numpy as np
3  import matplotlib.pyplot as plt
4  from matplotlib.animation import FuncAnimation
5  from scipy.integrate import solve_ivp
6  #Daten
7  m=0.45     #Masse in kg
8  d=0.22     #Durchmesser der Kugel in m
9  cw=0.2     #Strömungswiderstandskoeffizient für Kugel
10 v0=30      #m/s
11 winkel=45 #°
12 rho=1.225 #Dichte von Luft kg/m^3
13 g=9.81     #m/s^2
14 #Berechnungen
15 A=np.pi*(d/2)**2 #Querschitt der Kugel
```

```
16 b=1/2*rho*cw*A   #Reibungskonstante kg/m
17 alpha=np.radians(winkel)
18 xmax=v0**2*np.sin(2*alpha)/g        #Wurfweite
19 ymax=v0**2*np.sin(alpha)**2/(2*g) #Wurfhöhe
20 tmax=2*v0*np.sin(alpha)/g          #Wurfzeit
21 #ideale Wurfbahn: x,y = f(t)
22 def wurf_ideal(t,v0,alpha):
23     x = v0*np.cos(alpha)*t
24     y = v0*np.sin(alpha)*t - g/2*t**2
25     return x,y
26 #Definitition der DGL
27 def dgl(t,anfangswerte,m,b):
28     x,y,vx,vy = anfangswerte #für jede Gleichung einen Anfangswert
29     dvx_dt = - b*vx*np.sqrt(vx**2 + vy**2)/m     #Beschleunigung in x-Richtung
30     dvy_dt = - g - b*vy*np.sqrt(vx**2 + vy**2)/m #Beschleunigung in y-Richtung
31     dx_dt = vx #Geschwindigkeit in x-Richtung
32     dy_dt = vy #Geschwindigkeit in y-Richtung
33     return dx_dt,dy_dt,dvx_dt,dvy_dt
34 #Lösung der DGL
35 dt=0.01  #Zeitschrittweite
36 y0=[0,0,v0*np.cos(alpha),v0*np.sin(alpha)] #Anfangswerte
37 t=np.arange(0,tmax,dt)
38 z=solve_ivp(dgl,[0,tmax],y0,args=(m,b),dense_output=True)
39 #Wurfbahn berechnen
40 def wurfbahn(i):
41     t=i*dt
42     x,y,vx,vy = z.sol(t)
43     ball.set_data([x],[y])
44     return ball,
45 #Grafikbereich
46 fig,ax=plt.subplots(figsize=(8,4))
47 ax.axis([0,1.05*xmax,0,1.05*ymax])
48 x,y = wurf_ideal(t,v0,alpha)
49 ax.plot(x,y,'b-.') #statische Bahnkurve zeichnen
50 ball, = ax.plot([],[],'ko',markersize=10)  #Ball
51 ani=FuncAnimation(fig,wurfbahn,frames=t.size,interval=20,blit=True)#Animation
52 ax.set(xlabel="$x$ in m",ylabel="$y$ in m")
53 plt.show()
```

Analyse

In den Zeilen 27 bis 33 steht die Funktionsdefinition `dgl()` für die DGL des realen schiefen Wurfs.

In den Zeilen 40 bis 44 steht die selbstdefinierte Python-Funktion `wurfbahn(i)`. In Zeile 42 werden mit der Anweisung `x,y, ... = z.sol(t)` die aktuellen x, y-Koordinatendaten des schiefen Wurfs in das Tupel `x,y` gespeichert.

In Zeile 43 übernimmt die Matplotlib-Methode `ball.set_data([x],[y])` diese x,y-Koordinatendaten für die Darstellung der Animation.

In Zeile 51 ruft die Matplotlib-Animationsmethode `FuncAnimation(fig,wurfbahn, ...)` die selbstdefinierte Python-Funktion `wurfbahn` auf und bereitet die Animation für die Darstellung (Zeile 53) vor.

5.6 Aufgaben

1. Schreiben Sie ein Programm, das die Kräfte zwischen Saturn – Sonne, Jupiter – Sonne und Mars – Sonne berechnet. Die Daten für die Massen und Abstände finden Sie im Anhang.
2. Schreiben Sie ein Python-Programm, das aus den Daten eines Pendelversuchs $T = 2\,s$ und $l = 1\,m$ die Erdbeschleunigung berechnet.
3. Stellen Sie mit Matplotlib drei Federkennlinien $F = f(s)$ in einem Diagramm dar (k_1 = 100 N/cm, k_2 = 200 N/cm, k_3 = 300 N/cm).
4. Der Anfahrvorgang (m = 100 kg) soll mit einer Kosinus-Funktion $a(t) = a_0 \cdot \cos(c \cdot t)$ modelliert werden. Die Geschwindigkeits- und Wegfunktion sollen mit der SciPy-Funktion `quad()` berechnet werden (a_0 = 5 m·s^{-2}, c = 0,1 1/s). Die Kraft $F = f(t)$ ist ebenfalls darzustellen.
5. Stellen Sie den Luftwiderstand $F_w = f(v)$ für einen Fahrradfahrer mit Matplotlib dar (A = 0,8 m^2, c_w = 0,6).
6. Untersuchen Sie die Genauigkeit des Euler-Verfahrens von Listing 5.10 mit Formel 5.6, indem Sie die Zeitschrittweite `dt` ändern. Es soll nur der Funktionsgraph für die Fallgeschwindigkeit dargestellt werden.
7. Schreiben Sie ein Programm, das die Wegfunktion $y = f(x)$ eines realen schiefen Wurfs für einen Fußball mit dem Euler-Verfahren berechnet. Die Bahnkurve soll auch grafisch dargestellt werden.
8. Simulieren Sie mit Listing 5.12 einen Hammerwurf (m = 7,26 kg, d = 124 mm, v_0 = 28 m/s).
9. Animieren Sie mit Listing 5.13 einen Hammerwurf.

6 Arbeit, Leistung und Energie

Mechanische Arbeit ist das Produkt aus Kraft und Weg. **Leistung** ist die pro Zeiteinheit verrichtete Arbeit. Damit überhaupt Arbeit verrichtet werden kann, muss **Energie** vorhanden sein. Energie ist das Vermögen, Arbeit zu verrichten. Es gibt verschiedene Formen der Energie: potenzielle Energie, kinetische Energie, chemische Energie, elektrische Energie, Wärmeenergie, Kernenergie usw. Diese Aufzählung ist nicht vollständig. Entscheidend ist, dass Energie weder erzeugt noch vernichtet werden kann: Sie ist bereits vorhanden und kann lediglich von einer Form in eine andere umgewandelt werden.

6.1 Mechanische Arbeit

Mechanische Arbeit kennen wir gut aus unserem Alltag. Wenn wir einen schweren Koffer auf den Tisch heben, dann verrichten wir im physikalischen Sinn mechanische Arbeit. Wenn wir aber, vorausgesetzt, dass wir uns auf ebener Strecke bewegen, den Koffer zum Auto tragen, dann verrichten wir im physikalischen Sinn keine Arbeit, weil die Muskelkraft senkrecht zum zurückgelegten Weg ausgeübt wird. Mechanische Arbeit wird immer nur dann verrichtet, wenn die Kraft und der zurückgelegte Weg parallel verlaufen.

Es gibt verschiedene Formen von mechanischer Arbeit: Reibungsarbeit, Hubarbeit, Spannarbeit und Beschleunigungsarbeit. Arbeit ist das **Skalarprodukt** aus Kraft- und Wegvektor. Dieses Produkt ist so definiert, dass man als Ergebnis eine skalare Größe erhält.

6.1.1 Skalarprodukt

Um verständlich zu machen, was unter einem Skalarprodukt genau zu verstehen ist, betrachten wir Bild 6.1. Dort sehen wir einen Kraftvektor $\vec{F}$, der um den Winkel α gegenüber dem Wegvektor $\vec{s}$ gedreht ist.

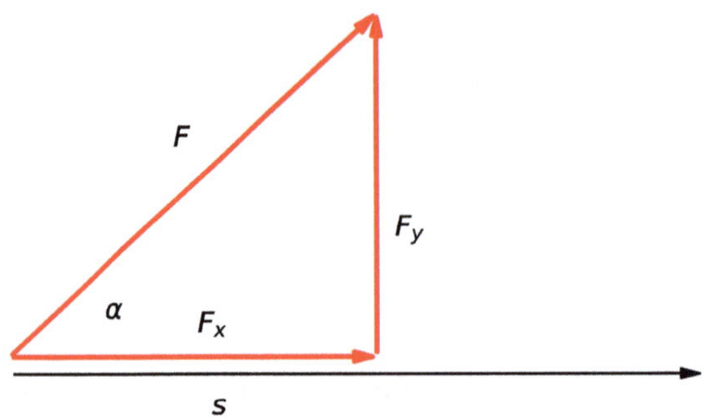

Bild 6.1 Winkel zwischen Kraft- und Wegvektor

Nur die Kraftkomponente, die parallel zur Wegkomponente verläuft, verrichtet Arbeit. Steht der Kraftvektor senkrecht auf den Wegvektor, wird keine Arbeit verrichtet. Die wirksame Kraft ist die Projektion des Kraftvektors auf den Wegvektor. Die mechanische Arbeit ist also proportional zum Kosinus des Winkels zwischen Kraft- und Wegvektor. Wenn die Beträge des Kraft- und Wegvektors sowie der Winkel zwischen den beiden Vektoren bekannt sind, wird die Arbeit W aus dem Produkt der Kraft F, des Wegs s und des Kosinus des Winkels α berechnet (Bild 6.1).

$$W = F \cdot s \cdot \cos\alpha \qquad (6.1)$$

Aus Formel 6.1 kann die Berechnungsvorschrift für das Skalarprodukt Formel 6.2, z. B. mit dem Kosinussatz, hergeleitet werden.

$$W = \vec{F} \cdot \vec{s} \qquad (6.2)$$

Mithilfe von Bild 6.1 soll gezeigt werden, wie ein Skalarprodukt berechnet wird. Bild 6.2 zeigt zwei Ortsvektoren und den Differenzvektor zwischen den beiden Ortsvektoren.

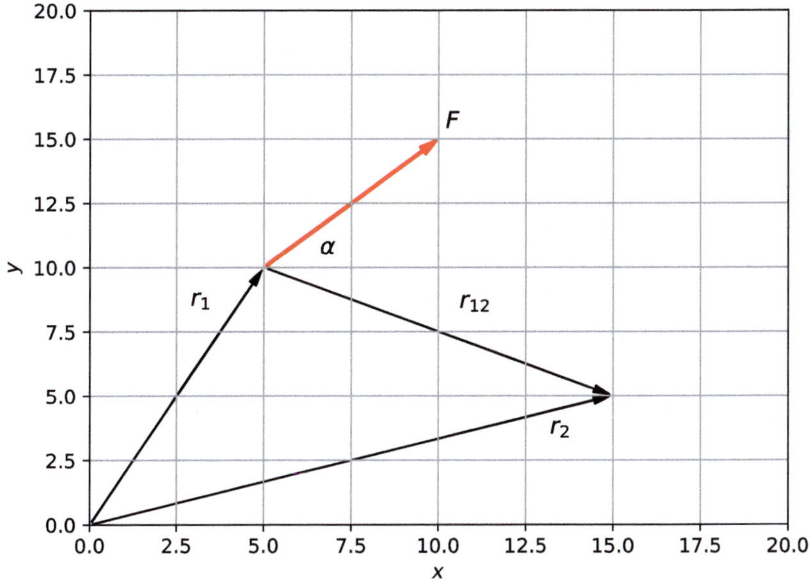

Bild 6.2 Ortsvektoren

Der Differenzvektor $\vec{r}_{12}$ repräsentiert den Wegvektor. Man kann sich anschaulich vorstellen, dass der Kraftvektor $\vec{F}$ längs des Wegvektors verschoben wird und dabei Arbeit verrichtet. Die Pfeilspitze des Ortsvektors $\vec{r}_1$ markiert den Anfang des Wegs und die Pfeilspitze des Ortsvektors $\vec{r}_2$ markiert das Ende des Wegs. Aus Bild 6.2 kann man die Kraft- und Wegkomponenten ablesen und das Skalarprodukt wie folgt berechnen:

$$W = \begin{pmatrix} F_x \\ F_y \end{pmatrix} \cdot \begin{pmatrix} \Delta x \\ \Delta y \end{pmatrix} = \begin{pmatrix} F_x \\ F_y \end{pmatrix} \cdot \begin{pmatrix} r_{x2} - r_{x1} \\ r_{y2} - r_{y2} \end{pmatrix} = \begin{pmatrix} 5 \\ 5 \end{pmatrix} \mathrm{N} \cdot \begin{pmatrix} 10 \\ -5 \end{pmatrix} \mathrm{m} = 50\,\mathrm{Nm} - 25\,\mathrm{Nm} = 25\,\mathrm{Nm}$$

Nachdem die Arbeit mithilfe des Skalarprodukts berechnet wurde, kann durch Umstellen von Formel 6.1 der Winkel α zwischen dem Kraft- und Wegvektor berechnet werden.

$$\alpha = \arccos \frac{W}{\left|\vec{F}\right| \cdot \left|\vec{s}\right|} \qquad (6.3)$$

Das Programm *skalarprodukt.py* (Listing 6.1) berechnet das Skalarprodukt für die in Bild 6.2 dargestellten Vektoren. Das Skalarprodukt kann mit der NumPy-Funktion `dot(F,s)` oder mit dem Infixoperator `@` berechnet werden.

Listing 6.1 Berechnung des Skalarprodukts

```
#skalarprodukt.py
import numpy as np
Fx,Fy=5,5
x1,y1=5,10
x2,y2=15,5
#Kraftvektor
F=np.array([Fx,Fy])
#Ortsvektoren
r1=np.array([x1,y1])
r2=np.array([x2,y2])
#Weg
r12=r2-r1
#Skalarprodukt
W=np.dot(F,r12)
#Winkel zwischen Kraftvektor und Ortsvektor
alpha=np.arccos(W/(np.hypot(F[0],F[1])*np.hypot(r12[0],r12[1])))
#Ausgaben
print("r1 = ",r1,"m")
print("r2 = ",r2,"m")
print("r12=",r12,"m")
print("F  =",F,"N")
print("W = ",W,"Nm")
print("Winkel",round(np.degrees(alpha),1),"°")
```

Ausgabe

```
r1 = [ 5 10] m
r2 = [15 5] m
r12 = [10 -5] m
F = [5 5] N
W = 25 Nm
Winkel 71.6 °
```

Mit Listing 6.1 können Sie verschiedene Situationen durchprobieren. Wenn Sie z. B. für die Kraft nur die y-Komponenten und für den Weg nur x-Komponenten einsetzen, dann werden Sie feststellen, dass das Programm für das Skalarprodukt den Wert null ausrechnet. In Zeile 12 können Sie die Anweisung `W=np.dot(F,r12)` durch `W=F@r12` ersetzen.

6.1.2 Reibungsarbeit

Reibungsarbeit wird immer dann verrichtet, wenn ein Körper auf einer Unterlage verschoben wird. Die **Reibungskraft** ist der Antriebskraft (z. B. Muskelkraft) entgegengerichtet. Die Oberflächeneigenschaften der Reibpartner und die Normalkraft bestimmen den Kraftaufwand. Die **Normalkraft** ist ein Vektor, der senkrecht auf der

Berührungsfläche steht. Zeigt der Vektor der Normalkraft in Richtung des Erdmittelpunkts, kann für die Normalkraft die Schwerkraft $m{\cdot}g$ eingesetzt werden.

Überwindung der Gleitreibung

Die Reibungskraft ist proportional zur Normalkraft. Der Proportionalitätsfaktor μ wird als **Reibungskoeffizient** (oder Reibungszahl) bezeichnet. Er wird empirisch durch Versuche ermittelt.

$$F_r = \mu \cdot F_n \tag{6.4}$$

Man unterscheidet zwischen **Haft-**, **Gleit-** und **Rollreibung**. Die Haftreibung wirkt nur für kurze Zeit beim Bewegungsanfang. Ist der Körper in Bewegung, wirkt die Gleitreibung. In Tabelle 6.1 sind für ausgewählte Materialpaarungen einige Reibzahlen aufgelistet.

Tabelle 6.1 Reibzahlen (Richtwerte, trocken)

Materialpaarung	Haftreibung	Gleitreibung
Stahl auf Stahl	0,2	0,1
Stahl auf Holz	0,5	0,4
Stahl auf Stein	0,8	0,7
Stein auf Holz	0,9	0,7
Holz auf Holz	0,5	0,4
Stein auf Stein	1,0	0,9
Stahl auf Eis	0,03	0,01
Stahl auf Beton	0,35	0,20

Rollreibung liegt immer dann vor, wenn sich ein Fahrrad oder Pkw auf einer Unterlage (Straße) bewegt. Zwischen einem Autoreifen und Asphalt nimmt der Rollreibungskoeffizient Werte zwischen 0,015 und 0,025 an. Bild 6.3 veranschaulicht den Unterschied zwischen Gleit- und Rollreibung.

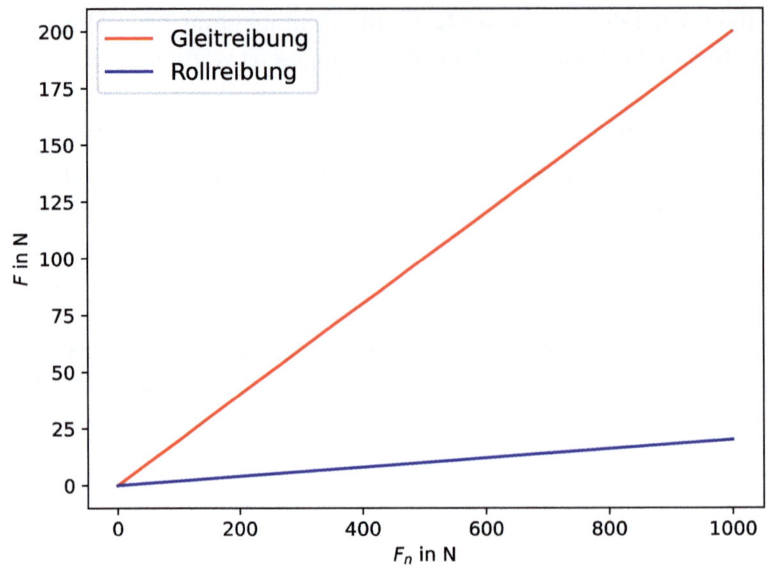

Bild 6.3 Vergleich von Gleit- mit Rollreibung

Wie erwartet hat die Kennlinie der Rollreibung eine viel kleinere Steigung als die Gleitreibung.

Wenn ein Körper über eine Unterlage gezogen wird, dann ist die Zugkraft konstant (siehe Bild 6.5). Die verrichtete Arbeit ist dann das Produkt aus der Zugkraft und dem zurückgelegten Weg.

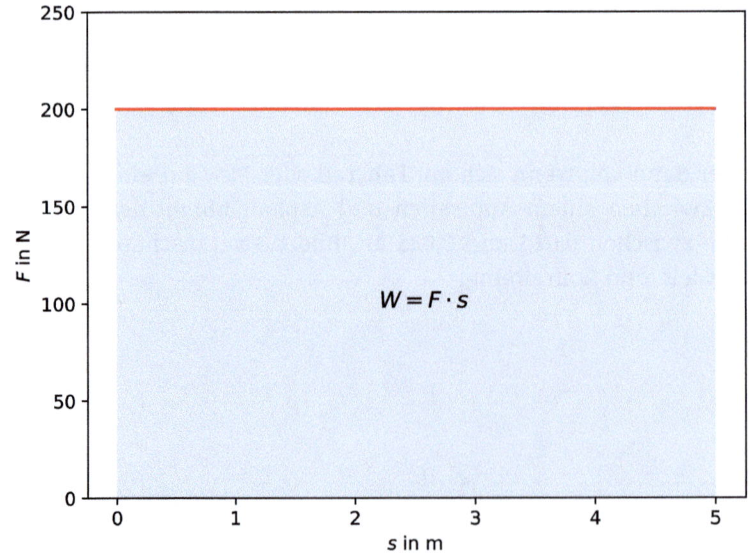

Bild 6.4 Arbeit bei Gleitreibung

Die Reibungsarbeit entspricht dem Flächeninhalt des Rechtecks *Kraft* mal *Weg*. Aus dem Kraft-Weg-Diagramm kann man eine Arbeit 1000 Nm (200 N·5 m) ablesen. Für die Einheit Nm wird die Abkürzung J (Joule) eingeführt.

Bild 6.5 zeigt die Benutzeroberfläche eines Matplotlib-Programms *sld_reibarbeit.py*. Mit den drei Slider-Steuerelementen können der Weg, der Winkel des Kraftvektors und der Reibungskoeffizient verstellt werden.

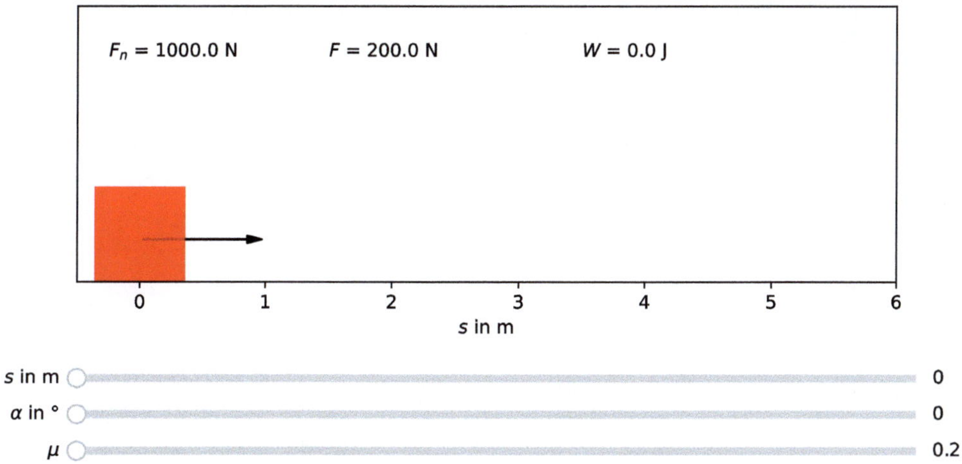

Bild 6.5 Simulation der Reibungsarbeit

Wenn Sie den Körper von 0 bis 5 m verschieben, dann wird bei einem Reibungskoeffizienten von 0,2 an dem Körper eine Arbeit von 1000 J verrichtet. Wenn Sie den Winkel α vergrößern, dann werden Sie feststellen, dass sich die Zugkraft vergrößert (siehe Formel 6.1).

Mit dem Matplotlib-Programm *sld_reibarbeit.py* (Listing 6.2) können Sie die Reibungsarbeit simulieren. In Zeile 7 können Sie die Normalkraft ändern. Bei einer Normalkraft von 1000 N wird eine Masse von etwa m = 100 kg verschoben.

Listing 6.2 Simulation der Reibungsarbeit

```
1   #sld_reibarbeit.py
2   import numpy as np
3   import matplotlib.pyplot as plt
4   from matplotlib.widgets import Slider
5   from matplotlib.patches import FancyArrowPatch,ArrowStyle
6   #Daten
7   Fn=1000    #Normalkraft
8   my=0.2     #Reibungskoeffizient
9   h = 2      #Höhe der Kiste
10  xmax,ymax = 6,10 #Zeichenbereich
11  pfeilL = 1.0
12  #Slider abfragen
13  def update(val):
```

```
14     s = sldWeg.val   #Weg in m
15     my = sldMy.val   #Gleitreibungszahl
16     alpha=sldWinkel.val
17     alpha=np.radians(alpha)
18     F=my*Fn/np.cos(alpha)
19     W=my*Fn*s       #Arbeit in J
20     txtFn.set_text('$F_{n}$ = %.1f N' %Fn)
21     txtF.set_text('$F$ = %.1f N' %F)
22     txtW.set_text('$W$ = %.1f J' %W)
23     y=xmax*pfeilL*np.tan(alpha)
24     pfeilF.set_positions((s,1.7),(s + pfeilL,1.7 + y)) #Zugkraft
25     masse.set_data([s,s],[0,h]) #Bewegung
26 #Grafikbereich
27 fig, ax = plt.subplots(figsize=(8,4))
28 fig.subplots_adjust(left=0.12,bottom=0.35)
29 ax.axis([-0.5,xmax,0,1.1*ymax])
30 #Ausgaben
31 txtFn=ax.text(-0.25,9,'$F_{n}$ = %.1f N' %Fn) #Normalkraft
32 txtF=ax.text(1.5, 9,'$F$ = %.1f N' %(Fn*my))  #Zugkraft
33 txtW=ax.text(3.5, 9,'$W$ = %.1f J' %0)        #Arbeit
34 #Kiste
35 masse, = ax.plot([0,0],[0,2],'r-',lw=50,alpha=0.8)
36 #Pfeil
37 spitze = ArrowStyle.Simple(head_length=8,head_width=4)
38 #Zugkraft
39 pfeilF = FancyArrowPatch((0,1.7),
40                          (1,1.7),
41                          color='black',arrowstyle=spitze)
42 ax.add_patch(pfeilF)
43 #Slider: links, unten, breite, hoehe
44 xyWeg    =fig.add_axes([0.12, 0.15, 0.8, 0.03]) #Weg
45 xyWinkel=fig.add_axes([0.12, 0.08, 0.8, 0.03]) #Winkel
46 xyMy     =fig.add_axes([0.12, 0.01, 0.8, 0.03]) #Reibung
47 sldWeg=Slider(xyWeg,'$s$ in m',0,5,valinit=0,valstep=0.1) #Weg
48 sldWinkel=Slider(xyWinkel,r'$\alpha$ in °',0,45,valinit=0,valstep=0.1) #Winkel
49 sldMy=Slider(xyMy,r'$\mu$',0.2,0.8,valinit=0.02,valstep=0.01)#Reibung
50 sldWeg.on_changed(update)
51 sldWinkel.on_changed(update)
52 sldMy.on_changed(update)
53 #Beschriftungen
54 ax.set_yticks([])
55 ax.set_xlabel('$s$ in m')
56 plt.show()
```

Analyse

In den Zeilen 14 bis 16 werden die aktuellen Werte des zurückgelegten Wegs, der Gleitreibungszahl und des Winkels zwischen Weg- und Kraftvektor eingelesen. In Zeile 18 wird die Zugkraft und in Zeile 19 die verrichtete mechanische Arbeit berechnet. Die Ausgaben erfolgen in den Zeilen 20 bis 22.

Luft- und Rollwiderstand

Am Beispiel eines Mittelklassewagens soll nun untersucht werden, welche Arbeit der Antriebsmotor gegen den Luft- und Rollwiderstand verrichten muss.

Der Luftwiderstand wurde bereits im Abschnitt 5.5.1 eingeführt. Er steigt proportional zum Quadrat der Geschwindigkeit:

$$F_w = \frac{1}{2}\rho \cdot A \cdot c_w \cdot v^2 \tag{6.5}$$

Der Rollwiderstand steigt proportional zur Masse des Fahrzeugs:

$$F_r = \mu_r \cdot m \cdot g \tag{6.6}$$

Das Kraft-Geschwindigkeits-Diagramm (Bild 6.6) veranschaulicht die erforderliche Antriebskraft für eine bestimmte Geschwindigkeit. Für den Querschnitt des Kleinwagens wurde eine Fläche von $A = 2\,\text{m}^2$ und für den Strömungswiderstandkoeffizienten wurde ein Wert von 0,28 angenommen. Das Fahrzeug hat eine Masse von $m = 1400\,\text{kg}$.

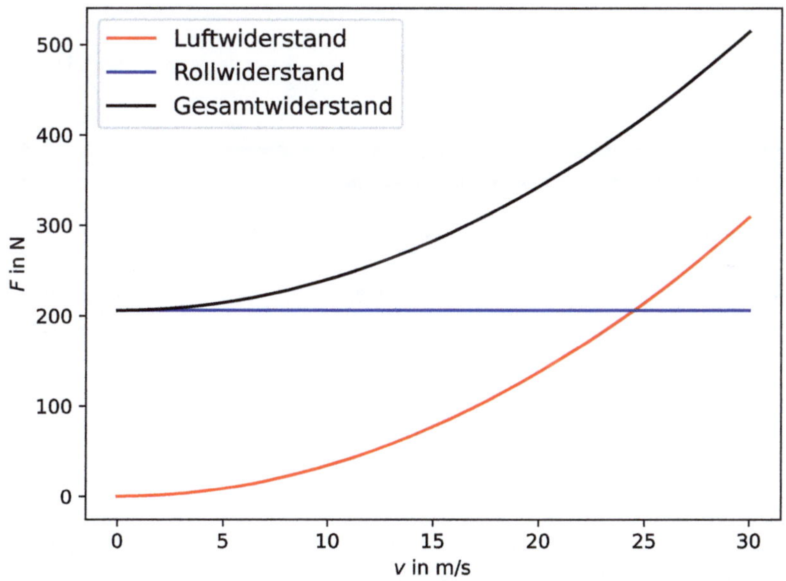

Bild 6.6 Luft- und Rollwiderstand als Funktion der Geschwindigkeit

Der Luftwiderstand steigt quadratisch mit der Geschwindigkeit. Der Rollwiderstand beträgt konstant etwa 200 N. Ab einer Geschwindigkeit von etwa 24,5 m/s überwiegt der Einfluss des Luftwiderstands.

Bild 6.7 zeigt die Benutzeroberfläche des Matplotlib-Programms *sld_energieverbrauch.py*, mit dem Sie sich durch Verstellen der Slider-Knöpfe für den Weg s und die Geschwindigkeit v die erforderliche Antriebskraft F und die verrichtete Arbeit W berechnen lassen können.

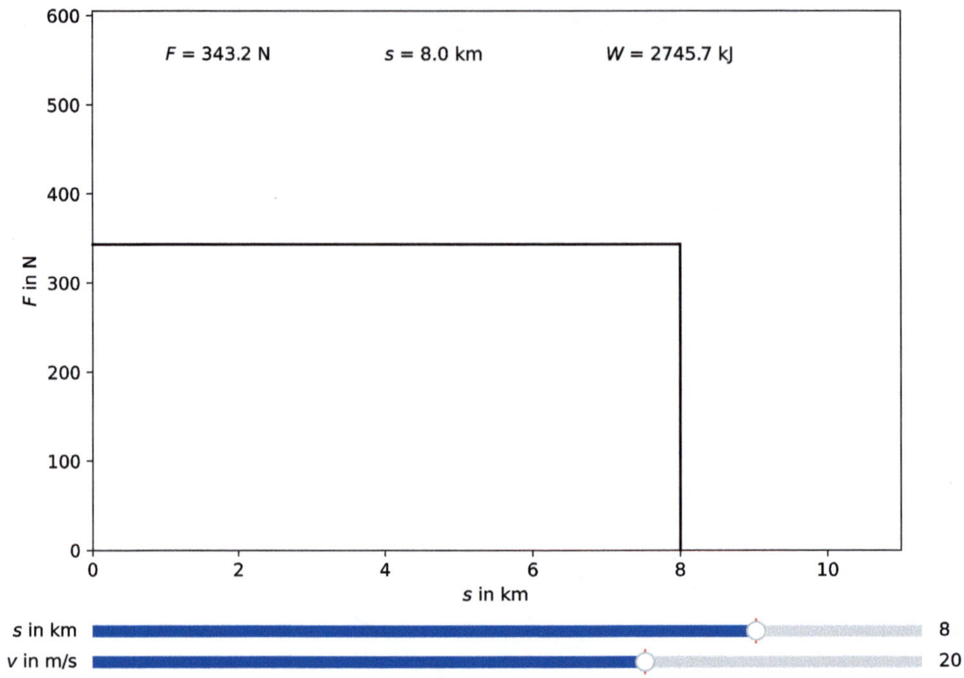

Bild 6.7 Arbeitsaufwand für die Überwindung des Luft- und Rollwiderstands

Bei einem zurückgelegten Weg von 8 km ist eine Antriebskraft von 343 N erforderlich. Es wird eine Arbeit von 2746 kJ verrichtet. Durch Verstellen des unteren Slider-Knopfs können Sie die Geschwindigkeit des Fahrzeugs einstellen. Wenn Sie die Geschwindigkeit erhöhen, vergrößert sich auch die Antriebskraft und damit auch die Arbeit. Die Arbeit wird auch dann erhöht, wenn Sie den zurückgelegten Weg vergrößern. Die gegen den Luft- und Rollwiderstand zu verrichtende Arbeit W entspricht der Rechteckfläche des Kraft-Weg-Diagramms.

Mit dem Programm *sld_energieverbrauch.py* (Listing 6.3) können Sie verschiedene Szenarien durchspielen. Wenn Sie für andere Fahrzeugtypen die erforderliche Antriebskraft und die Arbeit ermitteln wollen, können Sie die Werte für die Fahrzeugdaten in den Zeilen 6 bis 9 entsprechend anpassen.

Listing 6.3 Arbeitsaufwand für die Überwindung des Luft- und Rollwiderstands

```
1  #sld_energieverbrauch.py
2  import numpy as np
3  import matplotlib.pyplot as plt
4  from matplotlib.widgets import Slider
5  #Daten
```

```
6  m=1400       #Masse in kg
7  cw=0.28      #N/cm
8  A=2          #Querschittsfläche m^2
9  my=0.015     #Rollwiderstandsbeiwert
10 smax = 10    #km
11 vmax = 30    #m/s
12 rho=1.225    #Luftdichte
13 g=9.81
14 Fmax=550
15 #Slider abfragen
16 def update(val):
17     s = sldS.val #Weg in km
18     v = sldV.val #m/s
19     Fw=1/2*rho*A*cw*v**2 #Luftwiderstand
20     Fr=m*g*my            #Rollreibung
21     F=Fw + Fr
22     W=F*s                #Arbeit in kJ
23     #Textausgaben
24     txtF.set_text('$F$ = %.1f N' %F)
25     txtS.set_text('$s$ = %.1f km' %s)
26     txtW.set_text('$W$ = %.1f kJ' %W)
27     #Linien zeichnen
28     h_linie.set_data([0,s],[F,F])  #horizontale Linie
29     v_linie.set_data([s,s],[0,F])  #vertikale Linie
30 #Grafikbereich
31 fig, ax=plt.subplots(figsize=(8,6))
32 ax.axis([0,1.1*smax,0,1.1*Fmax])
33 #für Ausgaben
34 txtF=ax.text(1,Fmax,'$F$ = %.1f N' %343.2)    #Kraft
35 txtS=ax.text(4,Fmax,'$s$ = %.1f km' %8.0)     #Weg
36 txtW=ax.text(7,Fmax,'$W$ = %.1f kJ' %2745.7) #Arbeit
37 #x1,x2,y1,y2
38 h_linie, = ax.plot([0,8],[343.2,343.2],'k-')
39 v_linie, = ax.plot([8,8],[0,343.2],'k-')
40 #Slider
41 fig.subplots_adjust(left=0.12,bottom=0.18)
42 xyS=fig.add_axes([0.12, 0.06, 0.8, 0.03])
43 xyV=fig.add_axes([0.12, 0.02, 0.8, 0.03])
44 sldS=Slider(xyS,'$s$ in km',0,smax,valinit=8,valstep=0.1)
45 sldV=Slider(xyV,'$v$ in m/s',0,vmax,valinit=20,valstep=0.1)
46 sldS.on_changed(update)
47 sldV.on_changed(update)
48 #Beschriftungen
49 ax.set_xlabel('$s$ in km')
50 ax.set_ylabel('$F$ in N')
51 plt.show()
```

Analyse

Die aktuellen Werte für den zurückgelegten Weg und der aktuellen Geschwindigkeit werden in den Zeilen 17 und 18 ermittelt. Die Kräfte für die Überwindung des Luft- und Rollwiderstands werden in den Zeilen 19 und 20 berechnet. Aus der Summe beider Kräfte (Zeile 21) kann dann in Zeile 22 die mechanische Arbeit berechnet werden.

Die horizontale und die vertikale Linie werden in den Zeilen 28 und 29 aktualisiert.

6.1.3 Hubarbeit

Hubarbeit wird nur verrichtet, wenn ein Körper mit der Masse m auf der Wirklinie des Erdradius gegen die Schwerkraft verschoben wird.

Die Hubarbeit ist proportional zur Masse des Körpers und der Höhe:

$$W = m \cdot g \cdot h$$

Im zweidimensionalen Koordinatensystem wird nur Arbeit verrichtet, wenn der Körper in Richtung der positiven y-Achse verschoben wird.

Bild 6.8 zeigt die Benutzeroberfläche des Matplotlib-Programms *sld_hubarbeit.py*, mit der Sie die Hubarbeit simulieren können. Die Benutzeroberfläche soll die Arbeitsweise eines Laufkrans nachbilden. Auf der Laufschiene bewegt sich ein Elektromotor in horizontaler Richtung von links nach rechts oder umgekehrt. Der Elektromotor hebt und senkt die Masse. Beim Anheben der Masse wird Hubarbeit verrichtet. Die verrichtete Arbeit wird oben in der Mitte der Benutzeroberfläche angezeigt.

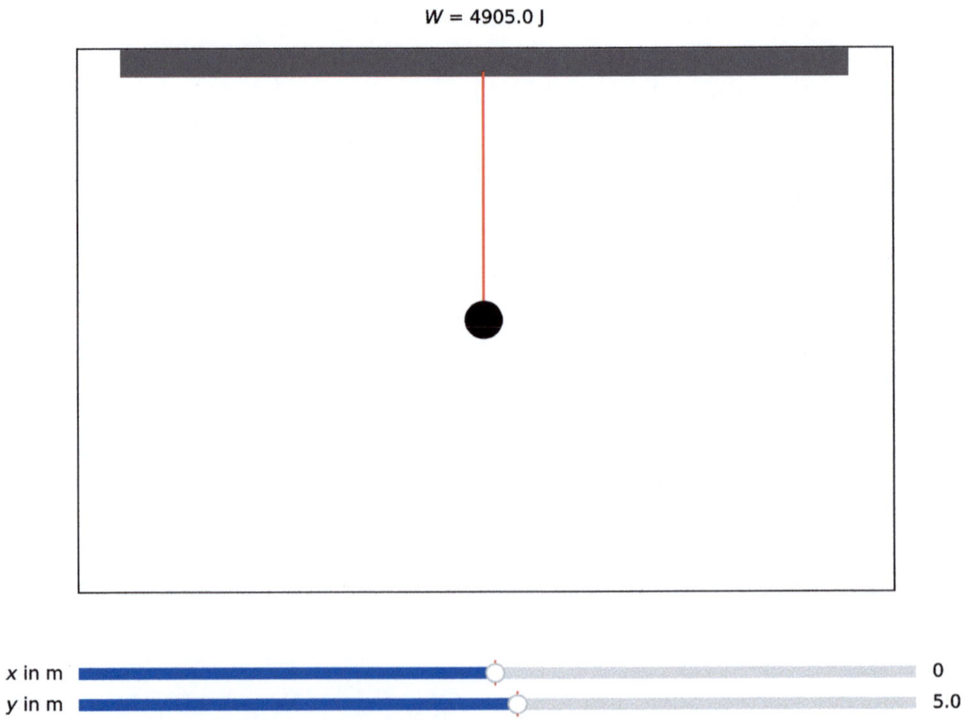

Bild 6.8 Ein Laufkran verrichtet Hubarbeit

Wenn Sie den oberen Slider-Knopf nach links oder rechts verschieben, werden Sie feststellen, dass keine Arbeit verrichtet wird. Wenn Sie dagegen den unteren Slider-Knopf nach rechts verschieben, also die Höhe vergrößern, werden Sie feststellen, dass Arbeit verrichtet wird. Die Hubarbeit ist das Produkt aus der Gewichtskraft und dem zurückgelegten Weg in Richtung der positiven y-Achse.

Mit dem Programm *sld_hubarbeit.py* (Listing 6.4) können Sie die Hubarbeit, die ein Laufkran an einer Masse m verrichtet, simulieren. In Zeile 5 können Sie die Masse ändern.

Listing 6.4 Simulation der Hubarbeit

```
1  #sld_hubarbeit.py
2  import matplotlib.pyplot as plt
3  from matplotlib.widgets import Slider
4  #Daten
5  m = 100   #Masse in kg
6  g = 9.81  #Erdbeschleunigung
7  hmax = 10  #maximale Höhe in m
8  #Slider abfragen
9  def update(val):
10     x = sldX.val #m
11     y = sldY.val #m
12     W=m*g*y      #Arbeit in J
13     txtW.set_text('$W$ = %.1f J' %W)
14     seil.set_data([x,x],[hmax,y]) #Seil zeichnen
15     masse.set_data([x,x],[y,y])   #Punkt zeichnen
16 #Grafikbereich
17 fig, ax=plt.subplots(figsize=(8,6))
18 ax.axis([-3.5,3.5,-0.5,1.05*hmax])
19 txtW=ax.text(-0.5,11,'$W$ = %.1f J' %(5*g*m))#Arbeit
20 ax.plot([-3,3],[10.2,10.2],'k-',lw=15,alpha=0.6) #Befestigung
21 #x1,x2,y1,y2
22 seil, = ax.plot([0,0],[hmax,5],'r-')
23 masse, = ax.plot([0,0],[5,5],'ko',markersize=20)
24 fig.subplots_adjust(left=0.12,bottom=0.18)
25 xyX=fig.add_axes([0.12, 0.06, 0.8, 0.03])
26 xyY=fig.add_axes([0.12, 0.02, 0.8, 0.03])
27 sldX=Slider(xyX,'$x$ in m',-3,3,valinit=0,valstep=0.1)
28 sldY=Slider(xyY,'$y$ in m',0,0.95*hmax,valinit=5,valstep=0.1)
29 sldX.on_changed(update)
30 sldY.on_changed(update)
31 #Rahmen unsichtbar machen
32 ax.set_frame_on(True)
33 ax.set_xticks([])
34 ax.set_yticks([])
35 plt.show()
```

Analyse

Die Werte für die x- und y-Koordinate werden in den Zeilen 10 und 11 eingelesen. Für die Berechnung der mechanischen Arbeit braucht nur der zurückgelegte Wert in Richtung der y-Koordinate berücksichtigt zu werden (Zeile 12). Die Anweisungen in Zeile 14 und 15 sind zuständig für die Darstellung des Seils und der Masse.

6.1.4 Spannarbeit

Die Federkraft F ist eine lineare Funktion der Dehnung s: $F(s) = \mathrm{k} \cdot s$. Für einen differentiellen Anteil der Spannarbeit $\mathrm{d}W$ gilt:

$$\mathrm{d}W = F\mathrm{d}s = \mathrm{k} \cdot s\mathrm{d}s$$

Durch Integration erhält man:

$$W = \frac{1}{2}\mathrm{k} \cdot s^2$$

Die Spannarbeit W steigt also proportional zum Quadrat der Dehnung s. Die Integration kann auch mit der SymPy-Methode `integrate()` durchgeführt werden (Listing 6.5, Zeile 8):

Listing 6.5 Symbolische Integration mit SymPy

```
1  #sym_spannarbeit.py
2  from sympy import *
3  k,s =symbols('k,s')
4  kf = 100    #Federkonstante in N/cm
5  sf = 4      #Dehnung in cm
6  F=k*s
7  #Integration
8  W1=integrate(F,s)
9  W2=integrate(F.subs(k,kf),(s,0,sf))*1e-2
10 #Ausgabe
11 print("W =",W1)
12 print("W =",W2 ,"J")
```

Ausgabe

```
W = k*s**2/2
W = 8.00000000000000 J
```

In Bild 6.9 sehen Sie die Benutzeroberfläche des Matplotlib-Programms *sld_spannarbeit.py*, mit dem Sie die Spannarbeit einer Feder simulieren können. Die Spannkraft F, die Dehnung s, die Spannarbeit W werden im oberen Teil der Benutzeroberfläche angezeigt.

Sie können mit dem Slider-Knopf die Dehnung der Feder einstellen. Wenn Sie den Slider-Knopf nach rechts verschieben, dann vergrößern Sie die Fläche des Dreiecks. Die Dreiecksfläche entspricht der Spannarbeit. Die Federkonstante hat einen Wert von 100 N/cm. Bei einer Spannkraft von 200 N hat die Dreiecksfläche einen Wert von 200 N·cm oder 2 J.

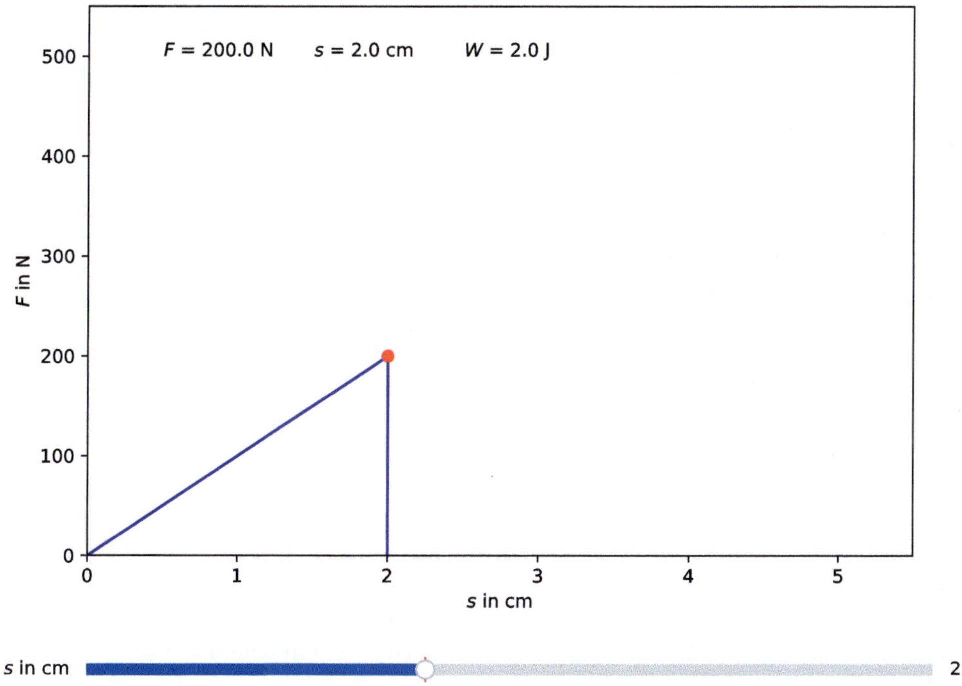

Bild 6.9 Spannarbeit einer Schraubenfeder

Das Programm *sld_spannarbeit.py* (Listing 6.6) erzeugt die Benutzeroberfläche aus Bild 6.9. In Zeile 7 können Sie die Federkonstante ändern.

Listing 6.6 Simulation der Spannarbeit

```
1  #sld_spannarbeit.py
2  import numpy as np
3  import matplotlib.pyplot as plt
4  from matplotlib.widgets import Slider
5  #Daten
6  smax=5   #cm
7  k=100    #N/cm
8  Fmax=k*smax
9  #Hookesches Gesetz
10 def federkraft(s,k):
11     return k*s
12 #Slider abfragen
13 def update(val):
14     s = sldS.val #Weg in cm
15     sg=np.arange(0,s,0.001) #Array für Funktionsplot
16     F=k*s              #Federkraft für Textausgabe in N
17     W=1/2*F*s*0.01  #Dreiecksfläche Nm
18     txtF.set_text('$F$ = %.1f N'  %F)
19     txtS.set_text('$s$ = %.1f cm' %s)
20     txtW.set_text('$W$ = %.1f J' %W) #Spannarbeit
21     punkt.set_data([s],[F])
22     weg.set_data([sg],[federkraft(sg,k)])
```

```
23      v_linie.set_data([s,s],[0,F]) #vertikale Linie
24  #Grafikbereich
25  fig, ax=plt.subplots(figsize=(8,6))
26  ax.axis([0,1.1*smax,0,1.1*Fmax])
27  txtF=ax.text(0.5,500,'$F$ = %.1f N' %200)  #Kraft
28  txtS=ax.text(1.5,500,'$s$ = %.1f cm' %2) #Weg
29  txtW=ax.text(2.5,500,'$W$ = %.1f J' %2) #Arbeit
30  weg, = ax.plot([0,2],[0,200],'b-')
31  punkt, = ax.plot([2,2],[200,200],'ro',zorder=2.5) #roter Punkt
32  v_linie, = ax.plot([2,2],[0,200],'b-')
33  fig.subplots_adjust(left=0.12,bottom=0.18)
34  xyS=fig.add_axes([0.12, 0.02, 0.8, 0.03])
35  sldS=Slider(xyS,'$s$ in cm',0,smax,valinit=2,valstep=0.1)
36  sldS.on_changed(update)
37  #Beschriftungen
38  ax.set_xlabel('$s$ in cm')
39  ax.set_ylabel('$F$ in N')
40  plt.show()
```

Analyse

Für den eingelesenen Wert der Dehnung (Zeile 14) muss bei jeder Änderung der Position des Slider-Knopfs ein Array mit einer aktualisierten Obergrenze angelegt werden (Zeile 15). Die Federkraft und die Spannarbeit werden in den Zeilen 16 und 17 berechnet.

In Zeile 21 wird ein roter Punkt für die Koordinaten des zurückgelegten Wegs und der bis dahin verrichteten Spannarbeit gezeichnet. Die Anweisung in Zeile 22 zeichnet die aktuelle Kennlinie der Feder. Die vertikale Linie in Zeile 23 steht für die Begrenzung der Dreiecksfläche. Die Fläche unter dem Dreieck entspricht der verrichteten Spannarbeit (Zeile 17).

6.1.5 Beschleunigungsarbeit

Wenn eine Masse beschleunigt wird, muss Beschleunigungsarbeit verrichtet werden. Für einen differentiellen Anteil der Beschleunigungsarbeit gilt:

$$\mathrm{d}W = m \cdot a \cdot \mathrm{d}s = m\frac{\mathrm{d}v}{\mathrm{d}t}v \cdot \mathrm{d}t = m \cdot v \cdot \mathrm{d}v$$

Durch Integration erhält man:

$$W = \frac{1}{2}m \cdot v^2$$

Bild 6.10 zeigt den Funktionsplot der Beschleunigungsarbeit $W = f(v)$ für ein Fahrzeug mit einer Masse von $m = 1400\,\text{kg}$.

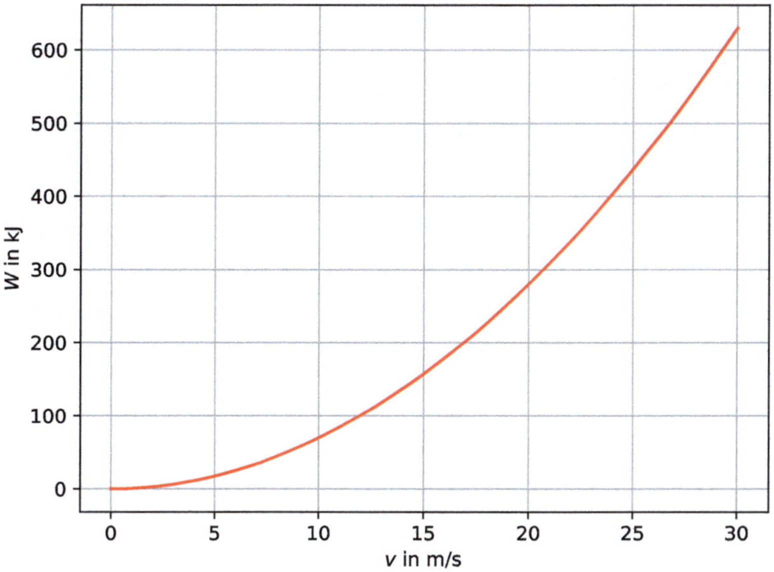

Bild 6.10 Beschleunigungsarbeit

Die Beschleunigungsarbeit, die gegen die Massenträgheit verrichtet werden muss, steigt mit dem Quadrat der Geschwindigkeit an. Wenn das Fahrzeug mit der Masse $m = 1400\,\text{kg}$ von 0 auf 30 m/s beschleunigt werden soll, dann ist hierfür eine Beschleunigungsarbeit von etwa 630 kJ erforderlich.

Mit dem Programm *plot_beschleunigung.py* können Sie den Funktionsplot aus Bild 6.10 erzeugen. Den Quelltext finden Sie im Download-Bereich. In Zeile 5 können Sie die Masse des Fahrzeugs ändern.

6.2 Leistung

In diesem Abschnitt soll untersucht werden, welche Antriebsleistung ein Motor eines Personenkraftwagens (Pkw) aufbringen muss, um den Luft- und Rollwiderstand zu überwinden. Die Leistung P berücksichtigt die Zeit t, in der die Arbeit W verrichtet wird. Sie wird definiert als Quotient aus Arbeit und Zeit:

$$P = \frac{W}{t}$$

Wenn man für die Arbeit das Produkt aus Kraft und Weg einsetzt, erhält man für die Leistung:

$$P = \frac{F \cdot s}{t} = F \cdot v$$

Die Leistung ist also auch eine Funktion der Geschwindigkeit: $P = f(v)$.

Mit Formel 6.5 und Formel 6.6 erhält man für die Leistung, die für die Überwindung des Luft- und Rollwiderstands erforderlich ist, folgende Berechnungsvorschrift.

$$P(v) = \frac{1}{2}\rho \cdot A \cdot c_w \cdot v^3 + \mu_r \cdot m \cdot g \cdot v \tag{6.7}$$

Die erforderliche Antriebleistung $P(v)$ steigt mit der dritten Potenz der Geschwindigkeit, um den Luftwiderstand zu überwinden, und linear, um den Rollwiderstand zu überwinden.

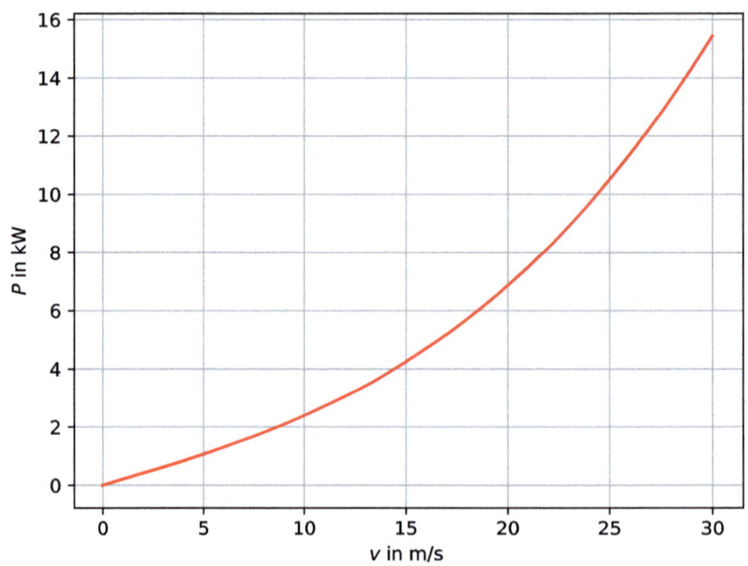

Bild 6.11 Leistung in Abhängigkeit von der Geschwindigkeit

Um eine konstante Geschwindigkeit von 30 m/s aufrechtzuerhalten, muss der Antriebsmotor eine Leistung von etwa 15 kW abgeben.

Mit dem Programm *plot_leistung.py* können Sie den Funktionsplot für $P = f(v)$ darstellen. Den Quelltext finden Sie im Download-Bereich. Die Fahrzeugdaten können Sie in den Zeilen 5 bis 8 ändern.

6.3 Wirkungsgrad

In diesem Abschnitt soll untersucht werden, welche Stromstärke der Antriebsmotor eines Personenkraftwagens benötigt, um eine bestimmte Geschwindigkeit gegen den Luft- und Rollwiderstand aufrechtzuerhalten. Die Stromstärke kann mithilfe des Wirkungsgrads η berechnet werden. Der Wirkungsgrad ist definiert aus dem Quotienten der abgegebenen Leistung P_{ab} und der zugeführten Leistung P_{zu}. Es gilt:

$$\eta = \frac{P_{ab}}{P_{zu}} \tag{6.8}$$

Die abgegebene Leistung ist die mechanische Leistung aus Formel 6.7. Die zugeführte Leistung ist die elektrische Leistung $P_{el} = U \cdot I$ des Antriebsmotors. Setzt man beide Leistungen in Formel 6.8, so erhält man:

$$\eta = \frac{P_{mech}}{P_{el}} = \frac{\frac{1}{2}\rho \cdot A \cdot c_w \cdot v^3 + \mu_r \cdot m \cdot g \cdot v}{U \cdot I}$$

Durch Umstellung nach der Stromstärke erhält man:

$$I(v) = \frac{\frac{1}{2}\rho \cdot A \cdot c_w \cdot v^3 + \mu_r \cdot m \cdot g \cdot v}{\eta \cdot U}$$

Für den Wirkungsgrad wird ein Wert von η = 0,8 angenommen. Die Spannung der Batterie (präziser Akkumulator) hat einen Wert von U = 400 Volt. Mit den Daten aus den obigen Berechnungen ergibt sich der in Bild 6.12 dargestellte Funktionsplot.

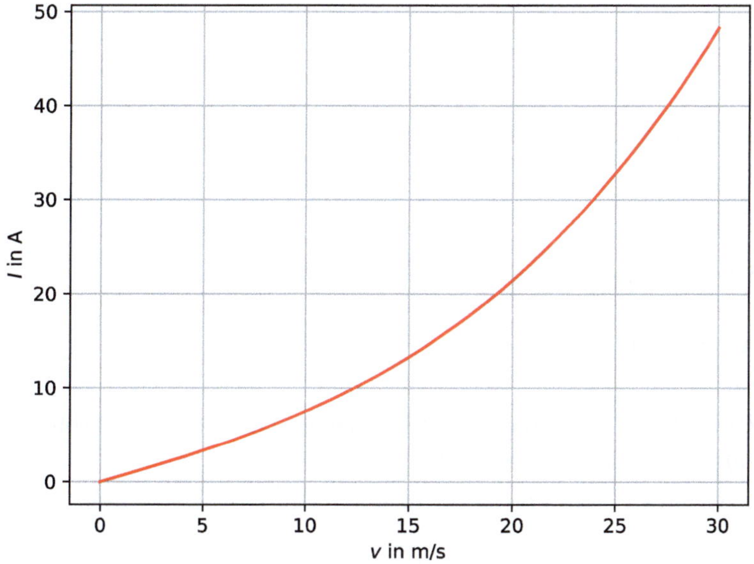

Bild 6.12 Stromstärke in Abhängigkeit von der Geschwindigkeit

Um eine konstante Geschwindigkeit von 30 m/s (108 km/h) zu halten, muss der Antriebsmotor der Batterie eine Stromstärke von etwa I = 48 A (Ampere) entnehmen. Wenn die Batterie eine Kapazität von 240 Ah (Amperestunden) hat, kann der Pkw etwa für eine Dauer von 5 h (Stunden) fahren. Der Pkw würde bei einer konstanten Geschwindigkeit von 100 km/h etwa eine Strecke von 500 km zurücklegen. Diese Annahme ist unrealistisch, weil sie eventuelle Steigungen, Brems- und Beschleunigungsvorgänge nicht berücksichtigt.

Mit dem Programm *plot_wirkungsgrad.py* können Sie den Funktionsplot aus Bild 6.12 zeichnen. Den Quelltext finden Sie im Download-Bereich. Die Fahrzeugdaten stehen in den Zeilen 5 bis 10.

6.4 Energie

Bei den oben besprochenen Arbeitsformen kam die Energie implizit schon immer vor. Wenn wir eine Kiste über den Boden ziehen oder hoch heben sind wir auf die Kraft unserer Muskeln angewiesen und diese Kraft wird durch die chemische Energie, die wir mit unserer Nahrung zu uns nehmen, erst möglich. In einem Laufkran wandelt der Elektromotor elektrische Energie in mechanische Energie um. Beim Anheben einer Masse erzeugt er die potenzielle Energie

$$E_{pot} = m \cdot g \cdot h \tag{6.9}$$

Beim Senken der Masse wird diese potenzielle Energie in die kinetische Energie (Bewegungsenergie)

$$E_{kin} = \frac{1}{2} m \cdot v^2 \tag{6.10}$$

umgewandelt.

Nach dem **Energieerhaltungssatz** ist die Summe aus beiden Energieformen konstant:

$$E_{pot} + E_{kin} = \text{const.} \tag{6.11}$$

Setzt man Formel 6.9 und Formel 6.10 in Formel 6.11 ergibt sich:

$$m \cdot g \cdot h + \frac{1}{2} m \cdot v^2 = \text{const.}$$

Am Beispiel einer Kugel, die sich auf einer Kreisbahn bewegt (siehe Bild 6.13), soll der Energieerhaltungssatz veranschaulicht werden.

Die DGL, die diese Bewegung beschreibt, kann aus Bild 6.13 abgelesen werden.

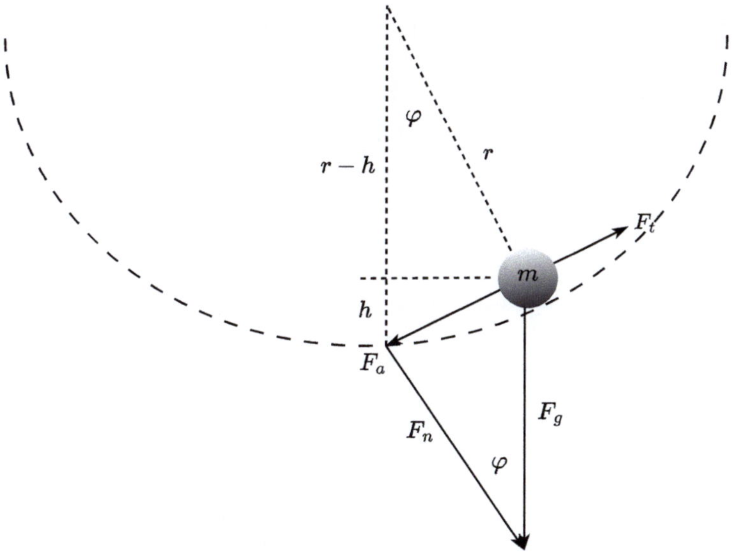

Bild 6.13 Kräftediagramm für eine Kugel, die sich auf einer Kreisbahn bewegt

Die Summe aus Trägheitskraft F_t und Beschleunigungskraft F_a muss nach dem dritten Newtonschen Gesetz zu jedem Zeitpunkt gleich null sein:

$$F_t + F_a = 0$$

Nach dem zweiten Newtonschen Gesetz gilt:

$$m \cdot r \frac{\mathrm{d}^2\varphi}{\mathrm{d}t^2} + m \cdot g \cdot \sin\varphi = 0$$

Wenn beide Seiten durch $m \cdot r$ geteilt werden, ergibt sich:

$$\frac{\mathrm{d}^2\varphi}{\mathrm{d}t^2} + \frac{g}{r}\sin\varphi = 0$$

Mit der Substitution

$$\frac{\mathrm{d}^2\varphi}{\mathrm{d}t^2} = \frac{\mathrm{d}\omega}{\mathrm{d}t}$$

erhält man das DGL-System erster Ordnung:

$$\frac{\mathrm{d}\varphi}{\mathrm{d}t} = \omega$$

$$\frac{\mathrm{d}\omega}{\mathrm{d}t} + \frac{g}{r}\sin\varphi = 0$$

Bild 6.14 zeigt den Screenshot des Animationsprogramms *ani_energieerhaltung.py*. Die potenzielle Energie und die kinetische Energie sowie deren Summe werden oben links auf der Benutzeroberfläche angezeigt. Die rote Kugel bewegt sich auf einem blauen Halbkreis. In der Praxis könnte das eine Kugelschale sein.

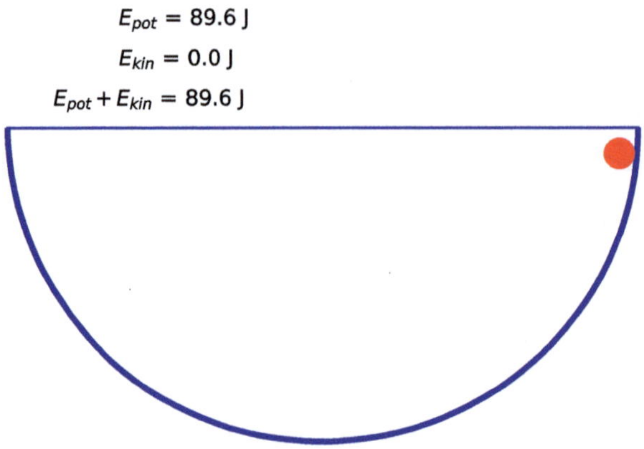

Bild 6.14
Animation einer Kugelbewegung auf einer Kreisbahn (Momentaufnahme)

Wenn Sie die Animation starten, bewegt sich die Kugel auf der Kreisbahn hin und her pendelnd. Im höchsten Punkt hat sie die größte potenzielle Energie, die kinetische Energie ist dann null. Im tiefsten Punkt ist die potenzielle Energie gleich null, die kinetische Energie hat dann den größten Wert.

Mit dem Programm *ani_energieerhaltung.py* (Listing 6.7) können Sie die Animation durchführen. In Zeile 9 können Sie die Masse der Kugel ändern. Dadurch erhöhen oder verkleinern Sie die potenzielle Energie, die in kinetische Energie umgewandelt wird.

Listing 6.7 Animation einer Kugelbewegung auf der Bahnkurve eines Halbkreises

```
1  #ani_energieerhaltung.py
2  import numpy as np
3  import matplotlib.pyplot as plt
4  from matplotlib.patches import Arc
5  from matplotlib.animation import FuncAnimation
6  from scipy.integrate import solve_ivp
7  #Daten
8  r = 1.0          #Radius der Kugelschale in m
9  winkel = 85      #Auslenkwinkel
10 m=10             #Masse in kg
11 tmax = 50        #Simulationsdauer
12 g = 9.81         #m/s^2
13 w02=g/r          #Quadrat der Kreisfrequenz
14 dt = 1e-3        #Zeitschrittweite
15 #Definition der DGL
16 def dgl(t,anfangswerte):
17     phi,w = anfangswerte
18     phi_dt = w
```

```
19         dw_dt = - w02*np.sin(phi)
20         return phi_dt, dw_dt
21     #Lösung der DGL
22     y0=[np.radians(winkel), 0.0]  #Anfangswerte
23     t = np.arange(0, tmax, dt)
24     z=solve_ivp(dgl,[0,tmax],y0,dense_output=True)
25     #Animationsfunktion
26     def kugelbahn(i):
27         t=i*dt
28         phi,w = z.sol(t) #Trennen der Variablen
29         v=r*w            #Berechnnung der Bahngeschwindigkeit
30         x,y = r*np.sin(phi),-r*np.cos(phi) #x-y-Koordinaten
31         h=r + y
32         Epot=m*g*h
33         Ekin=m*v**2/2.0
34         summe=Epot + Ekin
35         txtEpot.set_text(r'$E_{pot}$ = %.1f J' %Epot)
36         txtEkin.set_text(r'$E_{kin}$ = %.1f J' %Ekin)
37         txtSum.set_text(r'$E_{pot} + E_{kin}$ = %.1f J' %summe)
38         kugel.set_data([x],[y])
39         return kugel,txtEpot,txtEkin,txtSum
40     #Grafikbereich
41     fig,ax= plt.subplots(figsize=(6, 6))
42     #Kugelschale
43     ax.plot([-1.06*r,1.06*r],[0,0],'b-')
44     schale=Arc((0,0),2.12*r,2.12*r,angle=0.0,theta1=180,theta2=360,lw=3,color='b')
45     ax.add_patch(schale)
46     #für Textausgabe
47     txtEpot=ax.text(-r+0.25,r,'%',fontsize=12)
48     txtEkin=ax.text(-r+0.25,0.85,'',fontsize=12)
49     txtSum=ax.text(-r,0.70,'',fontsize=12)
50     ax.axis([-1.1*r,1.1*r,-1.1*r,1.1*r])
51     ax.set_aspect('equal')
52     kugel, = ax.plot([],[], 'ro', markersize='15') #Kugel
53     ani=FuncAnimation(fig,kugelbahn,frames=t.size,interval=30,blit=True)
54     ax.set_axis_off()
55     plt.show()
```

Analyse

In den Zeilen 16 bis 20 wird das DGL-System definiert. In Zeile 24 wird es gelöst. Die Trennung der Variablen `phi,w` erfolgt in Zeile 28. Die Anweisung in Zeile 30 wandelt die Polarkoordinaten in Kartesische Koordinaten um. Die potenzielle und die kinetische Energie werden in den Zeilen 32 und 33 berechnet.

6.5 Aufgaben

1. Berechnen Sie mit der NumPy-Funktion `dot(F,s)` das Skalarprodukt für $\vec{F}$ = (100, 200, 300) N und $\vec{s}$ = (2, 4, 6) m.

2. Schreiben Sie ein Matplotlib-Programm, das mit vier Slider-Steuerelementen das Skalarprodukt simuliert. Mit den Slidern sollen jeweils die x- und y- Komponenten des Kraft- und des Wegvektors verändert werden. Die Kraftkomponenten sollen zwischen 100 und 200 N einstellbar sein. Der Körper soll jeweils in x- und y-Richtung von 0 bis 10 m verschoben werden. Der Winkel zwischen den beiden Vektoren und der Wert des Skalarprodukts sollen auf der Benutzeroberfläche angezeigt werden. Der Kraftvektor und der Wegvektor sollen jeweils mit der Matplotlib-Methode `FancyArrowPatch()` dargestellt werden.

3. Schreiben Sie ein Programm, das den freien Fall einer Kugel mit der Matplotlib-Methode `FuncAnimation()` animiert. Die potenzielle und die kinetische Energie und deren Summe sollen auf der Programmoberfläche angezeigt werden. Die Kugel wird aus einer Höhe von h = 10 m fallengelassen, sie hat eine Masse von m = 10 kg.

7 Der Impuls

Der **Impuls** ist ein zentraler Begriff der Physik. Newton bezeichnete den Impuls als Bewegungsgröße. Immer dann, wenn ein Körper der Masse m sich mit der Geschwindigkeit v bewegt, hat er den Impuls $p = m \cdot v$. Beim Hammerwurf hat die Kugel des Hammers (m = 7,26 kg) bei einer Geschwindigkeit von 20 m/s einen Impuls von p = 145,2 kg·m/s. Dieses Kapitel beschränkt sich auf die Untersuchung von **Stößen** zwischen zwei Körpern. Bei Stößen handelt es sich um eine sehr kurze Wechselwirkung zwischen Körpern. Während des Stoßes gilt das dritte Newtonsche Gesetz: *actio = reactio*:

$$m_1 \frac{dv_1}{dt} = -m_2 \frac{dv_2}{dt}$$

7.1 Definition des Impulses

Der Impuls ist definiert als Produkt aus der Masse eines Körpers und seines Geschwindigkeitsvektors:

$$\vec{p} = m \cdot \vec{v} \tag{7.1}$$

Der Impuls ist eine vektorielle Größe. Er hat die Richtung des Geschwindigkeitsvektors. Für den Impuls gilt ein Erhaltungssatz: In einem mechanisch abgeschlossenen System ist die Summe aller Impulse vor der Wechselwirkung gleich der Summe aller Impulse nach der Wechselwirkung. Mithilfe des Impulserhaltungssatzes können die Geschwindigkeiten der Stoßpartner nach dem Stoß einfach berechnet werden.

7.2 Kraftstoß

Während des Zusammenstoßes zweier Körper können für sehr kurze Zeit sehr hohe Kräfte zwischen diesen Körpern wirken. Das ist z. B. beim Schlagen eines Golfballs der Fall. Diese Kräfte können mithilfe des Kraftstoßes näherungsweise berechnet werden.

Aus dem zweiten Newtonschen Gesetz kann

$$m\frac{\mathrm{d}v}{\mathrm{d}t} = F(t)$$

der **Kraftstoß** S berechnet werden:

$$m\int_{v_1}^{v_2} \mathrm{d}v = \int_0^{t_s} F(t)\,\mathrm{d}t$$

Die Integration auf beiden Seiten ergibt:

$$m \cdot v_2 - m \cdot v_1 = \int_0^{t_s} F(t)\,\mathrm{d}t = S \qquad (7.2)$$

Bild 7.1 zeigt einen möglichen Verlauf des Funktionsgraphen der **Kontaktkraft** $F(t)$, die zwischen dem Schläger und dem Golfball während des Schlagens wirkt.

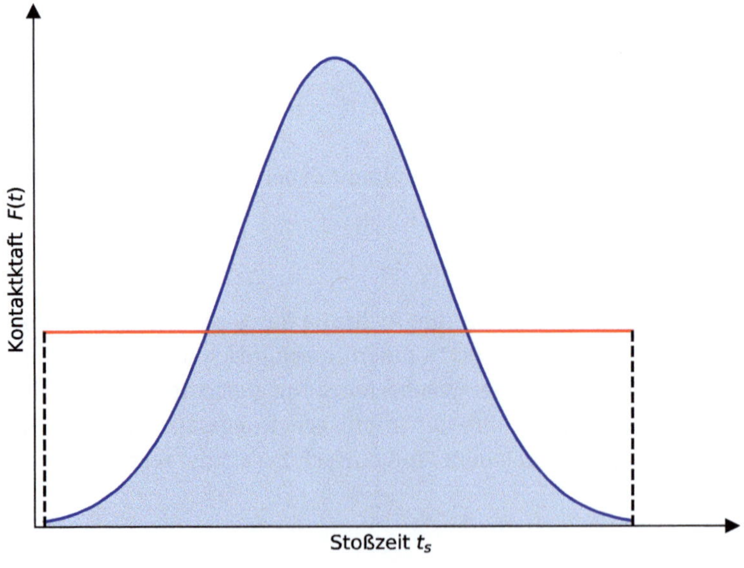

Bild 7.1 Zeitlicher Verlauf der Kontaktkraft beim Stoßvorgang

Der Kraftstoß ist gleich der Fläche unter dem Graphen der Kontaktkraft $F(t)$. Er wirkt in der **Stoßzeit** t_s. In der Regel sind solche Funktionsverläufe mathematisch nicht exakt durch Formeln beschreibbar, sodass der Flächeninhalt durch Integration nicht berechnet werden kann. Deshalb wird der Kraftstoß durch eine Rechteckfläche angenähert. Die Rechteckfläche ist genauso groß wie die Fläche unter der blauen Kurve. Die rote Linie entspricht der Höhe des Rechtecks. Sie repräsentiert die mittlere Kontaktkraft.

Berechnung der Kontaktkraft

Anhand eines konkreten Beispiels, dem Abschlag eines Golfballs, soll beschrieben werden, wie die horizontale Kraftkomponente der Kontaktkraft F_x näherungsweise berechnet werden kann. Das Beispiel stammt aus [Tipler: 232]. Gegeben sind die Masse, der Radius und die Reichweite des Golfballs.

Wenn wir die mittlere Kontaktkraft F_x in Richtung der positiven x-Achse abschätzen wollen, dann müssen wir die Stoßzeit und den Kraftstoß ermitteln. Vor dem Schlag hat der Golfball mit der Masse m die Geschwindigkeit 0. Nach dem Schlag hat er die Geschwindigkeit v_0. Nach Formel 7.2 gilt:

$$m \cdot v_0 - m \cdot 0 = F_x \cdot t_s = S$$

Die Geschwindigkeit des Golfballs v_0 kann, wie beim schiefen Wurf, aus der Distanz x_w zwischen Abschussort und Aufprall des Balls berechnet werden. Sie hat den gleichen Wert wie die Endgeschwindigkeit:

$$v_0 = \sqrt{\frac{x_w \cdot g}{\sin 2\varphi}}$$

Die Stoßzeit t_s lässt sich unter der Vorrausetzung, dass eine konstante Beschleunigung vorliegt, aus der mittleren Geschwindigkeit des Körpers, mit der er sich nach Beendigung des Kontakts bewegt, abschätzen:

$$t_s = \frac{\Delta x}{\frac{1}{2} v_0}$$

Δx entspricht der Strecke, die Schläger und Ball während des Kontakts gemeinsam zurücklegen.

Der Kraftstoß S kann aus dem Produkt der Masse m des Körpers und seiner Geschwindigkeit v_0 nach dem Stoß berechnet werden:

$$S = m \cdot v_0$$

Die mittlere Kontaktkraft F_x ist der Quotient aus Kraftstoß t_s und Stoßzeit:

$$F_x = \frac{S}{t_s}$$

Für den Golfball sind die folgenden Daten gegeben:

Radius r = 2 cm, Masse m = 45 g, Reichweite x_w = 200 m, Abschusswinkel 13°.

Gesucht ist die mittlere Kraft F_x, die der Golfschläger auf den Golfball während des Stoßvorgangs ausübt.

Das Programm *kraftstoss.py* (Listing 7.1) berechnet den Kraftstoß, die Stoßzeit und die mittlere Kraft, die während des Kontakts zwischen Golfschläger und Golfball wirkt. Für Kontaktstrecke Δx wurde der Radius des Golfballs angenommen (Zeile 12).

Listing 7.1 Berechnung der mittleren Kontaktkraft

```
1  #kraftstoss.py
2  from math import *
3  m = 45e-3 #Masse in kg
4  xw= 200   #Flugweite in m
5  r = 2e-2  #Radius des Golfballs in m
6  phi=13    #Abschusswinkel in °
7  g=9.81    #m/s^2
8  #Berechnungen
9  phi=radians(phi)
10 v0=sqrt(xw*g/sin(2*phi))
11 ts=r/(0.5*v0)  #Stoßzeit
12 S=m*v0         #Kraftstoß
13 Fx=S/ts        #mittlere Kraft
14 #Ausgaben
15 print("Geschwindigkeit v = %.1f m/s" %v0)
16 print("Kraftstoß S = %.1f Ns" %S)
17 print("Stoßzeit ts = %.1e s" %ts)
18 print("mittlere Kraft Fx = %.0f N" %Fx)
```

Ausgabe

```
Geschwindigkeit v = 66.9 m/s
Kraftstoß S = 3.0 Ns
Stoßzeit ts = 6.0e-04 s
mittlere Kraft Fx = 5035 N
```

Diese mittlere Kontaktkraft von etwa 5 kN, die während der Zeit von 0,6 ms auf den Golfball ausgeübt wird, ist erstaunlich groß.

Simulation des Kraftstoßes

Mit dem folgenden Matplotlib-Programm soll für einen gegebenen Kraftverlauf der Kontaktkraft die Geschwindigkeit und die Reichweite eines Golfballs simuliert werden. Die Funktion $F = f(t)$ wird durch eine Dreiecksfunktion angenähert. Aus dem Kraftstoß S und der Masse m kann die Geschwindigkeit des Golfballs näherungsweise berechnet werden:

$$v = \frac{S}{m} = \frac{F \cdot t_S}{2m}$$

Bild 7.2 zeigt die Benutzeroberfläche des Matplotlib-Programms *sld_kraftstoss.py*.

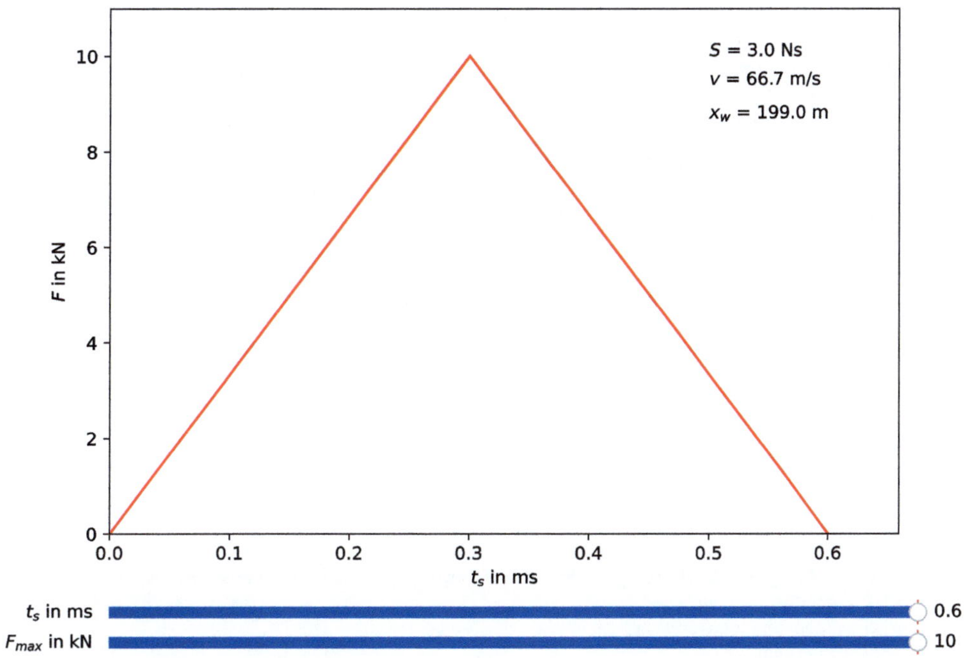

Bild 7.2 Simulation des Kraftstoßes

Wenn Sie die Slider-Knöpfe für die Stoßzeit und den Scheitelwert der Kraft verschieben, können Sie direkt die Auswirkungen auf die Geschwindigkeit und die Reichweite des Golfballs rechts oben auf der Benutzeroberfläche ablesen.

Das Matplotlib-Programm *sld_kraftstoss.py* (Listing 7.2) erzeugt die Benutzeroberfläche von Bild 7.2. In Zeile 7 können Sie einen anderen Abschusswinkel eintragen.

Listing 7.2 Simulation des Kraftstoßes

```
1  #sld_kraftstoss.py
2  import numpy as np
3  import matplotlib.pyplot as plt
4  from matplotlib.widgets import Slider
5  #Daten
6  m=45e-3   #Masse in kg
7  alpha=13  #Abschusswinkel
8  g=9.81    #m/s^2
9  ymax=10   #Maximum y-Achse
10 tmax=0.6  #maximale Stoßzeit in ms
11 alpha=np.radians(alpha)
12 #Slider abfragen
13 def update(val):
14     ts = sldTs.val       #Stoßzeit in ms
15     Fmax = sldFmax.val   #maximale Kraft in kN
```

```
16        S = 0.5*Fmax*ts       #Kraftstoß in Ns
17        v = S/m               #Geschwindigkeit m/s
18        xw=v**2*np.sin(2*alpha)/g #Flugweite in m
19        #Textausgaben
20        txtS.set_text('$S$ = %.1f Ns' %S)
21        txtV.set_text('$v$ = %.1f m/s' %v)
22        txtXw.set_text('$x_w$ = %.f m' %xw)
23        #Linien zeichnen
24        linie1.set_data([0,ts/2],[0,Fmax]) #positive Steigung
25        linie2.set_data([ts,ts/2],[0,Fmax]) #negative Steigung
26    #Grafikbereich
27    fig, ax=plt.subplots(figsize=(8,6))
28    ax.axis([0,1.1*tmax,0,1.1*ymax])
29    #für Ausgaben
30    txtS=ax.text(0.5,ymax,'$S$ = %.1f Ns' %(1/2*ymax*tmax))
31    txtV=ax.text(0.5,0.94*ymax,'$v$ = %.1f m/s' %(1/2*ymax*tmax/m))#Geschwindigkeit
32    txtXw=ax.text(0.5,0.87*ymax,'$x_{w}$ = %.1f m' %(199))
33    #x1,x2,y1,y2
34    linie1, = ax.plot([0,tmax/2],[0,ymax],'r-')
35    linie2, = ax.plot([tmax,tmax/2],[0,ymax],'r-')
36    #Slider
37    fig.subplots_adjust(left=0.12,bottom=0.18)
38    xyTs=fig.add_axes([0.12, 0.06, 0.8, 0.03])
39    sldTs=Slider(xyTs,'$t_s$ in ms',tmax/2,tmax,valinit=tmax,valstep=0.001)
40    xyFmax=fig.add_axes([0.12, 0.02, 0.8, 0.03])
41    sldFmax=Slider(xyFmax,'$F_{max}$ in kN',ymax/2,ymax,valinit=ymax,valstep=0.1)
42    sldTs.on_changed(update)
43    sldFmax.on_changed(update)
44    #Beschriftungen
45    ax.set_xlabel('$t_s$ in ms')
46    ax.set_ylabel(r'$F$ in kN')
47    plt.show()
```

Analyse

In den Zeilen 20 bis 22 werden die Textausgaben für den Kraftstoß, die Geschwindigkeit und die Reichweite des Golfballs aktualisiert, wenn die Slider-Knöpfte verschoben werden. Die Aktualisierung der Dreiecksfunktion erfolgt in den Zeilen 24 und 25. `Fmax` ist der gemeinsame Spitzenwert beider Geraden. Die Matplotlib-Methode `set_data([x1,x2],[y1,y2])` legt die Koordinatendaten für die Dreiecksfunktion fest. Damit Sie diese Methode besser verstehen, können Sie in die eckigen Klammern andere Werte eingeben und die Auswirkungen beobachten.

7.3 Stoßgesetze

Die Physik unterscheidet zwischen teilelastischen, elastischen und plastischen Stößen. Der plastische Stoß wird auch als unelastischer Stoß bezeichnet. Die Kontaktkräfte $F(t)$ werden durch Dreiecksfunktionen angenähert (Bild 7.3).

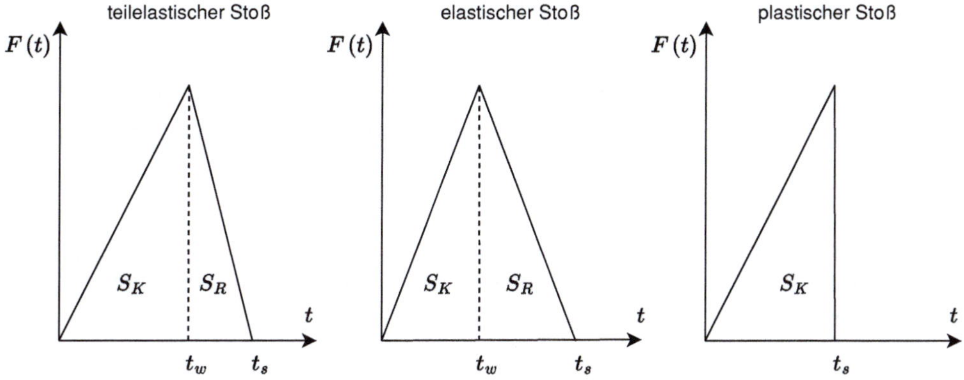

Bild 7.3 Stoßarten

Beim teilelastischen Stoß werden in einer ersten Phase, der **Kompressionsphase**, die beiden Stoßpartner bis zum Zeitpunkt t_w komprimiert (Kraftstoß S_K). Danach dehnen sich in einer zweiten Phase, der **Restitutionsphase** (Kraftstoß S_R), die Körper bis zum Zeitpunkt t_s wieder. Sie nehmen aber nicht ihre ursprüngliche Form wieder an. Es gilt: $S_R < S_K$. Ein geringer Anteil der Verformung bleibt bestehen.

Beim elastischen Stoß nehmen beide Stoßpartner nach dem Stoß wieder ihre ursprüngliche Form an. Es gilt: $S_R = S_K$. Dieser Fall kommt in der Praxis nicht vor. Es handelt sich um eine idealisierte Annahme.

Beim plastischen oder unelastischen Stoß fehlt die Restitutionsphase. Es gilt: $S_R = 0$. Nach dem Stoß sind beide Stoßpartner miteinander gekoppelt und sie bewegen sich mit gemeinsamer Geschwindigkeit weiter.

Für die folgenden Untersuchungen wird angenommen, dass die Körper sich nahezu reibungsfrei auf einer Luftkissenschiene bewegen. Behandelt wird nur der gerade, zentrale Stoß, d.h., die Kraft- und die Geschwindigkeitsvektoren wirken in Richtung der Stoßlinie. Die Stoßlinie ist die Gerade, die senkrecht auf der Berührungsebene der Stoßpartner steht.

7.3.1 Plastischer Stoß

Beim plastischen oder unelastischen Stoß stößt ein Körper mit der Geschwindigkeit v_1 und der Masse m_1 mit einem Körper der Geschwindigkeit v_2 und der Masse m_2 zusammen. Die Geschwindigkeit v_2 muss kleiner als v_1 sein. Während des Stoßvorgangs vereinigen sich beide Massen und bewegen sich mit der gemeinsamen Geschwindigkeit u weiter. Dieser Stoßvorgang ereignet sich beispielsweise, wenn ein Waggon mit einem zweiten Waggon zusammenstößt. Während des Stoßvorgangs werden die beiden Waggons zusammengekoppelt und sie bewegen sich mit gemeinsamer Geschwindigkeit weiter. Bild 7.4 zeigt die drei Phasen des plastischen Stoßes.

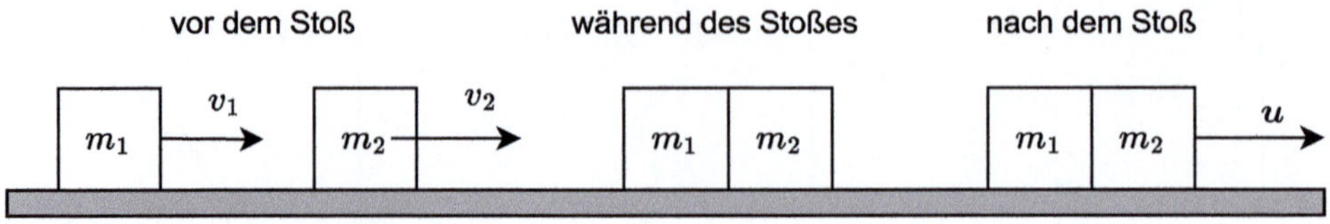

Bild 7.4 Plastischer Stoß

Vor dem Stoß muss die Summe der Impulse aus der Masse m_1 und der Masse m_2 gleich dem Impuls aus der vereinten Masse $m_1 + m_2$ nach dem Stoß sein. Nach dem Impulserhaltungssatz gilt also:

$$m_1 \cdot v_1 + m_2 \cdot v_2 = (m_1 + m_2) \cdot u \tag{7.3}$$

Diese Gleichung lässt sich einfach nach u auflösen:

$$u = \frac{m_1 \cdot v_1 + m_2 \cdot v_2}{m_1 + m_2} \tag{7.4}$$

Die kinetische Energie **vor** dem Stoß beträgt:

$$E_1 = \frac{1}{2} m_1 \cdot v_1^2 + \frac{1}{2} m_2 \cdot v_2^2$$

Die kinetische Energie **nach** dem Stoß beträgt:

$$E_2 = \frac{1}{2} (m_1 + m_2) \cdot u^2$$

Symbolische Lösung

Mit SymPy soll Formel 7.3 nach u aufgelöst werden. Dieses einfache mathematische Problem kann zwar leicht gedanklich auf dem Papier gelöst werden. Es bietet aber die Möglichkeit, die grundsätzliche Struktur eines SymPy-Programms zu beschreiben (Listing 7.3). Gleichungen oder Gleichungssysteme löst SymPy mit der Methode `solve()`.

Listing 7.3 Symbolische Lösung für den plastischen Stoß

```
#sym_plastisch.py
from sympy import *
u,v1,v2 = symbols('u,v1,v2')
m1,m2 = symbols('m1,m2')
#Gleichung
gL=Eq(m1*v1 + m2*v2,(m1 + m2)*u)
#Lösung der Gleichung
L=solve([gL],[u])
#Ausgabe
print(L)
print("u =",L[u])
```

Ausgabe

```
{u: (m1*v1 + m2*v2)/(m1 + m2)}
u = (m1*v1 + m2*v2)/(m1 + m2)
```

Analyse

Das Asterisk-Symbol * in Zeile 12 veranlasst, dass alle Methoden von SymPy importiert werden. Das könnte mitunter eine längere Zeit bei der Programmausführung in Anspruch nehmen. Eine Alternative wäre, nur die benötigten Methoden zu importieren: `from sympy import symbols, Eq, solve`. Programmieranfänger sollten aber den einfachen Weg wählen, um Probleme bei der Programmausführung zu vermeiden.

In den Zeilen 3 und 4 werden die Symbole `u,v1,v2` und `m1,m2` vereinbart. Rechts von dem Zuweisungsoperator müssen die Symbole der Methode `symbols('.....')` übergeben werden. Die Kommata sind nicht notwendig.

In Zeile 6 wird das Gleichungssystem dem Konstruktor der Klasse `Eq(...,...)` übergeben. Das Komma steht für das Gleichheitszeichen. Die Gleichung wird in das Objekt `gL` gespeichert.

In Zeile 8 löst die Methode `solve([...],[...])` die Gleichung. Vor dem Komma muss das Objekt `gL` stehen, hinter dem Komma steht die Unbekannte. Beide Terme müssen in eckige Klammern eingebettet werden. Die Lösung wird in das Objekt `L` gespeichert. Wenn Sie nach dem Programmstart in die Python-Shell `type(L)` eingeben, wird die Ausgabe `<class 'dict'>` erzeugt.

In Zeile 10 wird die Lösung der Gleichung als Dictionary ausgegeben. Mit `L[u]` können Sie sich den Term rechts vom Gleichheitszeichen ausgeben lassen (Zeile 11).

Wenn Sie nach dem Programmstart in die Python-Shell `type(symbols)` oder `type(solve)` eingeben, erhalten Sie die Ausgabe `<class 'function'>`. Da SymPy objektorientiert programmiert ist und um SymPy-Funktionen nicht mit mathematischen Funktionen zu verwechseln, bezeichne ich alle SymPy-Funktionen als Methoden (siehe Hinweis im Abschnitt 2.3.1). Das Ergebnis stimmt erwartungsgemäß mit Formel 7.4 überein.

Numerische Auswertung

Mit dem SymPy-Programm *num_plastisch.py* (Listing 7.4) können Sie für verschiedene Massen und Geschwindigkeiten vor dem Stoß die Geschwindigkeit nach dem Stoß berechnen, indem Sie in den Zeilen 2 und 3 die Daten der Stoßpartner ändern.

Listing 7.4 Numerische Berechnung für den plastischen Stoß

```
#num_plastisch.py
m1,m2=10,1  #kg
v1,v2=2,-2  #m/s
#Berechnungen
u = (m1*v1 + m2*v2)/(m1 + m2)
E1=m1*v1**2/2 + m2*v2**2/2  #vor dem Stoß
```

```
E2=(m1+m2)*u**2/2            #nach dem Stoß
#Ausgabe
print("m1 = %.2f kg, v1 = %.2f m/s " %(m1,v1))
print("m2 = %.2f kg, v2 = %.2f m/s " %(m2,v2))
print("u = %.2f m/s" %u)
print("E1 = %.2f J" %E1)
print("E2 = %.2f J" %E2)
print("\u0394E = %.2f J" %(E1-E2))
```

Ausgabe

```
m1 = 5.00 kg, v1 = 2.00 m/s
m2 = 3.00 kg, v2 = 0.00 m/s
u = 1.25 m/s
E1 = 10.00 J
E2 = 6.25 J
ΔE = 3.75 J
```

Analyse

Vor dem Stoß betrug die kinetische Energie 10 J. Nach dem Stoß haben beide Massen nur noch eine Bewegungsenergie von 6,25 J. Die Differenz von 3,75 J wurde für die Verformungsarbeit beim Stoßvorgang verwendet.

Übung: plastischer Stoß

Führen Sie das Programm mit $m_1 = m_2 = 5$ kg und $v_1 = 2$ m/s und $v_2 = -2$ m/s aus.

Führen Sie das Programm mit $m_1 = 10$ kg, $m_2 = 1$ kg und $v_1 = 2$ m/s und $v_2 = -2$ m/s aus.

Führen Sie das Programm mit $m_1 = 10$ kg, $m_2 = 1$ kg und $v_1 = 2$ m/s und $v_2 = 0$ m/s aus.

Interpretieren Sie jeweils die Ergebnisse.

7.3.2 Elastischer Stoß

Beim elastischen Stoß geht während des Stoßvorgangs keine Energie verloren. Bild 7.5 zeigt die drei Phasen des elastischen Stoßes.

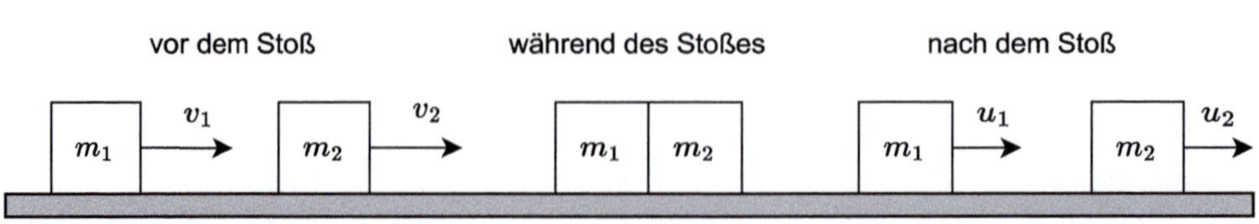

Bild 7.5 Elastischer Stoß

Vor dem Stoß haben die Massen m_1 und m_2 die Geschwindigkeiten v_1 und v_2. Es muss die Bedingung $v_2 < v_1$ erfüllt sein. Nach dem Stoß bewegen sich beide Körper mit den unterschiedlichen Geschwindigkeiten u_1 und u_2.

Nach dem Impulserhaltungssatz muss die Summe der Impulse vor dem Stoß gleich der Summe der Impulse nach dem Stoß sein:

$$m_1 \cdot v_1 + m_2 \cdot v_2 = m_1 \cdot u_1 + m_2 \cdot u_2 \tag{7.5}$$

Für die kinetischen Energien gilt Entsprechendes:

$$\frac{1}{2} m_1 \cdot v_1^2 + \frac{1}{2} m_2 \cdot v_2^2 = \frac{1}{2} m_1 \cdot u_1^2 + \frac{1}{2} m_2 \cdot u_2^2 \tag{7.6}$$

Die Auflösung des nichtlinearen Gleichungssystems nach der Unbekannten u_1 ergibt:

$$u_1 = \frac{(m_1 - m_2)\, v_1 + 2m_2 \cdot v_2}{m_1 + m_2} \tag{7.7}$$

Nach dem Stoß bewegt sich der Körper mit der Masse m_2 mit der Geschwindigkeit u_1.

Die Auflösung des nichtlinearen Gleichungssystems nach der Unbekannten u_2 ergibt:

$$u_2 = \frac{(m_2 - m_1)\, v_2 + 2m_1 \cdot v_1}{m_1 + m_2} \tag{7.8}$$

Nach dem Stoß bewegt sich der Körper mit der Masse m_1 mit der Geschwindigkeit u_2.

Symbolische Lösung

Das Programm *sym_ elastisch.py* (Listing 7.5) löst das nichtlineare Gleichungssystem mit der SymPy-Methode `nonlinsolve()`. Ansonsten hat das Programm prinzipiell den gleichen Aufbau wie Listing 7.3.

Listing 7.5 Symbolische Lösung eines nichtlinearen Gleichungssystems

```
#sym_elastisch.py
from sympy import *
v1,v2 = symbols('v1,v2')
u1,u2 = symbols('u1,u2')
m1,m2 = symbols('m1,m2')
#Gleichungssystem
gL1=Eq(m1*v1 + m2*v2, m1*u1 + m2*u2)
gL2=Eq(m1*v1**2/2 + m2*v2**2/2, m1*u1**2/2 + m2*u2**2/2)
#Lösung des Gleichungssystems
L=nonlinsolve([gL1,gL2],[u1,u2])
#Ausgabe
print(L)
print("u1 =",simplify(L.args[1][0]))
print("u2 =",simplify(L.args[1][1]))
```

Ausgabe

```
{(v1, v2),(-(-m1*v1 - m2*v2 + m2*(2*m1*v1 - m1*v2 + m2*v2)/(m1 + m2))/m1,
(2*m1*v1 - m1*v2 + m2*v2)/(m1 + m2))}
u1 = (m1*v1 - m2*v1 + 2*m2*v2)/(m1 + m2)
u2 = (2*m1*v1 - m1*v2 + m2*v2)/(m1 + m2)
```

Analyse

In Zeile 10 löst die Methode `nonlinsolve()` das nichtlineare Gleichungssystem aus den Zeilen 7 und 8. Die Lösungsmenge wird in das Objekt `L` gespeichert. In Zeile 12 wird die gesamte Lösungsmenge ausgegeben. Mit `L.args[1][0])` und `L.args[1][1])` können die Teillösungen der Endgeschwindigkeiten `u1` und `u2` ermittelt werden (Zeile 13 und 14). Die Methode `simplify()` vereinfacht die Terme. Die Ergebnisse stimmen mit Formel 7.7 und Formel 7.8 überein. Die Variablen `v1` und `v2` werden aber nicht ausgeklammert.

Numerische Auswertung

Mit dem Programm *num_elastisch.py* (Listing 7.6) können Sie die Endgeschwindigkeiten und die kinetischen Energien des elastischen Stoßes berechnen. In den Zeilen 2 und 3 können Sie die Geschwindigkeiten und die Massen der Stoßpartner ändern.

Listing 7.6 Numerische Auswertung des elastischen Stoßes

```
#num_elastisch.py
m1,m2=5,3 #kg
v1,v2=2,0 #m/s
#Gleichungssystem
u1 = (m1*v1 - m2*v1 + 2*m2*v2)/(m1 + m2)
u2 = (2*m1*v1 - m1*v2 + m2*v2)/(m1 + m2)
E1=m1*v1**2/2 + m2*v2**2/2  #vor dem Stoß
E2=m1*u1**2/2 + m2*u2**2/2  #nach dem Stoß
#Ausgabe
print("m1 = %.2f kg, v1 = %.2f m/s, u1 = %.2f m/s" %(m1,v1,u1))
print("m2 = %.2f kg, v2 = %.2f m/s, u2 = %.2f m/2" %(m2,v2,u2))
print("E1 = %.2f J" %E1)
print("E2 = %.2f J" %E2)
print("\u0394E = %.2f J" %(E1-E2))
```

Ausgabe

```
m1 = 5.00 kg, v1 = 2.00 m/s, u1 = 0.50 m/s
m2 = 3.00 kg, v2 = 0.00 m/s, u2 = 2.50 m/2
E1 = 10.00 J
E2 = 10.00 J
ΔE = 0.00 J
```

Analyse

In den Zeilen 15 und 16 werden die kinetischen Energien vor und nach dem Stoß berechnet. Sie haben jeweils den gleichen Wert. Wie erwartet geht beim elastischen Stoß keine Energie verloren.

Übung: elastischer Stoß

Führen Sie das Programm mit $m_1 = m_2 = 5\,\text{kg}$ und $v_1 = 2\,\text{m/s}$ und $v_2 = -2\,\text{m/s}$ aus.

Führen Sie das Programm mit $m_1 = m_2 = 5\,\text{kg}$ und $v_1 = 2\,\text{m/s}$ und $v_2 = 1\,\text{m/s}$ aus.

Führen Sie das Programm mit $m_1 = 10\,\text{kg}$, $m_2 = 1\,\text{kg}$ und $v_1 = 2\,\text{m/s}$ und $v_2 = 1\,\text{m/s}$ aus.

Führen Sie das Programm mit $m_1 = 1\,\text{kg}$, $m_2 = 10\,\text{kg}$ und $v_1 = 2\,\text{m/s}$ und $v_2 = 1\,\text{m/s}$ aus.

Interpretieren Sie jeweils die Ergebnisse.

7.3.3 Teilelastischer Stoß

Beim Maximum der Kontaktkraft $F(t_w)$ haben beide Stoßpartner zum Zeitpunkt t_w die gemeinsame Geschwindigkeit w. Beim teilelastischen Stoß ist die Restitutionsphase kürzer als die Kompressionsphase. Den Quotienten aus dem Kraftstoß S_R und dem Kraftstoß S_K bezeichnet man als Stoßzahl:

$$e = \frac{S_R}{S_K}$$

Die **Stoßzahl** e wird experimentell durch Fallversuche ermittelt. Eine Kugel wird aus der Höhe h_1 fallengelassen und die Höhe h_2 wird gemessen. Die Stoßzahl ist dann die Wurzel aus dem Quotienten von h_2 und h_1:

$$e = \sqrt{\frac{h_2}{h_1}}$$

Für die Stoßzahl e muss gelten: $0 \leq e \leq 1$. In Tabelle 7.1 sind einige Stoßzahlen für Kugeln aus gleichem Material aufgelistet.

Tabelle 7.1 Stoßzahlen für ausgewählte Materialien

Material	Stoßzahl e
Holz/Holz	≈0,5
Stahl/Stahl	0,6 ... 0,8
Glas/Glas	0,94
Kork/Kork	0,5 ... 0,6

Für den teilelastischen Stoß lassen sich fünf Gleichungen aufstellen [Gross: 93 f.]:

$$S_R = e \cdot S_K$$

$$m_1\,(w - v_1) = -S_K$$

$$m_2\,(w - v_2) = +S_K$$

$$m_1\,(u_1 - w) = -S_R$$

$$m_2\,(u_2 - w) = +S_R$$

Die Geschwindigkeit w ist die gemeinsame Geschwindigkeit der Stoßpartner während der Stoßzeit. Die Auflösung nach u_1 ergibt:

$$u_1 = \frac{m_1 \cdot v_1 + m_2 \cdot v_2 - m_2\,(v_1 - v_2) \cdot \mathrm{e}}{m_1 + m_2} \tag{7.9}$$

Die Auflösung nach u_2 ergibt:

$$u_2 = \frac{m_1 \cdot v_1 + m_2 \cdot v_2 - m_1\,(v_2 - v_1) \cdot \mathrm{e}}{m_1 + m_2} \tag{7.10}$$

Symbolische Lösung des Gleichungssystems

Das SymPy-Programm *sym_teilelastisch.py* (Listing 7.7) löst das Gleichungssystem mit der Methode `solve()`. Die fünf Gleichungen des Gleichungssystems können direkt ohne Umformung aus den Vorgaben übernommen werden (Zeile 7 bis 11).

Listing 7.7 Symbolische Lösung des Gleichungssystems

```
1  #sym_teilelastisch.py
2  from sympy import *
3  e,Sk,Sr = symbols('e,Sk,Sr')
4  w,u1,u2,v1,v2 = symbols('w,u1,u2,v1,v2')
5  m1,m2 = symbols('m1,m2')
6  #Gleichungssystem
7  gL1=Eq(Sr,e*Sk)
8  gL2=Eq(m1*(w-v1),-Sk)
9  gL3=Eq(m2*(w-v2), Sk)
```

```
10 gL4=Eq(m1*(u1-w),-Sr)
11 gL5=Eq(m2*(u2-w), Sr)
12 #Lösung des Gleichungssystems
13 L=solve([gL1,gL2,gL3,gL4,gL5],[u1,u2,w,Sk,Sr])
14 #Ausgabe
15 print("u1 =",simplify(L[u1]))
16 print("u2 =",simplify(L[u2]))
```

Ausgabe

```
u1 = (-e*m2*v1 + e*m2*v2 + m1*v1 + m2*v2)/(m1 + m2)
u2 = (e*m1*v1 - e*m1*v2 + m1*v1 + m2*v2)/(m1 + m2)
```

Analyse

In Zeile 13 löst die Methode `solve()` das lineare Gleichungssystem aus den Zeilen 7 bis 11. Die Lösungsmenge wird in das Objekt `L` gespeichert. Mit `L[u1])` und `L[u2])` werden die Lösungen für die Endgeschwindigkeiten `u1` und `u2` ermittelt. Um auf die Ergebnisse von Formel 7.9 und Formel 7.10 zu kommen, müssen die mathematischen Terme der Ausgaben von „Hand" noch vereinfacht werden. Die Methode `simplify()` vereinfacht zwar die Lösungen, sie ist aber nicht in der Lage, `e` und `m2` bzw. `e` und `m1` auszuklammern.

Numerische Auswertung

Das Programm *num_teilelastisch.py* (Listing 7.8) berechnet für verschiedene Massen und Anfangsgeschwindigkeiten die Endgeschwindigkeiten und die kinetischen Energien des teilelastischen Stoßes. In den Zeilen 7 bis 10 können Sie andere Massen und Anfangsgeschwindigkeiten eingeben. Wenn Sie in Zeile 11 der Stoßzahl e eine Null zuweisen (e=0), dann berechnet das Programm die Werte für den plastischen Stoß. Bei der Zuweisung mit einer Eins (e=1) berechnet das Programm die Werte für den elastischen Stoß.

Listing 7.8 Numerische Auswertung des teilelastischen Stoßes

```
#num_teilelastisch.py
m1,m2=5,3 #kg
v1,v2=2,0 #m/s
e=0.5 #Stoßzahl
#Berechnungen
u1 = (-e*m2*v1 + e*m2*v2 + m1*v1 + m2*v2)/(m1 + m2)
u2 = (e*m1*v1 - e*m1*v2 + m1*v1 + m2*v2)/(m1 + m2)
E1=m1*v1**2/2 + m2*v2**2/2  #vor dem Stoß
E2=m1*u1**2/2 + m2*u2**2/2  #nach dem Stoß
#Ausgabe
print("m1 = %.2f kg, v1 = %.2f m/s, u1 = %.2f m/s" %(m1,v1,u1))
print("m2 = %.2f kg, v2 = %.2f m/s, u2 = %.2f m/2" %(m2,v2,u2))
print("E1 = %.2f J" %E1)
print("E2 = %.2f J" %E2)
print("\u0394E = %.2f J" %(E1-E2))
```

Ausgabe

```
m1 = 5.00 kg, v1 = 2.00 m/s, u1 = 0.88 m/s
m2 = 3.00 kg, v2 = 0.00 m/s, u2 = 1.88 m/2
E1 = 10.00 J
E2 = 7.19 J
ΔE = 2.81 J
```

Analyse

Von den 10 Joule Bewegungsenergie werden 2,81 Joule für die Verformungsarbeit aufgewendet. Wenn Sie die Stoßzahl verkleinern, werden die Energieverluste geringer.

Übung: teilelastischer Stoß

Für die Stoßzahl soll ein Wert von e = 0,5 angenommen werden. Führen Sie das Programm mit $m_1 = m_2$ = 5 kg und v_1 = 2 m/s und v_2 = -2 m/s aus.

Führen Sie das Programm mit $m_1 = m_2$ = 5 kg und v_1 = 2 m/s und v_2 = 1 m/s aus.

Führen Sie das Programm mit m_1 = 10 kg, m_2 = 1 kg und v_1 = 2 m/s und v_2 = 1 m/s aus.

Führen Sie das Programm mit m_1 = 1 kg, m_2 = 10 kg und v_1 = 2 m/s und v_2 = 1 m/s aus.

Interpretieren Sie jeweils die Ergebnisse.

Die mathematische Modellierung von Stoßproblemen ist sehr komplex. Im Rahmen dieser Einführung konnte das Thema nicht angemessen besprochen werden. Wenn Sie mehr über Stöße erfahren wollen, dann können Sie Ihr Wissen mit dem Buch von [Willert] vertiefen. Interessante Animationen zu Stößen finden Sie bei [Natt]. Die Python-Quelltexte sind frei zugänglich:

https://pyph.de/1/2/index.php?vid=0&aufg=1&faq=0&name=code&kap=8&pgm=5

https://pyph.de/1/2/index.php?vid=0&aufg=1&faq=0&name=code&kap=8&pgm=7

7.4 Aufgaben

1. Schreiben Sie eine Python-Funktion `plastischerStoss(m1,m2,v1,v2)` für den unelastischen Stoß und testen Sie diese Funktion mit verschiedenen Werten. Diese Funktion soll die Geschwindigkeit u nach dem Stoß zurückgeben.
2. Schreiben Sie eine Python-Funktion `elastischerStoss(m1,m2,v1,v2)` für den elastischen Stoß und testen Sie diese Funktion mit verschiedenen Werten. Diese Funktion soll die Geschwindigkeiten u_1 und u_2 nach dem Stoß zurückgeben.

3. Schreiben Sie eine Python-Funktion `teilelastischerStoss(m1,m2,v1,v2,e)` für den teilelastischen Stoß und testen Sie diese Funktion mit verschiedenen Werten. Diese Funktion soll die Geschwindigkeiten u_1 und u_2 nach dem Stoß zurückgeben.

4. Lösen Sie das nichtlineare Gleichungssystem für den elastischen Stoß (Listing 7.5) mit der SymPy-Methode `solve()`.

5. Schreiben Sie ein Matplotlib-Programm, das den teilelastischen Stoß mit vier Slider-Steuerelementen (m_1, m_2, v_1, v_2, t_w) simuliert. Für die Massen der Stoßpartner m_1 und m_2 werden Werte zwischen 1 bis 10 kg festgelegt. Für die Anfangsgeschwindigkeiten soll gelten: $0 < v_1 < 5$ m/s und $-2 < v_2 < 2$ m/s. Für die Stoßzeit t_s wird ein Wert von 1 ms angenommen. Die Kontaktkraft $F(t)$ soll durch eine Dreiecksfunktion mit einem Spitzenwert von 10 kN nachgebildet werden. Auf der Benutzeroberfläche sollen die Stoßzahl e, die Geschwindigkeiten nach dem Stoß u_1 und u_2 und die kinetischen Energien ausgegeben werden. Für die Restitutionsphase gilt: $t_s/2 \leq t_w \leq t_s$.

8 Rotation starrer Körper

Bei Rotationsbewegungen drehen sich Körper um eine Achse. Die Achse kann feststehen oder ihren Ort ändern. In den folgenden Analysen wird vorausgesetzt, dass sich die Körper um eine feststehende Achse drehen. Starre Körper sind Körper, die ihre Form während der Drehbewegung nicht verändern. Die Kinematik vereinfacht die Beschreibung der Drehbewegung (Abschnitt 4.3.2), indem sie von der Massenverteilung des drehenden Körpers abstrahiert und sich ihn als eine Masse vorstellt, die sich im Schwerpunkt des Körpers konzentriert (Konzept des Massepunkts). Bei der Rotation starrer Körper muss dagegen die Masseverteilung berücksichtigt werden. Das **Trägheitsmoment** (engl.: *moment of inertia*) ist diejenige physikalische Größe, die die Masseverteilung sich drehender Körper berücksichtigt. Es ist das Analogon zur Masse bei der translatorischen Bewegung, und damit die wichtigste Größe, mit der Drehbewegungen starrer Körper beschrieben werden können.

Bild 8.1 zeigt den Screenshot des VPython-Programms *vp_hammerwurf.py*. Während der Rotation des Hammers kann die Drehfrequenz geändert werden. Die aktualisierten Werte für die Kreisfrequenz, Umlaufgeschwindigkeit, Drehimpuls und Rotationsenergie werden im unteren Bereich der Benutzeroberfläche angezeigt.

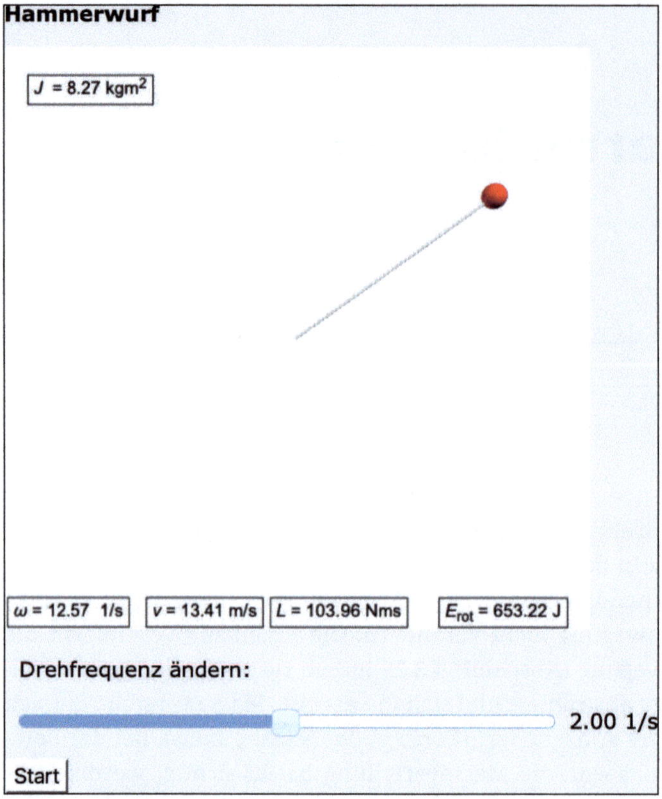

Bild 8.1 Animation eines Hammerwurfs (Momentaufnahme)

Mit dem Slider-Steuerelement können Sie die Drehfrequenz ändern. Mit einem Mausklick auf die Befehlsschaltfläche können Sie die Animation jederzeit stoppen und wieder starten.

Übung: Hammerwurf

Starten Sie das Programm *vp_hammerwurf.py*, klicken Sie auf den Start-Button und vergrößern Sie die Drehfrequenz (Drehzahl). Sie werden beobachten, dass sich der Wert der Größe *J* (Trägheitsmoment) nicht ändert. Die Werte für die Größen *L* (Drehimpuls) und *Erot* (Rotationsenergie) steigen dagegen mit zunehmender Drehfrequenz.

Was man unter den physikalischen Begriffen **Trägheitsmoment**, **Rotationsenergie** und **Drehimpuls** genau zu verstehen hat, soll in diesem Kapitel untersucht werden.

8.1 Trägheitsmoment

Das Trägheitsmoment ist ein Maß für den Widerstand, den ein sich drehender Körper der Antriebskraft (Drehmoment) entgegensetzt. Für den Hammer aus Bild 8.1 wird das Trägheitsmoment J näherungsweise als Produkt aus der Kugelmasse m und dem Quadrat der Seillänge l berechnet.

$$J = m \cdot l^2$$

Die Kugel des Hammers hat eine Masse von 7,26 kg. Das Seil hat eine Länge von etwa 1,1 m (genauer Durchmesser: 2,145 m). Mit den Daten erhält man für das Trägheitsmoment:

$$J = m \cdot l^2 = 7,26\,\text{kg} \cdot (1,1\,\text{m})^2 = 8,785\,\text{kgm}^2$$

In der obigen Beispielrechnung wurde die Masse des Seils vernachlässigt und die Masseverteilung des Systems Seil-Kugel nicht berücksichtigt, die Masse der Kugel wurde als Punktmasse angenommen. Um eine allgemeingültige Berechnungsvorschrift für das Trägheitsmoment zu erhalten, betrachten wir eine Scheibe (Bild 8.2).

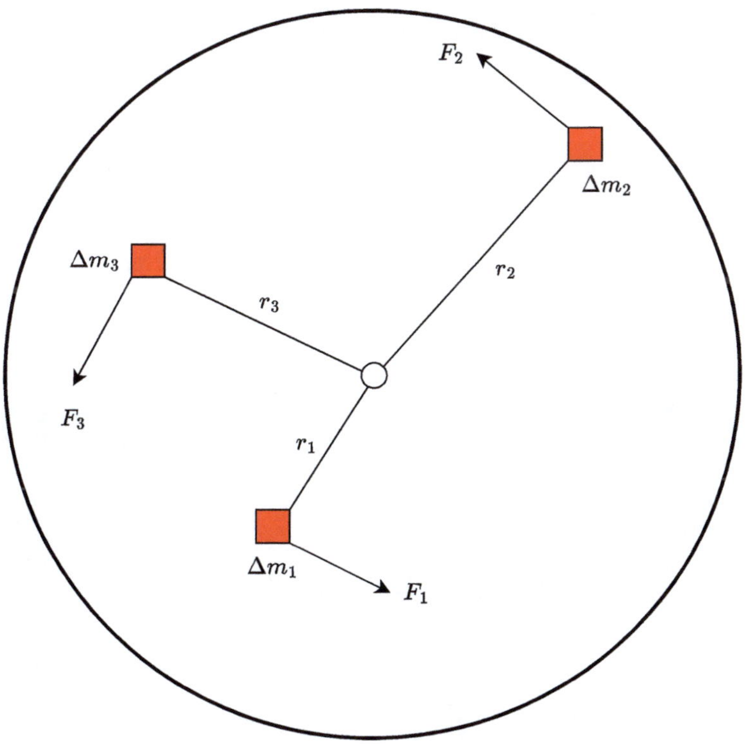

Bild 8.2 Drehmomente, die auf einzelne Masseelemente wirken

Für das Drehmoment M gilt:

$$M = F_1 \cdot r_1 + F_2 \cdot r_2 + F_3 \cdot r_3 + \ldots + F_i \cdot r_i$$

Die einzelnen Kräfte können durch $F_i = \Delta m_i \cdot a_i$ ersetzt werden:

$$M = \Delta m_1 \cdot a_1 \cdot r_1 + \Delta m_2 \cdot a_2 \cdot r_2 + \Delta m_3 \cdot a_3 \cdot r_3 + \ldots + \Delta m_i \cdot a_i \cdot r_i$$

Für die Bahnbeschleunigung a der einzelnen Masseelemente Δm_i kann das Produkt aus Winkelbeschleunigung α und Radius r eingesetzt werden:

$$M = \Delta m_1 \cdot \alpha \cdot r_1 \cdot r_1 + \Delta m_2 \cdot \alpha \cdot r_2 \cdot r_2 + \Delta m_3 \cdot \alpha \cdot r_3 \cdot r_3 + \ldots + \Delta m_i \cdot \alpha \cdot r_i \cdot r_i$$

Allgemein gilt für alle Massenelemente des Drehkörpers:

$$M = \alpha \sum_i \Delta m_i \cdot r_i^2$$

Die Summe aus den Produkten aller Massenelemente Δm_i und den Quadraten ihrer Abstände r_i von der Drehachse bezeichnet man als Trägheitsmoment:

$$J = \sum_i \Delta m_i \cdot r_i^2$$

Durch den Grenzwertübergang $\Delta m \rightarrow \mathrm{d}m$ erhält man die Integralform für das Trägheitsmoment:

$$J = \int_m r^2 \mathrm{d}m = \rho \int_V r^2 \mathrm{d}V \tag{8.1}$$

In Tabelle 8.1 sind die physikalischen Größen der Translation und der Rotation gegenübergestellt. Dieser Vergleich soll den Einstieg in die Gesetzmäßigkeiten der Rotationsbewegungen erleichtern.

Tabelle 8.1 Vergleich: Translation – Rotation

Translation		Rotation	
Geschwindigkeit	$v = \frac{\mathrm{d}s}{\mathrm{d}t}$	$\omega = \frac{\mathrm{d}\varphi}{\mathrm{d}t}$	Winkelgeschwindigkeit
Beschleunigung	$a = \frac{\mathrm{d}v}{\mathrm{d}t}$	$\alpha = \frac{\mathrm{d}\omega}{\mathrm{d}t}$	Winkelbeschleunigung
Masse	m	J	Trägheitsmoment
Kraft	F	M	Drehmoment
Impuls	$p = m \cdot v$	$L = J \cdot \omega$	Drehimpuls

Translation		Rotation	
Kinetische Energie	$E_{kin} = \frac{1}{2} m \cdot v^2$	$E_{rot} = \frac{1}{2} J \cdot \omega^2$	Rotationsenergie
Bewegungsgleichung	$F = m \cdot a$	$M = J \cdot \alpha$	Bewegungsgleichung

Auffällig ist die Analogie zwischen der Masse m (Translation) und dem Trägheitsmoment J (Rotation).

8.1.1 Trägheitsmoment eines Stabs, einer Platte, eines Quaders und einer Pyramide

Für den Stab, die Platte, den Quader und die Pyramide aus Bild 8.3 sollen die Trägheitsmomente berechnet werden. Die Drehachsen der Körper sind identisch mit den Schwerpunktachsen und liegen symmetrisch auf der z-Achse.

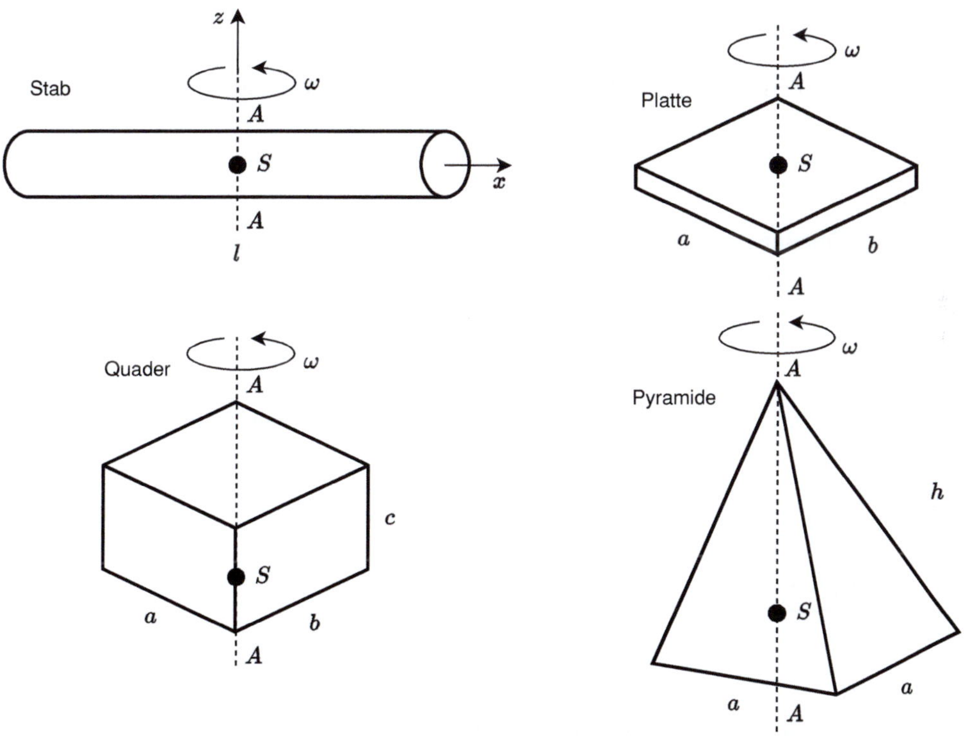

Bild 8.3 Vier Körper: Stab, Platte, Quader und Pyramide

Die Drehachse $A-A$ verläuft durch den Schwerpunkt S der Körper und steht senkrecht auf ihren horizontalen Querschnittsflächen. Die Drehachse wird auf die z-Achse gelegt.

Stab

Für einen dünnen Stab mit der Masse m und der Länge l gilt nach Formel 8.1:

$$J = \frac{m}{l} \int_{-\frac{l}{2}}^{\frac{l}{2}} x^2 \mathrm{d}x = \frac{1}{12} m \cdot l^2$$

Anstelle der Dichte ρ wird in Formel 8.1 die homogene Masseverteilung m/l eingesetzt.

Platte

Für eine dünne Platte mit den Seitenlängen a und b gilt nach Formel 8.1:

$$J = \frac{m}{a \cdot b} \int_{-a/2}^{a/2} \int_{-b/2}^{b/2} \left(x^2 + y^2\right) \mathrm{d}y \mathrm{d}x = \frac{1}{12} m \left(a^2 + b^2\right)$$

Anstelle der Dichte ρ wird in Formel 8.1 die homogene Masseverteilung m/A eingesetzt.

Quader

Für einen Quader mit den Seitenlängen a, b und c gilt nach Formel 8.1:

$$J = \frac{m}{a \cdot b \cdot c} \int_{-a/2}^{a/2} \int_{-b/2}^{b/2} \int_{-c/2}^{c/2} \left(x^2 + y^2\right) \mathrm{d}z \mathrm{d}y \mathrm{d}x = \frac{1}{12} m \left(a^2 + b^2\right)$$

Das Produkt aus den Seitenlängen entspricht dem Volumen des Quaders.

Pyramide

Für die Integrationsgrenzen wird die Abkürzung

$$g = \frac{a\,(h - z)}{2h}$$

eingeführt.

Dann gilt für eine Pyramide mit der Seitenlänge a nach Formel 8.1:

$$J = \frac{3m}{a^2 \cdot h} \int_{-g}^{g} \int_{-g}^{g} \int_{0}^{h} \left(x^2 + y^2\right) \mathrm{d}z \mathrm{d}y \mathrm{d}x = \frac{1}{10} m \cdot a^2$$

Das Volumen einer Pyramide wird mit dem Produkt aus Grundfläche und Höhe geteilt durch drei berechnet.

Das SymPy-Programm *sym_traegheitsmoment1.py* (Listing 8.1) berechnet die Trägheitsmomente für einen dünnen Stab, eine dünne rechteckförmige Platte und einen Quader.

Listing 8.1 Symbolische Berechnung der Trägheitsmomente eines Stabs, einer Platte, eines Quaders und einer Pyramide

```
1  #sym_traegheitsmoment1.py
2  from sympy import *
3  h,l,m = symbols('h,l,m')#Höhe, Länge, Masse
4  a,b,c= symbols('a,b,c') #Integrationsgrenzen
5  x,y,z =symbols('x,y,z') #Variablen
6  #dünner Stab
7  Js=m/l*integrate(x**2,(x,-l/2,l/2))
8  #rechteckförmige Platte
9  Jr=m/(a*b)*integrate(x**2+y**2,(x,-a/2,a/2),(y,-b/2,b/2))
10 #Quader
11 Jq=m/(a*b*c)*integrate(x**2+y**2,(x,-a/2,a/2),(y,-b/2,b/2),(z,-c/2,c/2))
12 #Pyramide mit quadratischer Grundfläche
13 g=a/2*(h-z)/h #Abkürzung
14 Jp=3*m/(a**2*h)*integrate(x**2+y**2,(x,-g,g),(y,-g,g),(z,0,h))
15 #Ausgabe
16 print("Trägheitsmomente")
17 print("Stab        J =",Js)
18 print("Rechteck    J =",simplify(Jr))
19 print("Quader      J =",simplify(Jq))
20 print("Pyramide    J =",simplify(Jp))
```

Ausgabe

```
Trägheitsmomente
Stab        J = l**2*m/12
Rechteck    J = m*(a**2 + b**2)/12
Quader      J = m*(a**2 + b**2)/12
Pyramide    J = a**2*m/10
```

Analyse

In den Zeilen 3 bis 5 werden die symbolischen Variablen vereinbart. Diese Vereinbarung ist auf drei Zeilen aufgeteilt, um den Quelltext übersichtlicher zu gestalten.

In Zeile 14 berechnet die SymPy-Methode `integrate(x**2+y**2,(x,-g,g),(y,-g,g),(z,0,h))` ein Dreifachintegral. Als erstes Argument muss die mathematische Funktion $f(x,y)$ übergeben werden. Danach folgen drei Tupel mit den Integrationsvariablen und den Integrationsgrenzen.

8.1.2 Trägheitsmoment eines Zylinders und eines Kegels

Für den in Bild 8.4 dargestellten Zylinder und Kegel soll das Trägheitsmoment berechnet werden. Beide Körper weisen eine Höhe von h und einen Durchmesser von $2R$ auf.

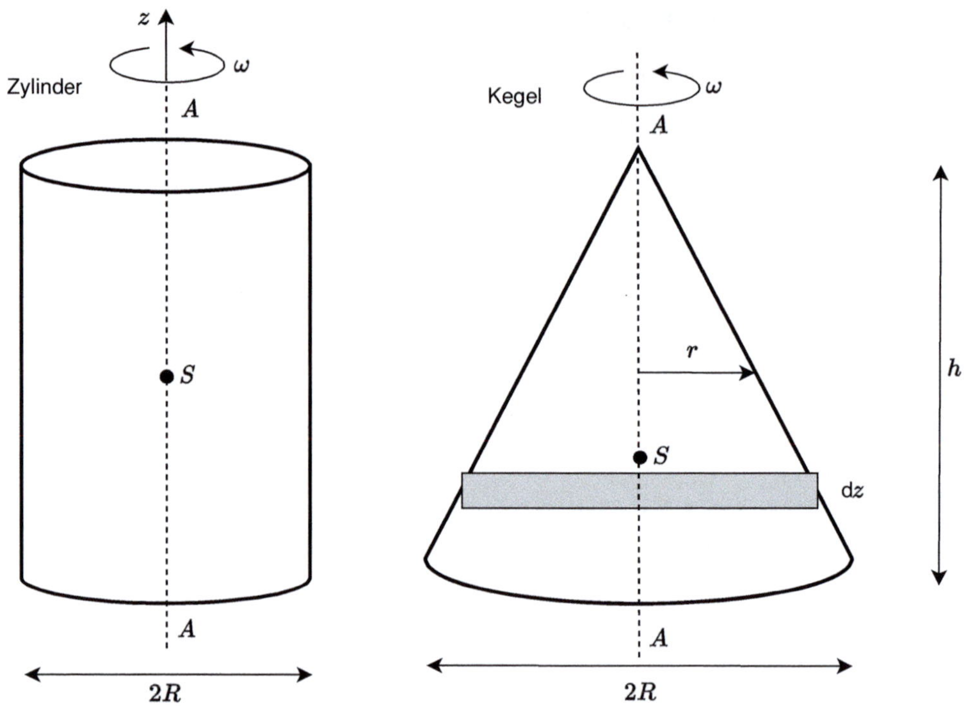

Bild 8.4 Zylinder und Kegel

Die Drehachse $A - A$ entspricht den Mittellinien der Körper. Sie verläuft durch den Schwerpunkt S.

Die Integration gestaltet sich besonders einfach, wenn man Zylinderkoordinaten wählt. In Bild 8.5 ist ein Zylinderkoordinatensystem dargestellt.

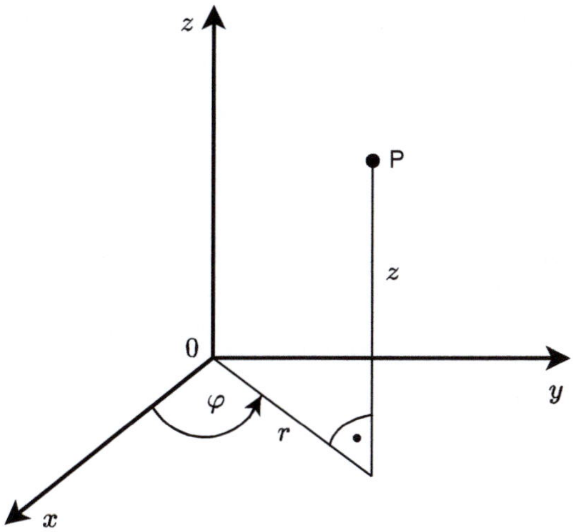

Bild 8.5
Zylinderkoordinaten

Zylinderkoordinaten sind Polarkoordinaten, die um die z-Koordinate ergänzt werden. Für die Koordinaten des Punkts P in Bild 8.5 gilt:

$$\vec{r} = \begin{pmatrix} x \\ y \\ z \end{pmatrix} = \begin{pmatrix} r \cdot \cos\varphi \\ r \cdot \sin\varphi \\ z \end{pmatrix} \qquad (8.2)$$

Zylinder

Das Trägheitsmoment eines Zylinders wird mit einem Dreifachintegral berechnet:

$$J = \frac{m}{\pi R^2 h} \int_0^h \int_0^{2\pi} \int_0^R r^3 \mathrm{d}r\mathrm{d}\varphi\mathrm{d}z = \frac{1}{2} m \cdot R^2$$

Kegel

Für einen Kegel gilt für $z(r)$ die lineare Gleichung:

$$z = -\frac{R}{h} r + h$$

Durch Umstellung nach der Variablen r erhält man eine Formel für den Radius $r(z)$

$$r = \frac{R\,(h - z)}{h}$$

Für das Trägheitsmoment eines Kegels gilt dann:

$$J = \frac{3m}{\pi R^2 h} \int_0^h \int_0^{2\pi} \int_0^{\frac{R(h-z)}{h}} r^3 \mathrm{d}r\mathrm{d}\varphi\mathrm{d}z = \frac{3}{10} m \cdot R^2$$

Das SymPy-Programm *sym_traegheitsmoment2.py* (Listing 8.2) berechnet allgemein die Trägheitsmomente eines Zylinders und eines Kegels mit Dreifachintegralen.

Listing 8.2 Symbolische Berechnung der Trägheitsmomente eines Zylinders und eines Kegels

```
#sym_traegheitsmoment2.py
from sympy import *
h,r,R,m = symbols('h,r,R,m')#Höhe, Radius, Masse
phi,z =symbols('phi,z') #Winkel, z-Koordinate
#Zylinder
Jz=m/(pi*R**2*h)*integrate(r**3,(r,0,R),(phi,0,2*pi),(z,0,h))
#Kegel
Jk=3*m/(pi*R**2*h)*integrate(r**3,(r,0,R*(h-z)/h),(phi,0,2*pi),(z,0,h))
#Ausgabe
print("Zylinder J =",Jz)
print("Kegel    J =",Jk)
```

Ausgabe

```
Zylinder J = R**2*m/2
Kegel    J = 3*R**2*m/10
```

Die Ergebnisse stimmen mit den analytischen Berechnungen überein.

8.1.3 Trägheitsmoment einer Kugel

Für eine Kugel mit dem Radius R soll das Trägheitsmoment berechnet werden. Die Integration ist in einem Kugelkoordinatensystem einfacher durchzuführen als in einem kartesischen Koordinatensystem. Bild 8.6 zeigt ein Kugelkoordinatensystem mit dem Ortsvektor $\vec{r}$ und den Winkeln φ und ϑ.

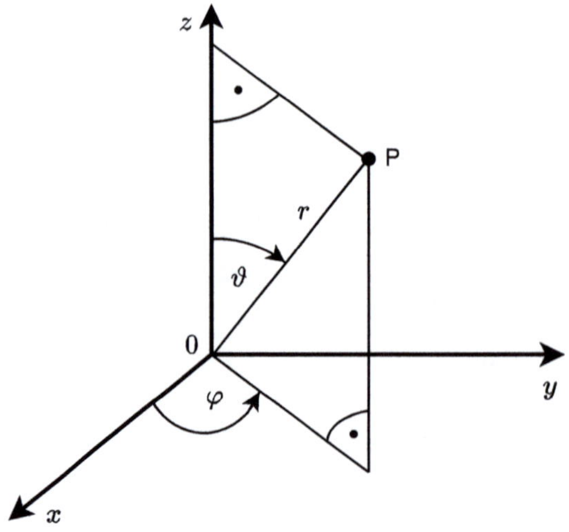

Bild 8.6 Kugelkoordinaten

Der Ortsvektor $\vec{r}$ zeigt auf den Punkt P. Die Koordinaten des Ortsvektors werden durch den **Azimutwinkel** φ und den **Polarwinkel** ϑ bestimmt. Der Azimutwinkel ist der Horizontalwinkel zwischen der x-Achse und der Orthogonalprojektion der Strecke OP. Er hat einem Wertebereich von 0 bis 2π. Der Polarwinkel ist der Vertikalwinkel zwischen der z-Achse und der Strecke OP. Er hat einen Wertebereich von 0 bis π. Für den Ortsvektor der Kugelkoordinaten gilt:

$$\vec{r} = \begin{pmatrix} x \\ y \\ z \end{pmatrix} = \begin{pmatrix} r \cdot \sin\vartheta \cdot \cos\varphi \\ r \cdot \sin\vartheta \cdot \sin\varphi \\ r \cdot \cos\vartheta \end{pmatrix} \tag{8.3}$$

Mithilfe der Kugelkoordinaten kann das Trägheitsmoment einer Kugel mit folgendem Dreifachintegral berechnet werden:

$$J = \frac{3m}{4\pi R^3} \int_0^R \int_0^{2\pi} \int_0^{\pi} r^2 \sin\vartheta \cdot r^2 \sin^2 \vartheta \mathrm{d}\vartheta \mathrm{d}\varphi \mathrm{d}r = \frac{2}{5} m \cdot R^2$$

Das SymPy-Programm *sym_traegheitsmoment3.py* (Listing 8.3) berechnet das Trägheitsmoment einer Kugel.

Listing 8.3 Symbolische Berechnung des Trägheitsmoments einer Kugel

```
#sym_traegheitsmoment3.py
from sympy import *
r,R,m = symbols('r,R,m') #variabler Radius, konstanter Radius, Masse
phi,theta =symbols('phi,theta') #Azimutwinkel, Polarwinkel
#Kugel
Jk=m/(4*pi*R**3)*integrate(r**2*sin(theta)*r**2*sin(theta)**2,
(theta,0,pi),(r,0,R),(phi,0,2*pi))
#Ausgabe
print("Kugel J =",simplify(Jk))
```

Ausgabe

```
Kugel J = 2*R**2*m/5
```

Das Ergebnis stimmt mit der analytischen Berechnung überein.

8.1.4 Das Parallelachsen-Theorem

Mithilfe des Parallelachsen-Theorems (Satz von Steiner) werden diejenigen Fälle berücksichtigt, in denen die Drehachse nicht mit der Schwerpunktachse eines Körpers zusammenfällt. Bild 8.7 zeigt eine Kugel, die an einem Seil befestigt ist. Die Kugel rotiert um die Drehachse A – A.

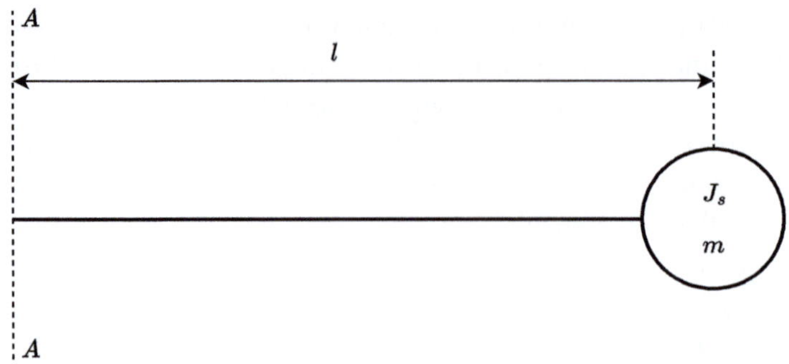

Bild 8.7 Parallelverschiebung der Drehachse

Wenn ein Körper mit der Masse m und dem Trägheitsmoment J_s um die Länge l von der Drehachse parallel verschoben wird, gilt nach dem Satz von Steiner für das Trägheitsmoment:

$$J_A = J_s + m \cdot l^2 \tag{8.4}$$

J_s ist das Trägheitsmoment des Körpers, wenn die Scherpunktachse mit der Drehachse übereinstimmt.

Für die Kugel eines Hammers soll exemplarisch das Trägheitsmoment mit der Formel 8.4 berechnet werden. Der Durchmesser der Kugel beträgt 11 cm. Es gilt:

$$J_A = \frac{2}{5}mR^2 + m \cdot l^2 = \frac{2}{5}7,26\,\text{kg} \cdot \left(\frac{0,11\,\text{m}}{2}\right)^2 + 7,26\,\text{kg} \cdot (1,1\,\text{m})^2 = 8,793\,\text{kgm}^2$$

Ein Vergleich mit der oben durchgeführten näherungsweisen Berechnung mit $J = m{\cdot}l^2$ beträgt der absolute Fehler etwa 0,009 kgm^2 und der relative Fehler etwa 0,1 %.

8.2 Rotationsenergie

Wenn sich ein starrer Körper dreht, speichert er die Bewegungsenergie

$$E_{kin} = \frac{1}{2}m \cdot v^2 = \frac{1}{2}m \cdot (\omega \cdot r)^2 = \frac{1}{2}m \cdot r^2\omega^2$$

Mit dem Trägheitsmoment $J = m{\cdot}r^2$ erhält man eine Berechnungsvorschrift für die **Rotationsenergie** eines rotierenden Körpers:

$$E_{rot} = \frac{1}{2}J \cdot \omega^2 \tag{8.5}$$

Die Rotationsenergie steigt proportional zum Trägheitsmoment und proportional zum Quadrat der Winkelgeschwindigkeit.

Für den Hammerwurf soll die Rotationsenergie näherungsweise berechnet werden. Es soll gelten: Seillänge l = 1,1m, Umfangsgeschwindigkeit beim Abwurf v = 27 m/s, Masse des Hammers m = 7,26 kg. Für diese Daten ergibt sich folgende Rotationsenergie:

$$E_{rot} = \frac{1}{2} J \cdot \omega^2 = \frac{1}{2} m \cdot v^2 = \frac{1}{2} 7,26\,\text{kg} \cdot \left(27\,\frac{\text{m}}{\text{s}}\right)^2 = 2646,27\,\text{J}$$

Das VPython-Programm *vp_rotationsenergie.py* animiert die Drehbewegung eines Stabs, einer Kugel, einer dünnen Platte, eines Quaders und einer Pyramide. Bild 8.8 zeigt die Benutzeroberfläche.

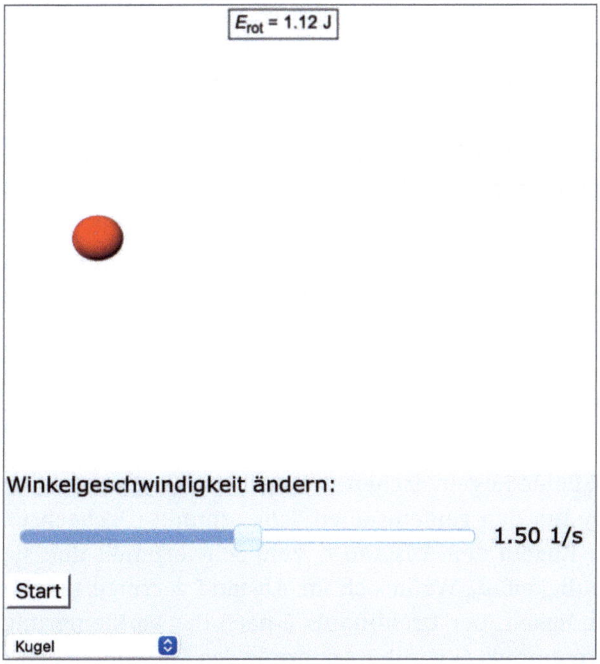

Bild 8.8
Animation von Drehbewegungen ausgewählter Körper

Mit dem Slider können Sie die Winkelgeschwindigkeit ändern und im Dropdown-Menü einen Körper auswählen. Die Rotationsenergie wird oben in der Mitte der Benutzeroberfläche angezeigt.

Übung: Rotationsenergie

Starten Sie das Programm *vp_rotationsenergie.py*. Wählen Sie jeweils einen von den im Menü aufgelisteten Körpern aus und erhöhen Sie die Winkelgeschwindigkeit. Die Körper haben alle eine Masse von m = 1 kg. Interpretieren Sie die Veränderung der Rotationsenergie.

8.3 Drehimpuls

Analog zum linearen Impuls wird der **Drehimpuls** definiert:

$$\vec{L} = J \cdot \vec{\omega} \tag{8.6}$$

Der Drehimpuls ist ein Vektor, der die gleiche Richtung hat wie der Vektor der Winkelgeschwindigkeit. Er steht senkrecht auf der Drehebene. In den folgenden Betrachtungen wird vorausgesetzt, dass der Abstand des drehenden Körpers senkrecht auf der Drehachse steht. Für den Hammerwurf soll der Drehimpuls berechnet werden. Es soll gelten: Seillänge l = 1,1m, Umfangsgeschwindigkeit beim Abwurf v = 27 m/s, Masse des Hammers m = 7,26 kg/s. Für diese Daten ergibt sich folgender Drehimpuls:

$$L = J \cdot \omega = m \cdot l \cdot v = 7,26\ \mathrm{kg} \cdot 1,1\ \mathrm{m} \cdot 27\ \frac{\mathrm{m}}{\mathrm{s}} = 215,122\ \frac{\mathrm{kg} \cdot \mathrm{m}^2}{\mathrm{s}}$$

Für den Drehimpuls gilt ein Erhaltungssatz. Es muss gelten:

$$J_1 \cdot \omega_1 = J_2 \cdot \omega_2 \tag{8.7}$$

In Bild 8.9 sehen Sie zwei Kugeln. Beide Kugeln drehen sich nach dem Programmstart des Programms *vp_drehimpuls.py* um den gemeinsamen Schwerpunkt (Drehachse). Im Anfangszustand haben beide Kugeln den Abstand r_0 vom Schwerpunkt und sie rotieren mit der Winkelgeschwindigkeit ω_0. Wenn sich ihr Abstand verringert, dann erhöht sich ihre Winkelgeschwindigkeit. Der Drehimpuls L nach der Verkleinerung des Abstands muss gleich dem Drehimpuls L_0 vor der Änderung des Abstands sein. Es muss also gelten:

$$m \cdot r^2 \cdot \omega = m \cdot r_0^2 \cdot \omega_0$$

Durch Umstellen nach ω erhält man:

$$\omega = \frac{r_0^2}{r^2} \cdot \omega_0$$

Wenn der Radius r verkleinert wird, vergrößert sich die Winkelgeschwindigkeit ω.

Bild 8.9 zeigt die Benutzeroberfläche des VPython-Programms *vp_drehimpuls.py*. Mit diesem Programm können Sie untersuchen, wie sich die Verringerung des Abstands zwischen den beiden Kugeln auf deren Winkelgeschwindigkeit auswirkt.

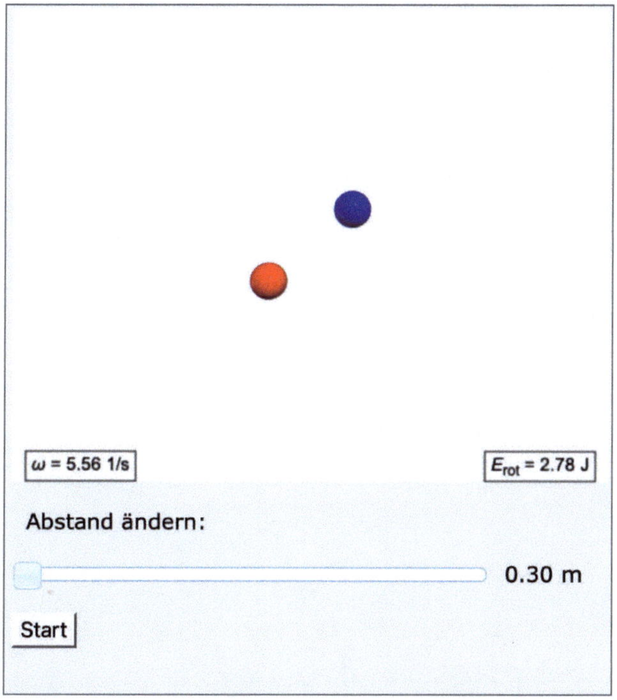

Bild 8.9 Veranschaulichung des Drehimpulserhaltungssatzes

Wenn Sie mit dem Slider den Abstand zwischen den Kugeln verringern, werden Sie feststellen, dass sich die Winkelgeschwindigkeit und die Rotationsenergie erhöhen.

Übung: Drehimpuls

Starten Sie das Programm *vp_drehimpuls.py* und verringern Sie den Abstand zwischen den Kugeln. Beobachten Sie die Veränderungen. Begründen Sie, warum sich die Winkelgeschwindigkeit und die Rotationsenergie erhöhen.

8.4 Das Beschleunigungsmoment

Analog zum zweiten Newtonschen Gesetz wird für Drehbewegungen das **Beschleunigungsmoment** definiert. Es ist proportional zum Trägheitsmoment J und proportional zur Winkelbeschleunigung α:

$$M_b = J \cdot \alpha = \frac{\mathrm{d}\omega}{\mathrm{d}t} = \frac{\mathrm{d}^2\varphi}{\mathrm{d}t^2} \tag{8.8}$$

Wenn sich die Winkelgeschwindigkeit eines Körpers **ändert**, wird auf ihn ein Drehmoment ausgeübt. Bild 8.10 zeigt den Verlauf der Winkelgeschwindigkeit eines Zylinders mit der Masse m = 100 kg und dem Durchmesser von d = 10 cm. Er wird aus der Ruheposition innerhalb von 10 Sekunden auf eine Winkelgeschwindigkeit von 300 1/s (2865 1/min) beschleunigt und nach 70 Sekunden innerhalb von 10 Sekunden abgebremst.

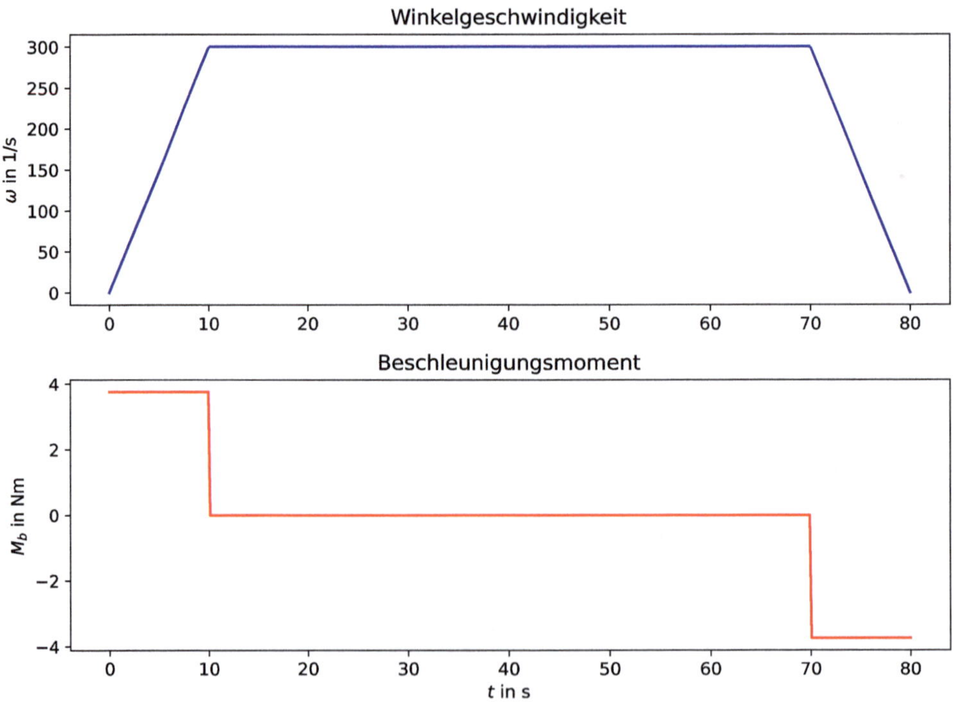

Bild 8.10 Verlauf eines Beschleunigungsmoments für das Hochlaufen und Abbremsen eines Zylinders

Das Beschleunigungsmoment hat während des Hochlaufvorgangs und des Bremsvorgangs einen Betrag von 3,75 Nm.

8.5 Aufgaben

1. Schreiben Sie ein Python-Programm, das das Trägheitsmoment einer Hammerkugel näherungsweise und genau mithilfe des Satzes von Steiner berechnet. Der absolute und der relative Fehler sollen ebenfalls berechnet werden.
2. Die Drehachse eines Stabs wird an sein Ende verschoben. Schreiben Sie ein SymPy-Programm, das das Trägheitsmoment durch Integration und mit dem Satz von Steiner berechnet.
3. Eine quadratische Scheibe ist an einer ihrer Ecken gelagert. Schreiben Sie ein SymPy-Programm, das das Trägheitsmoment berechnet.
4. Schreiben Sie eine Python-Funktion, die das Trägheitsmoment, die Rotationsenergie und den Drehimpuls eines Kugel-Seil-Systems (z. B. Hammerwurf) berechnet.
5. Berechnen Sie den Drehimpuls $L = r \times v \cdot m$ einer Kugel mit der Masse $m = 10\,\text{kg}$ mit der NumPy-Funktion `cross(r,v)`. Für die Vektoren soll gelten: $r = (1, 2, 3)$ m und $v = (20, 10, 5)$ m/s.
6. Für ein System aus drei Kugeln mit den Massen $m_1 = m_3 = 10\,\text{kg}$ und $m_2 = 100\,\text{kg}$ sollen das Trägheitsmoment, der Drehimpuls und die Rotationsenergie für $v = 10\,\text{m/s}$ berechnet werden. Die Masse m_2 befindet sich im Schwerpunkt des Systems. Sie hat einen Durchmesser von 0,5 Meter. Die beiden anderen Massen haben jeweils einen Abstand von 2 m. Das System rotiert um die z-Achse. Schreiben Sie eine entsprechende Python-Funktion für die Berechnung der gesuchten Größen.
7. Schreiben Sie drei Python-Funktionen, die die Beschleunigungsmomente eines Zylinders, einer Kugel und einer Stange berechnen. Alle Körper haben eine Masse von 100 Kilogramm. Die Durchmesser des Zylinders und der Kugel haben jeweils einen Wert von 1 Meter. Die Stange hat eine Länge von 6 Meter. Der Zylinder dreht sich um seine Längsachse. Die Drehachse der Kugel liegt in ihrem Schwerpunkt. Die Stange rotiert um ihre Querachse. Alle drei Körper werden innerhalb von 10 Sekunden auf eine Winkelgeschwindigkeit von 300 1/s beschleunigt.
8. Schreiben Sie ein Matplotlib-Programm, das Bild 8.10 erzeugt.

9 Mechanische Schwingungen

Mechanische Schwingungen sind Bewegungsabläufe, bei denen sich eine oder auch mehrere Massen um eine Ruhelage periodisch hin und her bewegen. Feder- und Fadenpendel sind Beispiele solcher schwingungsfähigen Systeme. Eine gedämpfte Schwingung wird mit den Begriffen **Amplitude**, **Schwingungsdauer**, **Phasenverschiebung** und **Abklingkonstante** vollständig beschrieben.

9.1 Federpendel

In Bild 9.1 sehen Sie den Screenshot des VPython-Programms *vp_federpendel.py*. Mit diesem Programm können Sie die Schwingungen eines Feder-Masse-Systems realitätsnah beobachten.

Eine Schraubenfeder ist an der linken Wand befestigt. Ein Klotz mit der Masse m ist mit dem rechten Ende der Schraubenfeder fest verbunden. Er bewegt sich auf einer festen Unterlage hin und her. Mit der Übung *Federpendel* können Sie das Schwingverhalten des Feder-Masse-Systems näher untersuchen.

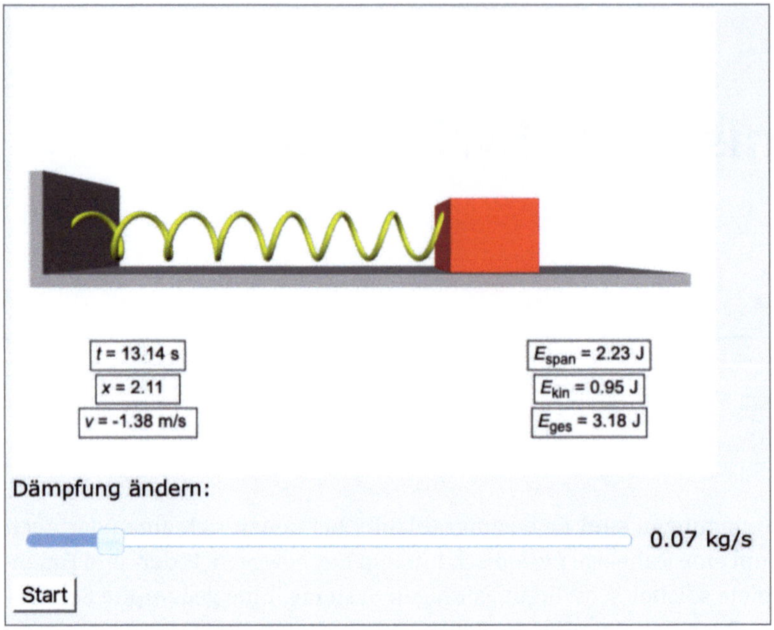

Bild 9.1 Federpendel

Übung: Federpendel

Starten Sie das Programm *vp_federpendel.py* und beobachten Sie die Auslenkung x, die Geschwindigkeit v, die Spannenergie E_{span} und die kinetische Energie E_{kin}. Sie können die Animation jederzeit stoppen, indem Sie auf den Stop-Button klicken. Untersuchen Sie auch den Einfluss der Dämpfung, indem Sie den Slider-Knopf verstellen.

Zum Zeitpunkt $t = 0$ befindet sich die Masse m im Zustand der Ruhe (Ruhelage, $x = 0$). Wenn sie nach rechts oder links verschoben wird (Auslenkung, x), wird die Feder gedehnt oder gestaucht. In dem Feder-Masse-System wird Spannenergie gespeichert. Nach Beendigung der Auslenkung wird die Spannenergie in Bewegungsenergie umgewandelt. Die Masse bewegt sich nun in entgegengesetzter Richtung der Auslenkung, bis sie die Position $-x$ bzw. $+x$ erreicht hat. Dieser Schwingungsvorgang wird so lange wiederholt, bis die Bewegungsenergie vollständig in Wärmeenergie umgewandelt wird. An der Masse wirken drei Kräfte: die Trägheitskraft $F_t = m \cdot a$, die Reibkraft $F_r = b \cdot v$ und die Spannkraft $F_s = k \cdot x$. Die Summe der drei Kräfte muss zu jedem Zeitpunkt gleich null sein. Diese Überlegung führt zu folgender Differenzialgleichung zweiter Ordnung:

$$m\frac{\mathrm{d}^2x}{\mathrm{d}t^2} + b\frac{\mathrm{d}x}{\mathrm{d}t} + k \cdot x = 0$$

Die Dämpfungskonstante b hat Einheit kg/s und die Federkonstante k hat die Einheit N/m. Alle drei Terme der DGL haben also die Einheit Newton.

Durch Multiplikation mit $1/m$ erhält man:

$$\frac{\mathrm{d}^2x}{\mathrm{d}t^2} + \frac{b}{m} \cdot \frac{\mathrm{d}x}{\mathrm{d}t} + \frac{k}{m}x = 0 \qquad (9.1)$$

Für die Abklingkonstante δ gilt:

$$\delta = \frac{b}{2m}$$

Sie hat die Einheit 1/s.

Für den Quotienten aus Federkonstante k und Masse m wird die Abkürzung

$$\omega_0^2 = \frac{k}{m}$$

eingeführt. Das **ungedämpfte** Feder-Masse-System ($b = 0$) schwingt mit der Kreisfrequenz ω_0. Das **gedämpfte** Feder-Masse-System ($b > 0$) schwingt mit der Kreisfrequenz ω_d.

$$\omega_d = \sqrt{\frac{k}{m} - \left(\frac{b}{2m}\right)^2} = \sqrt{\omega_0^2 - \delta^2}$$

Durch den Einfluss der Dämpfung verringert sich die Kreisfrequenz. Die Schwingungsdauer T ist umgekehrt proportional zur Kreisfrequenz

$$T = \frac{2\pi}{\omega_d}$$

Die Frequenz f ist der Kehrwert der Schwingungsdauer:

$$f = \frac{1}{T}$$

Sie gibt die Anzahl der Schwingungen pro Sekunde an. Ihre Einheit sind Hertz (1 Hz = 1/s).

Wenn die Frequenz f oder die Schwingungsdauer T gegeben ist, kann die Kreisfrequenz ω_d wie folgt berechnet werden:

$$\omega_d = 2\pi f = \frac{2\pi}{T}$$

Im Idealfall tritt keine Dämpfung auf und es gilt für die Anfangsgeschwindigkeit $v_0 = 0$:

$$\mathrm{x}\,(t) = x_0 \cos \omega_0 t$$

Den Ausdruck x_0 bezeichnet man als Amplitude. Das ist die größte Auslenkung einer Schwingung.

Bei Dämpfung gilt:

$$x\,(t) = x_0 \mathrm{e}^{-\delta t} \frac{\omega_0}{\omega_d} \cos\left(\omega_d t - \arcsin\frac{\delta}{\omega_0}\right) \tag{9.2}$$

Wenn die Kreisfrequenz der ungedämpften Schwingung ω_0 gleich der Abklingkonstanten δ ist, tritt der aperiodische Grenzfall ein. Es gilt dann:

$$\mathrm{x}\,(t) = x_0\,(1 + \delta \cdot t) \cdot \mathrm{e}^{-\delta t}$$

In diesem Fall schwingt das System nicht mehr.

Federpendel mit Anregung

Man kann ein Feder-Masse-System auch durch eine äußere Kraft periodisch anregen. Die DGL Formel 9.1 nimmt dann folgende Form an:

$$\frac{\mathrm{d}^2x}{\mathrm{d}t^2} + 2\delta \cdot \frac{\mathrm{d}x}{\mathrm{d}t} + \omega_0^2 \cdot x = \frac{F_0}{m} \cos \omega_e t \tag{9.3}$$

Die Funktion auf der rechten Seite der DGL bezeichnet man als Störfunktion. Wenn die Dämpfung sehr gering ist und die Anregungsfrequenz ω_e der Kreisfrequenz des Schwingkreises ω_0 entspricht, tritt die sogenannte Resonanzkatastrophe ein: Die Auslenkungen werden immer größer und das Feder-Masse-System zerstört sich durch Federbruch selber.

Lösung der DGL zweiter Ordnung mit SymPy

Das SymPy-Programm *sym_federpendel.py* (Listing 9.1) löst die DGL aus Formel 9.1 mit der Methode `dsolve()`. Das Programm berechnet auch die Werte der Abklingkonstanten δ, der Eigenkreisfrequenz ω_0, der Kreisfrequenz der gedämpften Schwingung ω_d, der Schwingungsdauer T und der Frequenz f. Die Auslenkung $x(t)$, die Geschwindigkeit $v(t)$ und die Beschleunigung $a(t)$ des Klotzes werden als Funktionsplots dargestellt. In den Zeilen 6 bis 8 können Sie andere Werte für die Masse m, der Dämpfungskonstanten b und der Federkonstanten k eingeben.

Listing 9.1 Lösung der Bewegungsgleichung für ein Federpendel

```
#sym_federpendel.py
from sympy import *
from sympy.plotting import plot, PlotGrid
t = symbols('t')
x = Function('x')(t)
m=1   #Masse in kg
b=0   #Dämpfungskonstante in kg/s
k=1   #Federkonstante in N/m
dgl=Eq(x.diff(t,2) + b/m*x.diff(t,1) + k/m*x,0) #DGL 2. Ordnung
#Anfangswerte
aw={
    x.subs(t,0):5,           #Auslenkung
    x.diff(t,1).subs(t,0):0  #Anfangsgeschwindigkeit
    }
#Lösung der DGL
aL=dsolve(dgl)                  #allgemeine Lösung der DGL
sL=dsolve(dgl,ics=aw).evalf(3) #spezielle Lösung der DGL
x_t = sL.rhs.evalf(3)           #rechte Seite der Funktion
v_t = diff(x_t,t,1).evalf(3)   #Geschwindigkeit, 1. Ableitung
a_t = diff(x_t,t,2).evalf(3)   #Beschleunigung,  2. Ableitung
#Ausgaben
print("allgemeine Lösung\n",aL)
print("spezielle Lösung\n",sL)
print("Auslenkung\nx(t) =",x_t)
print("Geschwindigkeit\nv(t) =",v_t)
print("Beschleunigung\na(t) =",a_t)
#Funktionsplots
p1=plot(x_t,(t,0,20),ylabel='Auslenkung',line_color='blue',show=False)
p2=plot(v_t,(t,0,20),ylabel='Geschwindigkeit',line_color='green',show=False)
p3=plot(a_t,(t,0,20),ylabel='Beschleunigung',line_color='red',show=False)
p = PlotGrid(3, 1, p1, p2, p3,size=(8,8))
```

Ausgabe

```
allgemeine Lösung
 Eq(x(t), C1*sin(t) + C2*cos(t))
spezielle Lösung
 Eq(x(t), 5.0*cos(t))
Auslenkung
x(t) = 5.0*cos(t)
Geschwindigkeit
v(t) = -5.0*sin(t)
Beschleunigung
a(t) = -5.0*cos(t)
```

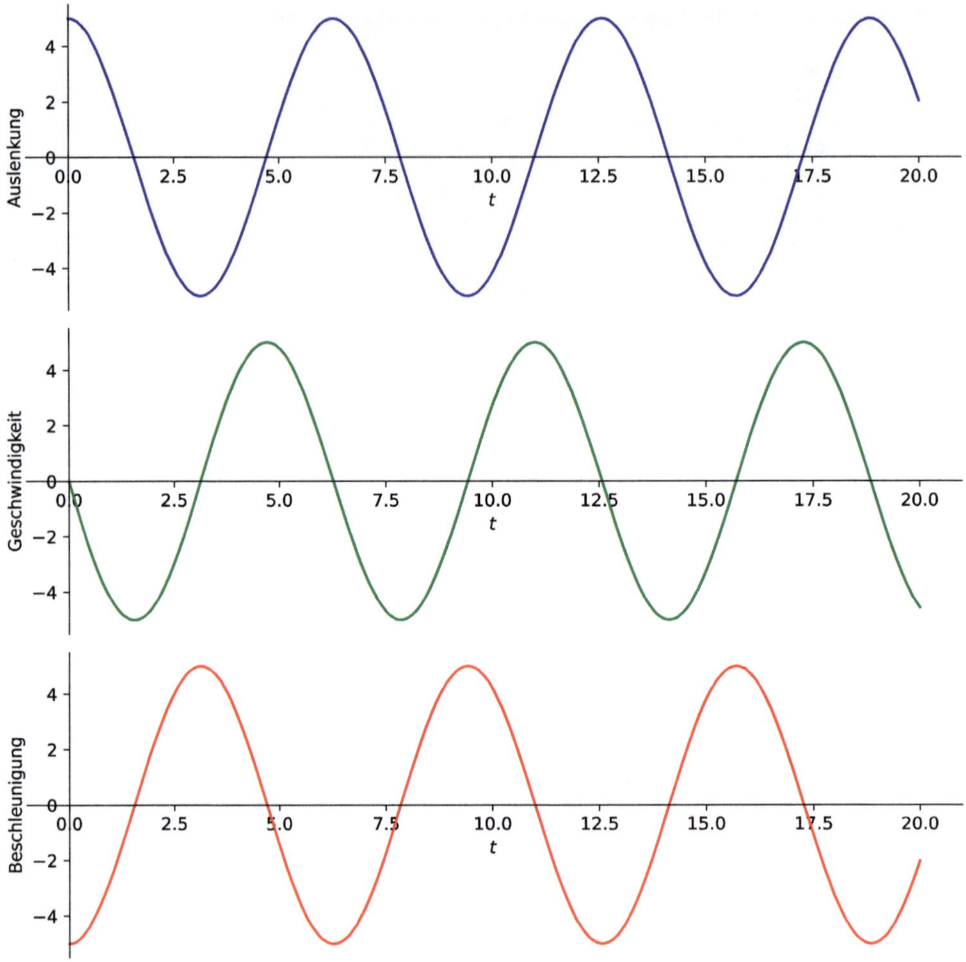

Bild 9.2 Schwingung eines Federpendels ohne Dämpfung

Analyse

In Zeile 4 legt die Anweisung `t = symbols('t')` fest, dass die Variable `t` als symbolische Variable im Programm genutzt werden soll.

Die Anweisung `x = Function('x')(t)` in Zeile 5 bestimmt, dass die unabhängige Variable `x` eine Funktion der Zeit sein soll.

In Zeile 14 steht die Definition der DGL zweiter Ordnung. Alternativ könnte man die DGL auch mit

```
dgl = x.diff(t,2) + b/m*x.diff(t,1) + k/m*x
```

definieren.

In den Zeilen 16 bis 19 werden die Anfangswerte der DGL in ein Dictionary gespeichert.

In den Zeilen 21 und 22 löst die SymPy-Methode `dsolve(dgl,...)` die DGL. Um die spezielle Lösung zu erhalten, müssen dem Parameter `ics` (*initial/boundary conditions*) die Anfangswerte `aw` zugewiesen werden. Der Anfangswert in Zeile 17 legt die Auslenkung der Masse fest. Die Feder wird um 5 Längeneinheiten in Richtung der positiven x-Achse gedehnt.

Die Anweisung `x_t=sL.rhs` in Zeile 23 ermittelt die rechte Seite der speziellen Lösungsgleichung. Die Abkürzung `rhs` steht für *right hand site*. Diese Operation ist notwendig, damit die numerische Lösung der DGL (Zeile 33) und der Funktionsgraph der speziellen Lösung mit der SymPy-Methode `plot(x_t,(t,0,20),..)` in Zeile 38 dargestellt werden können.

In den Zeilen 22 bis 25 bestimmt die SymPy-Methode `evalf(3)` die Anzahl der Ziffern.

Wenn Sie das Programm mit einer anderen Masse oder anderen Federkonstanten testen wollen, müssen Sie in Zeile 7 einen Wert für die Dämpfungskonstante vorgeben. Ansonsten wird das Programm nicht ausgeführt und Sie erhalten eine umfangreiche Fehlermeldung.

Übung: Feder-Masse-Schwinger

Testen Sie das Programm mit der Dämpfungskonstante `0.2` (Zeile 7).

Simulieren Sie den aperiodischen Grenzfall mit der Dämpfungskonstante `b=1.999` (Zeile 7).

Ändern Sie die Zeit in den Zeilen 28 bis 30 von 20 auf 2 Sekunden. Testen Sie das Programm mit `m=1` (Zeile 6) und `k=4*pi**2` (Zeile 8). Lesen Sie die Periodendauer ab.

Testen Sie das Programm mit der Störfunktion 10 (Zeile 9) und der Dämpfung `b=3` (Zeile 7).

Testen Sie das Programm mit der Störfunktion `cos(t)` (Zeile 9). Was passiert?

Setzen Sie in Zeile 9 für die Störfunktion den Wert 0 ein. Ändern Sie den Anfangswert in Zeile 12 `y(0):10` und starten Sie das Programm neu.

Speichern Sie den Funktionsgraph mit `p.save('schwingung.svg')` ab.

Lösung der DGL zweiter Ordnung mit SciPy

Der Vorteil der SymPy-Methode `dsolve()` besteht darin, dass die DGL zweiter Ordnung dieser Methode als Argument übergeben werden kann. Mit der SciPy-Funktion `solve_ivp()` ist das nicht möglich. Bei der Verwendung von `solve_ivp()` muss die DGL zweiter Ordnung in ein System erster Ordnung umgewandelt werden:

$$\frac{\mathrm{d}x}{\mathrm{d}t} = v$$

$$\frac{\mathrm{d}v}{\mathrm{d}t} = -\frac{b}{m}v - \frac{k}{m}x$$

Auf der linken Seite der Gleichungen müssen die ersten Ableitungen der gesuchten Größen stehen (explizite Form der DGL).

Im Programm *sci_federpendel.py* (Listing 9.2) löst die SciPy-Funktion `solve_ivp()` das DGL-System für den Feder-Masse-Schwinger. In den Zeilen 6 bis 8 können Sie die Masse, die Dämpfungskonstante und die Federkonstante ändern.

Listing 9.2 Numerische Lösung

```
1  #sci_federpendel.py
2  import numpy as np
3  import matplotlib.pyplot as plt
4  from scipy.integrate import solve_ivp
5  #Daten
6  m=1    #Masse kg
7  b=0.2  #Dämpfungskonstante in kg/s
8  k=1    #Federkonstante N/m
9  x0=5   #Anfangswert der Auslenkung
10 tmax=20
11 #DGL-System
12 def dgl(t,xa,k,m,d):
13     x,v = xa
14     dx_dt = v
15     dv_dt = - b/m*v -k/m*x
16     return dx_dt,dv_dt
17 #Lösung der DGL
18 t = np.linspace(0,tmax,500)
19 z=solve_ivp(dgl,[0,tmax],[x0,0],args=(k,m,b),dense_output=True)
20 x,v=z.sol(t)
21 Es=0.5*k*x**2 #Spannenergie
22 Ek=0.5*m*v**2 #Bewegungsenergie
23 #Grafikbereich
24 fig,ax = plt.subplots(2,2,figsize=(12,8),label='Feder-Masse-Schwinger')
25 ax[0,0].plot(t,x,'b-')  #Auslenkung
26 ax[1,0].plot(t,v,'r-')  #Geschwindigkeit
27 ax[0,1].plot(t,Es,'g-') #Spannenergie
28 ax[1,1].plot(t,Ek,'g-') #Bewegungsenergie
29 #Beschriftungen
30 ax[0,0].set(ylabel='$x$',title='Auslenkung')
31 ax[1,0].set(xlabel='Zeit',ylabel='$v$',title='Geschwindigkeit')
32 ax[0,1].set(ylabel='$E_{span}$',title='Spannenergie')
33 ax[1,1].set(xlabel='Zeit',ylabel='$E_{kin}$',title='Bewegungsenergie')
34 fig.tight_layout()
35 plt.show()
```

Ausgabe

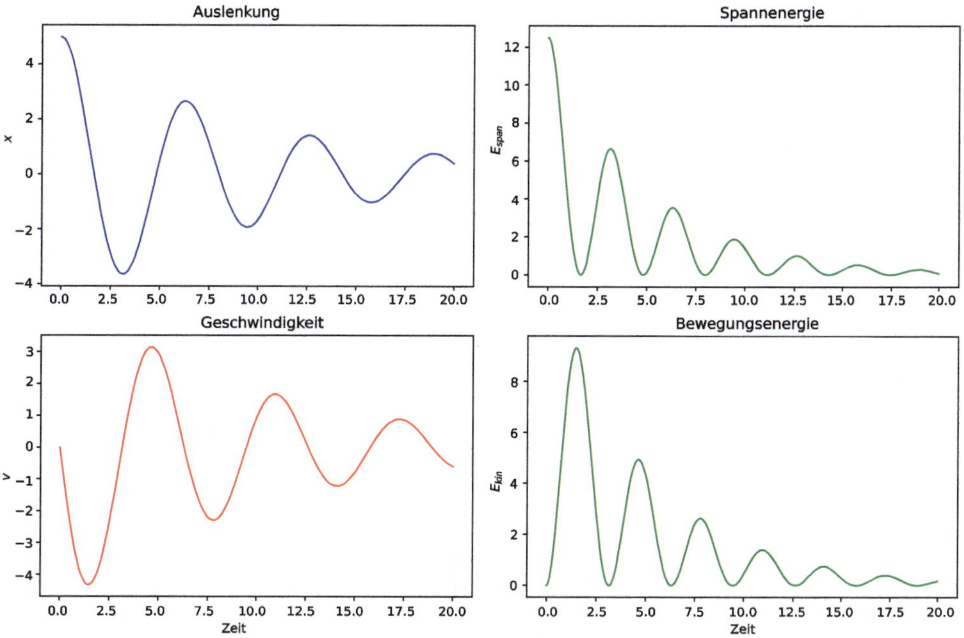

Bild 9.3 Gedämpfte Federschwingungen

Analyse

In den Zeilen 12 bis 16 steht das DGL-System. Es kann direkt aus den Vorgaben übernommen werden.

In Zeile 19 löst die SciPy-Funktion `solve_ivp(...)` das DGL-System. Die Lösungen für die Auslenkung `x` und die Geschwindigkeit `v` werden in der Zeile 20 getrennt.

9.2 Physikalisches Pendel

Beim physikalischen Pendel ist die Schwingungsdauer von seiner Masse m und seinem Trägheitsmoment J abhängig:

$$T = 2\pi\sqrt{\frac{J}{m \cdot g \cdot l_s}} \tag{9.4}$$

Die Schwingungsdauer ist proportional zur Wurzel aus dem Trägheitsmoment J und umgekehrt proportional zur Wurzel aus der Masse und dem Abstand l_s zwischen Aufhängepunkt und dem Schwerpunkt des Pendels. Diese Formel gilt nur für kleine Auslenkungen. Für die Schwingungsdauer eines physikalischen Pendels ist die Masseverteilung des Körpers entscheidend.

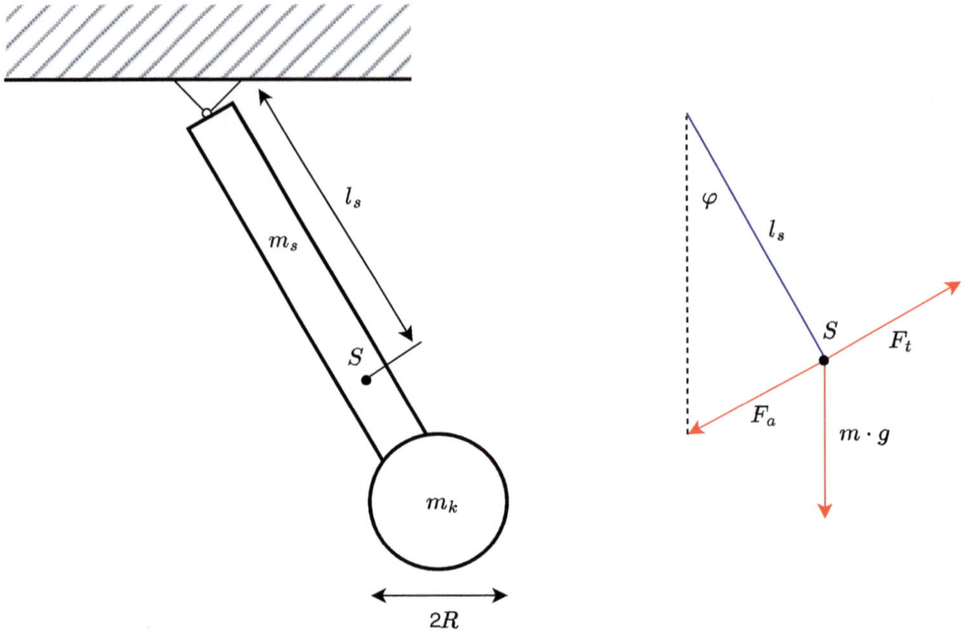

Bild 9.4 Physikalisches Pendel als Stange-Kugel-System

Das Pendel besteht aus einer zylinderförmigen Stange mit Länge l der Masse m_S und einer Kugel mit dem Radius R und der Masse m_k. Die Gewichtskraft $F_g = m \cdot g$ greift im Schwerpunkt S des Pendels an. Die Masse m ist die Gesamtmasse (Stange plus Kugel) des physikalischen Pendels.

Für die Summe der Drehmomente gilt:

$$M_t + M_a = 0$$

Mit $M_t = J \cdot \alpha$ und $M_a = m \cdot g \cdot l_s \cdot \sin\varphi$ erhält man die DGL zweiter Ordnung:

$$J\frac{\mathrm{d}^2\varphi}{\mathrm{d}t^2} + m \cdot g \cdot l_s \cdot \sin\varphi = 0$$

Durch J dividiert ergibt:

$$\frac{\mathrm{d}^2\varphi}{\mathrm{d}t^2} + \frac{m \cdot g \cdot l_s}{J} \cdot \sin\varphi = 0 \tag{9.5}$$

Für den Abstand l_S zwischen Aufhängepunkt und dem Schwerpunkt gilt:

$$l_s = \frac{m_s \frac{l}{2} + m_k\,(l + \mathrm{R})}{m_s + m_k} \tag{9.6}$$

Diese Formel wurde bereits im Abschnitt 2.4.1 hergeleitet.

Wenn für die Pendellänge $l \gg R$ gilt, kann Formel 9.6 vereinfacht werden zu:

$$l_S = l \frac{\frac{1}{2} m_S + m_K}{m_S + m_K}$$

Das Trägheitsmoment des physikalischen Pendels ist die Summe aus dem Trägheitsmoment des Zylinders und dem Trägheitsmoment der Kugel.

Für das Trägheitsmoment der Stange gilt:

$$J_S = \frac{1}{3} m_S \cdot l^2$$

Das Trägheitsmoment der Kugel wird mit dem Satz von Steiner berechnet:

$$J_K = \frac{2}{5} m_K \cdot R^2 + m_K \cdot l^2$$

Die Summe aus beiden Trägheitsmomenten ergibt:

$$J = m_K \cdot l^2 \left(1 + \frac{2}{5} \cdot \frac{R^2}{l^2} + \frac{1}{3} \frac{m_S}{m_K}\right)$$

Setzt man das Trägheitsmoment J und die reduzierte Pendellänge l_S in Formel Formel 9.5 ein, erhält man:

$$\frac{\mathrm{d}^2\varphi}{\mathrm{d}t^2} + \frac{(m_S + m_K) \cdot g \cdot l \cdot \frac{\frac{1}{2} m_S + m_K}{m_S + m_K}}{m_K \cdot l^2 \left(1 + \frac{2}{5} \cdot \frac{R^2}{l^2} + \frac{1}{3} \frac{m_S}{m_K}\right)} \sin\varphi = 0$$

Mit

$$\omega_0^2 = \frac{g}{l} \cdot \frac{1 + \frac{1}{2} \frac{m_S}{m_K}}{1 + \frac{2}{5} \cdot \frac{R^2}{l^2} + \frac{1}{3} \frac{m_S}{m_K}}$$

erhält man

$$\frac{\mathrm{d}^2\varphi}{\mathrm{d}t^2} + \omega_0^2 \sin\varphi = 0 \tag{9.7}$$

Dies ist eine nichtlineare DGL, weil der Sinus des Auslenkwinkels in ihr vorkommt. Für kleine Auslenkungen kann man näherungsweise $\varphi \approx \sin\varphi$ annehmen.

Lösung der Bewegungsgleichung mit `solve_ivp()`

Diese DGL zweiter Ordnung muss in ein DGL-System erster Ordnung umgewandelt werden:

$$\frac{d\varphi}{dt} = \omega$$

$$\frac{d\omega}{dt} = -\omega_0^2 \sin\varphi$$

Die DGL-Systeme des physikalischen und des mathematischen Pendels haben den gleichen formalen Aufbau. Der Unterschied besteht lediglich darin, wie die Kreisfrequenz bestimmt wird.

Die potenzielle Energie ist das Produkt aus der gesamten Pendelmasse m, der Erdbeschleunigung g und der Höhe h:

$$E_{pot} = m \cdot g \cdot h = (m_S + m_K) \cdot g \cdot l_S\,(1 - \cos\varphi)$$

Die kinetische Energie kann mit

$$E_{kin} = \frac{1}{2} J \cdot \omega^2$$

berechnet werden.

Mit dem Programm *sci_phy_pendel.py* (Listing 9.3) können Sie die Bewegungsabläufe des physikalischen Pendels simulieren. Die Daten des Pendels können Sie in den Zeilen 6 bis 9 ändern.

Listing 9.3 Numerische Lösung für das physikalische Pendel

```
1  #sci_phy_pendel.py
2  import numpy as np
3  import matplotlib.pyplot as plt
4  from scipy.integrate import solve_ivp
5  #Daten
6  l = 1.5     #Länge der Stange in m
7  ds = 0.05  #Durchmesser der Stange in m
8  dk = 0.2   #Durchmesser der Kugel in m
9  phi0 = 60  #Auslenkung in °
10 g=9.81     #Erdbeschleunigung m/s^2
11 #Funktionsdefinition für Trägheitsmoment
12 def pendel(l,ds,dk):
13     R=dk/2
14     rho=7850  #Dichte von Stahl kg/m^3
15     ms=rho*np.pi*(ds/2)**2*l #Masse der Stange
16     mk=rho*4/3*np.pi*R**3    #Masse der Kugel
```

```
    m=ms+mk                    #Gesamtmasse
    ls=l*(0.5*ms+mk)/m
    J=mk*l**2*(1+2/5*R**2/l**2+1/3*ms/mk)
    return m,ls,J
#DGL-System
def dgl(t,a0,w02):
    phi,w = a0
    dphi_dt = w
    dw_dt =  -w02*np.sin(phi)
    return dphi_dt,dw_dt
#Berechnung der Frequenz und Periodendauer
m,ls,J = pendel(l,ds,dk)
w02=m*g*ls/J  #Quadrat der Kreisfrequenz
T=2*np.pi/np.sqrt(w02) #Schwingungsdauer
f=1/T
#Lösung der DGL
t = np.linspace(0,2*T,800)
z=solve_ivp(dgl,[0,2*T],[np.radians(phi0),0],args=(w02,),dense_output=True)
phi, w = z.sol(t)
h=ls*(1-np.cos(phi)) #Höhe
Epot = m*g*h          #potentielle Energie
Ekin = 0.5*J*w**2     #kinetische Energie
Eges=Epot+Ekin
#Grafikbereich
fig,ax = plt.subplots(2,2,figsize=(10,8),label='Physikalisches Pendel')
#linke Spalte
ax[0,0].plot(t,np.degrees(phi),'r-',lw=1.5)  #Auslenkung
ax[1,0].plot(t,w,'b-',lw=1.5)      #Winkelgeschwindigkeit
#rechte Spalte
ax[0,1].plot(t,Epot,'r-',lw=1.5)  #potentielle Energie
ax[0,1].plot(t,Ekin,'b-',lw=1.5)  #kinetische Energie
ax[1,1].set_ylim(0,1.1*np.max(Eges))
ax[1,1].plot(t,Eges,'k-',lw=1.5)
#Beschriftungen
ax[0,0].set(ylabel=r'$\varphi$ in °',title='Auslenkung')
ax[1,0].set(xlabel='$t$ in s',ylabel=r'$\omega$ in rad/s')
ax[1,0].set_title('T = %2.2f s    f = %2.2f Hz' %(T,f))
ax[0,1].set_title('potentielle und kinetische Energie')
ax[0,1].set(ylabel=r'$E_{pot}$    $E_{kin}$ in J')
ax[1,1].set_title('Gesamtenergie')
ax[1,1].set(xlabel='$t$ in s',ylabel='$E_{ges}$ in J')
fig.tight_layout()
plt.show()
```

Ausgabe

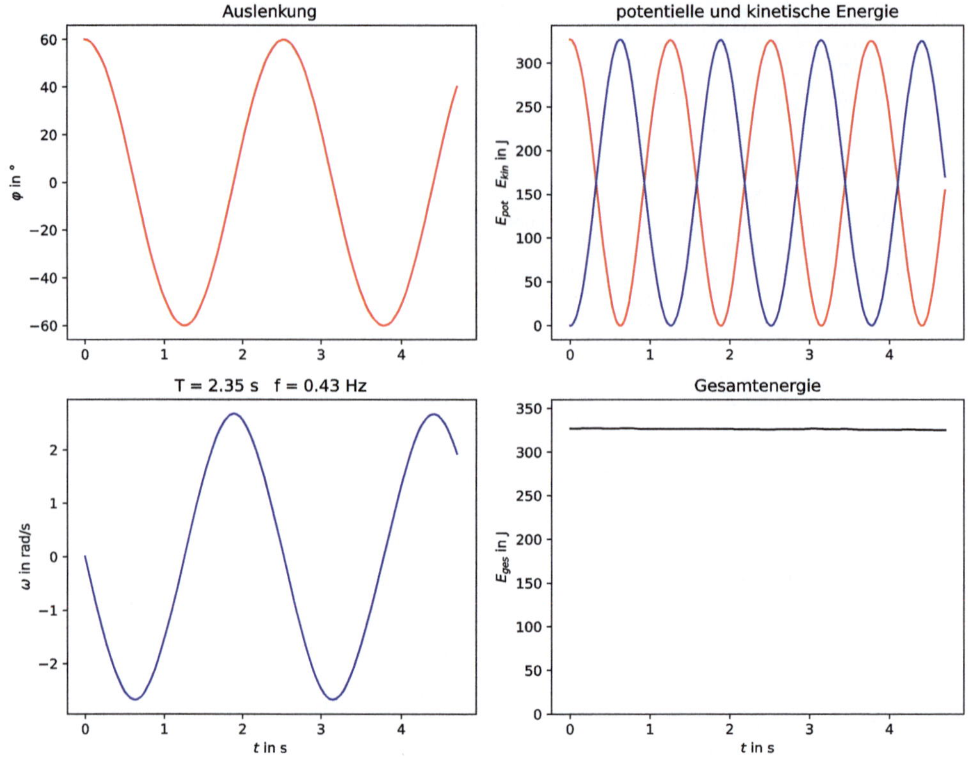

Bild 9.5 Auslenkung und Winkelgeschwindigkeit für das physikalische Pendel

Analyse

In den Zeilen 12 bis 20 sind die Berechnungsvorschriften für die Masse `m`, den Abstand `ls` zwischen Pendellager und Schwerpunkt und das Trägheitsmoment `J` des physikalischen Pendels implementiert.

In den Zeilen 22 bis 26 steht die Definition des DGL-Systems. Gelöst wird es in der Zeile 34. In Zeile 35 werden der Auslenkwinkel `phi` und die Winkelgeschwindigkeit `w` aus dem Objekt z generiert.

Animation des physikalischen Pendels

Die Bewegung des physikalischen Pendels aus Bild 9.4 soll animiert werden. Bild 9.6 zeigt einen Screenshot einer Momentaufnahme des Programms *ani_phy_pendel.py*.

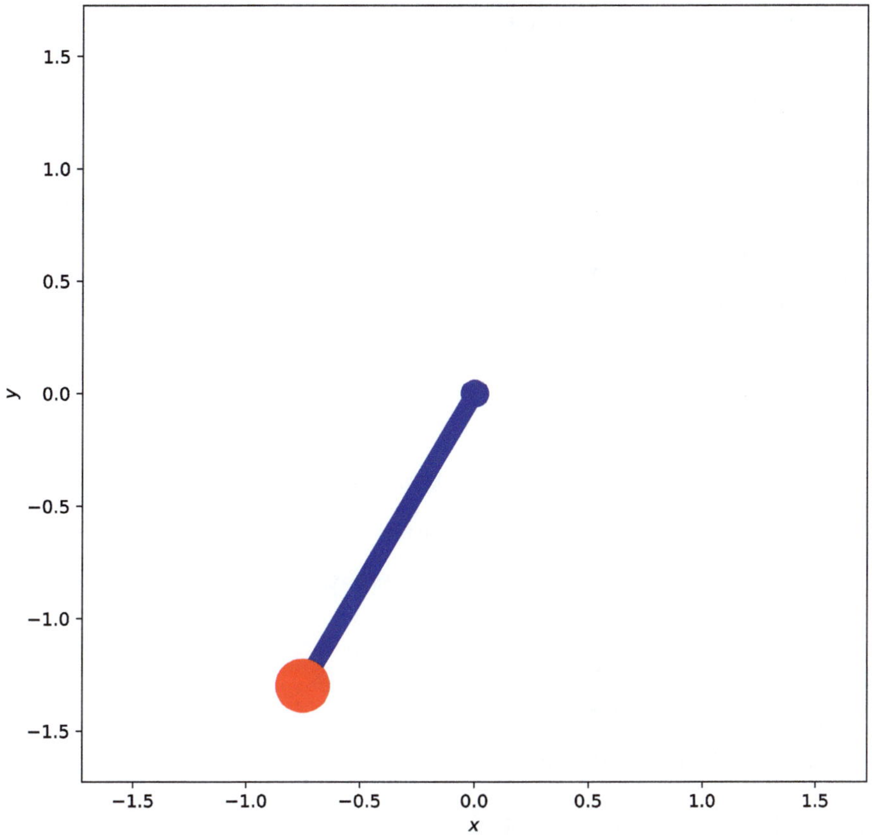

Bild 9.6 Animation des physikalischen Pendels (Momentaufnahme)

Mit dem Programm *ani_phy_pendel.py* (Listing 9.4) können Sie das physikalische Pendel animieren. In den Zeilen 7 bis 10 können Sie andere Daten für das Pendel eintragen.

Listing 9.4 Animation eines physikalischen Pendels

```
1  #ani_phy_pendel.py
2  import numpy as np
3  import matplotlib.pyplot as plt
4  from matplotlib.animation import FuncAnimation
5  from scipy.integrate import solve_ivp
6  #Daten
7  phi0 = 90   #Auslenkung in °
8  l = 1.5     #Länge der Stange in m
9  ds = 0.025 #Durchmesser der Stange in m
10 dk = 0.2    #Durchmesser der Kugel in m
11 dt=0.01     #Zeitschrittweite
12 g=9.81      #Erdbeschleunigung m/s^2
13 #Funktionsdefinition für Trägheitsmoment
14 def pendel(l,ds,dk):
15     R=dk/2
16     rho=7850  #Dichte von Stahl kg/m^3
```

```
17     ms=rho*np.pi*(ds/2)**2*l #Masse der Stange
18     mk=rho*4/3*np.pi*R**3    #Masse der Kugel
19     m=ms+mk #Gesamtmasse
20     ls=l*(0.5*ms+mk)/(ms+mk)
21     J=mk*l**2*(1+2/5*R**2/l**2+1/3*ms/mk)
22     return m,ls,J
23 #DGL-System
24 def dgl(t,a0,w02):
25     phi,w = a0
26     dphi_dt = w
27     dw_dt =  -w02*np.sin(phi)
28     return dphi_dt,dw_dt
29 #Quadrat der Kreisfrequenz berechnen
30 m,ls,J = pendel(l,ds,dk)
31 w02=m*g*ls/J  #Quadrat der Kreisfrequenz
32 T=2*np.pi/np.sqrt(w02) #Schwingungsdauer
33 #Lösung der DGL
34 t = np.arange(0,2*T,dt)
35 z=solve_ivp(dgl,[0,2*T],[np.radians(phi0),0],args=(w02,),dense_output=True)
36 phi, w = z.sol(t)
37 #Koordinatendaten für Animationsfunktion ermitteln
38 def update(i):
39     x,y = l*np.sin(phi),-l*np.cos(phi) #x,y-Koordinaten
40     stange.set_data([0,x[i]],[0,y[i]])
41     kugel.set_data([x[i]],[y[i]])
42     return stange,kugel
43 #Grafikbereich
44 fig,ax= plt.subplots(figsize=(8, 8))
45 breite=1.15*l
46 ax.axis([-breite,breite,-breite,breite])
47 ax.set_aspect('equal')
48 ax.plot(0,0,'bo', markersize='15')    #Lager
49 stange, = ax.plot([],[], 'b-', lw=10) #Stange
50 kugel, =  ax.plot([],[], 'ro', markersize='30') #Kugel
51 ani=FuncAnimation(fig, update,frames=t.size,interval=20,blit=True)
52 ax.set(xlabel='$x$',ylabel='$y$')
53 plt.show()
```

Analyse

In Zeile 39 werden mithilfe der Sinus- und Kosinusfunktion die x,y- Koordinaten des Pendelendes berechnet. Der in Zeile 36 ermittelte Auslenkwinkel `phi` wird diesen mathematischen Funktionen als Argument übergeben. Die Koordinatendaten der Pendelstange werden in der Zeile 40 und die Koordinatendaten der Kugel werden in Zeile 41 in die Objekte `stange` und `kugel` gespeichert. Die Matplotlib-Methode `FuncAnimation (fig,update,...)` ruft die selbstdefinierte Python-Funktion `update(i)` aus Zeile 38 auf und führt die Animation des physikalischen Pendels aus (Zeile 51).

9.3 Überlagerung von Schwingungen

Wenn man zwei Schwingungen

$$y_1(t) = y_0 \cos \omega_1 t$$

und

$$y_2(t) = y_0 \cos(\omega_2 t - \varphi)$$

überlagert (addiert), entsteht eine dritte Schwingung:

$$y(t) = y_1(t) + y_2(t) = y_0 [\cos \omega_1 t + \cos(\omega_2 t - \varphi)]$$

Die Gesamtschwingung $y(t)$, die sich aus der Überlagerung von zwei Schwingungen ergibt, ist abhängig von den Kreisfrequenzen ω_1 und ω_2 und der Phasenkonstanten φ. Bild 9.7 zeigt die Situation für $\omega_1 = \omega_2$ und eine Phasenverschiebung von 180°.

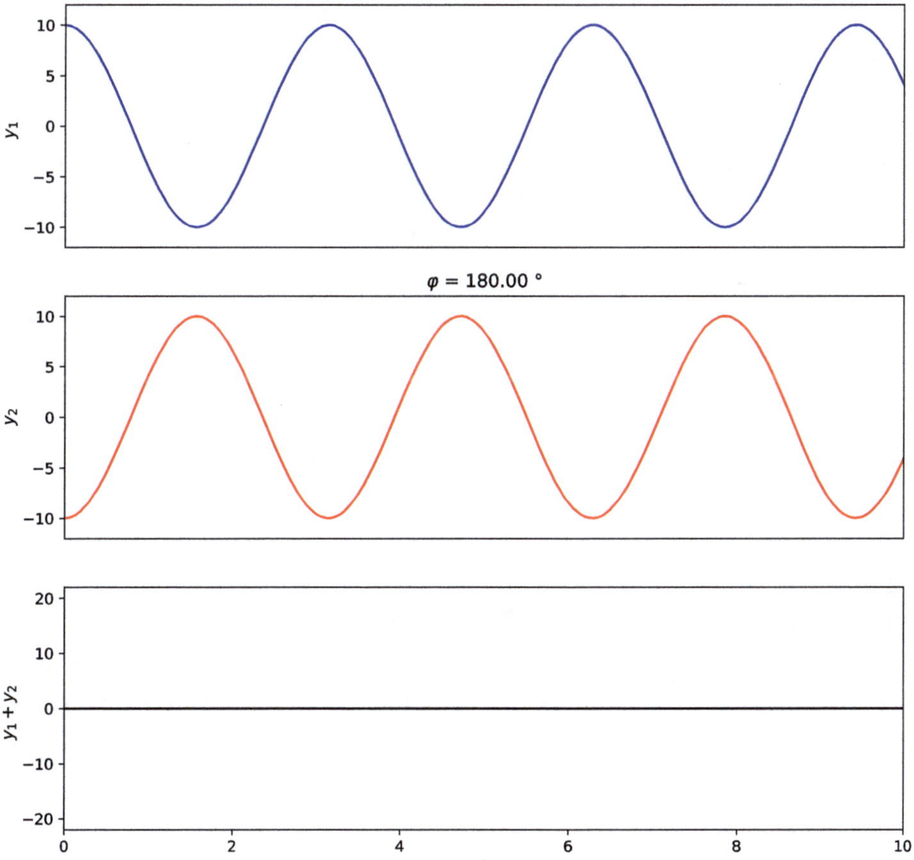

Bild 9.7 Überlagerung von Schwingungen

Bei einer Phasenverschiebung von 180° hat die Amplitude der resultierenden Schwingung $y(t)$ den Wert null. Die beiden Schwingungen $y_1(t)$ und $y_2(t)$ löschen sich gegenseitig aus. Wenn keine Phasenverschiebung vorliegt, verdoppelt sich der Wert der resultierenden Amplitude. In Aufgabe 2 sollen Überlagerungen von zwei Schwingungen mit Slider-Steuerelementen simuliert werden.

9.4 Aufgaben

1. Ergänzen Sie Listing 9.1 so, dass die Werte für die Abklingkonstante, Eigenkreisfrequenz, Kreisfrequenz, Periodendauer und Frequenz ausgegeben werden. Die Bewegungsenergie und die Spannenergie sollen als Funktionsplot ausgegeben werden.
2. Schreiben Sie ein Matplotlib-Programm, das mit drei Slider-Steuerelementen den Einfluss der Amplitude A, der Dämpfung b und der Federkonstanten k auf den Schwingungsverlauf eines Feder-Masse-Schwingers simuliert. Die Masse beträgt $m = 1\,\text{kg}$. Der aktuelle Wert der Abklingkonstante δ soll auf der Benutzeroberfläche angezeigt werden.
3. Ergänzen Sie Listing 9.2 so, dass die Auslenkung x, die Geschwindigkeit v und das Phasendiagramm $v = f(x)$ im Darstellungsbereich links in jeweils drei Unterdiagrammen dargestellt werden. In der rechten Spalte sollen die Spannenergie, die Bewegungsenergie und die Gesamtenergie dargestellt werden. Die Masse soll sich dämpfungsfrei bewegen können.
4. Der Verlauf der Kreisfrequenz $\omega(t)$ eines physikalischen Pendels (Formel 9.7) soll mit einer Sinusfunktion verglichen werden. Das Pendel schwingt mit einer Frequenz von $f = 1$ Hz. Erhöhen Sie den Auslenkwinkel von 10° bis 90° in Zehnerschritten und beobachten Sie die Änderungen im Verlauf von $\omega(t)$. Die Amplitude können Sie mit der NumPy-Funktion `A = np.max(w)` ermitteln.
5. Berechnen Sie das Gesamtträgheitsmoment für das physikalische Pendel aus Bild 9.4 mit SymPy symbolisch.
6. Ergänzen Sie Listing 9.4 so, dass die potenzielle und die kinetische Energie sowie deren Summe auf der Benutzeroberfläche ausgegeben werden.
7. Schreiben Sie ein Matplotlib-Programm, das die Überlagerung von zwei sinusförmigen Schwingungen mit Slider-Steuerelementen simuliert. Die Kreisfrequenzen ω_1 und ω_2 sowie die Phasenkonstante φ der zweiten Sinusfunktion sollen durch die Slider geändert werden.

10 Mechanische Wellen

Mechanische Wellen sind Schwingungen, die sich in einem Medium (Luft, Wasser, Materie) mit konstanter Geschwindigkeit ausbreiten. Beispiele für mechanische Wellen sind: Schallwellen, Wasserwellen und Seilwellen. Man unterscheidet zwischen Transversal- und Longitudinalwellen. Bei Transversalwellen erfolgt die **Auslenkung** senkrecht zur Ausbreitungsrichtung (Beispiel: Seilwellen). Die Auslenkung bei Longitudinalwellen (Beispiel: Schallwellen) erfolgt in Richtung der Ausbreitung. In Bild 10.1 ist der Screenshot des VPython-Programms *vp_welle.py* dargestellt. Wenn Sie das Programm starten, sehen Sie eine Transversalwelle, die sich im Raum ausbreitet. Wenn Sie die rechte Maustaste gedrückt halten und den Mauszeiger über die Benutzeroberfläche ziehen, können Sie die Szene ändern und so die Wellenbewegung aus verschiedenen Perspektiven betrachten.

Bei der Wellenausbreitung einer Transversalwelle entstehen abwechselnd Wellenberge und Wellentäler. Wellenberge repräsentieren die Punkte mit maximal positiver Auslenkung, während Wellentäler die Punkte mit maximal negativer Auslenkung darstellen.

Die Alltagsbeobachtung von Wasserwellen könnte die Vermutung nahelegen, dass Wellen Materie transportieren. Das ist jedoch nicht der Fall: Wellen transportieren nur Energie und keine Materie.

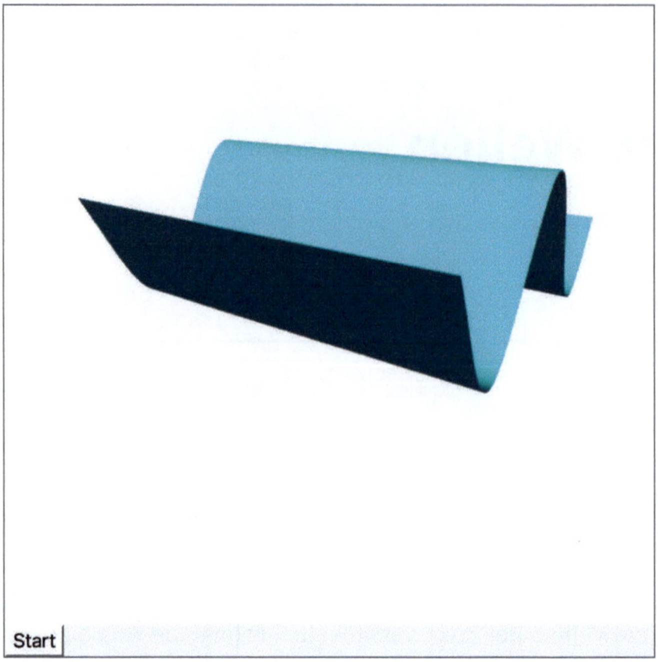

Bild 10.1 Wellenbewegung einer Transversalwelle mit VPython animiert

10.1 Die Wellengleichung

Für jeden Typ von Welle, unabhängig davon, ob es sich um eine Transversal- oder Longitudinalwelle handelt, kann eine Differenzialgleichung zweiter Ordnung aufgestellt werden:

$$\frac{\partial^2 s}{\partial t^2} = v^2 \frac{\partial^2 s}{\partial x^2} \tag{10.1}$$

Die Variable s repräsentiert die Auslenkung (Elongation) einer Welle. In dieser DGL kommen die zwei unabhängigen Variablen t und x vor. Die Welle breitet sich in x-Richtung mit der Geschwindigkeit v aus. An dem Ort x hat die Welle zum Zeitpunkt t die Auslenkung $s(x,t)$. Die Auslenkung kann senkrecht zur Ausbreitungsrichtung (Transversalwelle) oder parallel zur Ausbreitungsrichtung (Longitudinalwelle) erfolgen. Diesen Typ von Differenzialgleichungen bezeichnet man als partielle Differenzialgleichung (engl. *partial differential equation*, **PDE**). Der Differenzialoperator einer partiellen Ableitung wird mit dem Symbol ∂ gekennzeichnet, um den Unterschied zu den gewöhnlichen Differenzialgleichungen (engl. *ordinary differential equation*, **ODE**) zu verdeutlichen. Die Wellengleichung kann man auch ohne die Differenzialoperatoren in einer übersichtlichen Kurzform aufschreiben:

$$\ddot{s} = v^2 s''$$

Die zweite Ableitung der Auslenkung nach der Zeit ist gleich die Geschwindigkeit zum Quadrat mal der zweiten Ableitung der Auslenkung nach dem Weg. Diese Differenzialgleichung hat mehrere mögliche Lösungen. Eine Lösung ist z. B.:

$$s(x,t) = s_{max} \cdot \sin(\omega \cdot t - k \cdot x) \tag{10.2}$$

Die **Amplitude** s_{max} bestimmt die maximale Auslenkung einer Welle. Bei Transversalwellen wird die Variable s durch die Variable y ersetzt, weil bei diesem Wellentyp die Auslenkung in Richtung der y-Achse erfolgt. Die **Kreisfrequenz** ω kam bereits bei den Schwingungen vor. Sie ist definiert als Quotient aus 2π und der **Schwingungsdauer** T:

$$\omega = \frac{2\pi}{T} = 2\pi f$$

Neu ist der Term $k \cdot x$. Die Konstante k bezeichnet man als **Wellenzahl** (genauer: Kreiswellenzahl). Sie ist definiert als Quotient aus 2π und der Wellenlänge λ:

$$k = \frac{2\pi}{\lambda} \tag{10.3}$$

Wenn man im Argument der Sinus-Funktion die Wellenzahl k ausklammert, erhält man einen Ausdruck für die **Ausbreitungsgeschwindigkeit** einer Welle:

$$s(x,t) = s_{max} \cdot \sin\left[k\left(\frac{\omega}{k} \cdot t - x\right)\right]$$

Die Ausbreitungsgeschwindigkeit oder Phasengeschwindigkeit v einer Welle ist proportional zur Wellenlänge und umgekehrt proportional zur Schwingungsdauer.

$$v = \frac{\omega}{k} = \frac{\lambda}{T} = \lambda \cdot f \tag{10.4}$$

In Bild 10.2 ist das Zeit- und Ortsbild einer Transversalwelle dargestellt. Die Wellenlänge λ und die Periodendauer T kann direkt aus der Abbildung abgelesen werden.

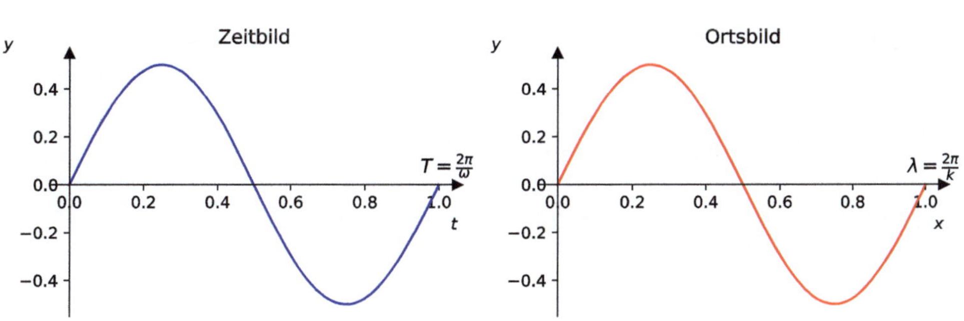

Bild 10.2 Zeit- und Ortsbild einer Transversalwelle

Die Schwingungsdauer der Welle beträgt 1 Sekunde, sie hat eine Wellenlänge von 1 Meter. Die Amplitude hat einen Wert von 0,5 Meter. Die Welle breitet sich mit einer Geschwindigkeit von 1 m/s aus.

10.2 Animation einer Transversalwelle

Die Animation einer Transversalwelle soll zunächst anhand eines einfachen Programms beschrieben werden. Die Auslenkung erfolgt in Richtung der y-Achse. Für die Auslenkung mit der Amplitude y_{max} soll deshalb gelten:

$$y(x,t) = y_{max} \cdot \sin(\omega \cdot t - k \cdot x) \tag{10.5}$$

Das Matplotlib-Programm *ani_welle.py* (Listing 10.1) dient als Grundversion für die folgenden Animationsprogramme. Die Ausbreitungsgeschwindigkeit v und die Frequenz f sind gegeben. Das Programm berechnet die Kreisfrequenz, die Wellenlänge $\lambda = v/f$ und die Wellenzahl $k = 2\pi/\lambda$ der Welle.

Listing 10.1 zeigt den Screenshot des Programms. In der Titelleiste werden die Wellenlänge und die Wellenzahl ausgegeben.

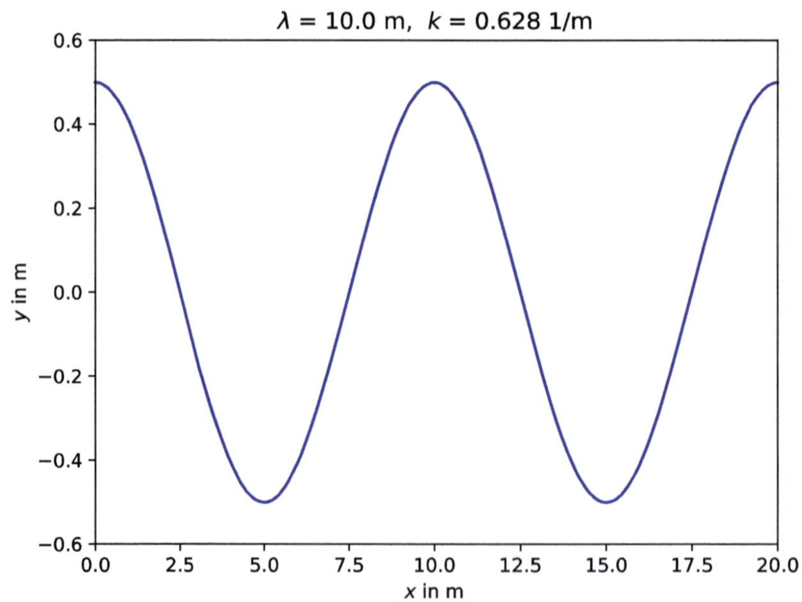

Bild 10.3 Animation einer Welle mit Matplotlib (Momentaufnahme)

Listing 10.1 erzeugt die Benutzeroberfläche des Matplotlib-Programms *ani_welle.py*. In den Zeilen 6 und 7 können Sie andere Werte für die Ausbreitungsgeschwindigkeit und die Frequenz eingeben.

Listing 10.1 Animation einer Wellenbewegung

```
1  #ani_welle.py
2  import numpy as np
3  import matplotlib.pyplot as plt
4  from matplotlib.animation import FuncAnimation
5  #Daten
6  v = 10    #Ausbreitungsgeschwindigkeit m/s
7  f = 1     #Frequenz in Hz
8  dt=1e-2   #Zeitschrittweite in s
9  lamda=v/f #Wellenlänge in m
10 w=2*np.pi*f     #Kreisfrequenz 1/s
11 k=2*np.pi/lamda #Wellenzahl
12 xmax,ymax=20,0.5
13 #Wellengleichung
14 def welle(i):
15     t=i*dt
16     y=ymax*np.sin(w*t - k*x)
17     linie.set_data(x,y)
18     return linie,
19 #Grafikbereich
20 fig, ax = plt.subplots(label='Transversalwelle')
21 x = np.linspace(0,xmax,500)
22 ax.axis([0,xmax,-1.2*ymax,1.2*ymax])
23 linie, = ax.plot([],[],'b-')
24 ani = FuncAnimation(fig,welle,interval=20,blit=True,save_count=500)
25 #Beschriftungen
26 ax.set_title(r'$\lambda$ = %1.1f m,  $k$ = %1.3f 1/m' %(lamda,k))
27 ax.set_xlabel('$x$ in m')
28 ax.set_ylabel('$y$ in m')
29 plt.show()
```

Analyse

Die Ausbreitungsgeschwindigkeit und die Frequenz der Welle werden in den Zeilen 6 und 7 vorgegeben. Die Wellenlänge, die Kreisfrequenz und die Wellenzahl werden in den Zeilen 9 bis 11 berechnet. Wichtig ist hier, dass die Variable für die Wellenlänge nicht mit `lambda` bezeichnet werden darf, sondern mit `lamda` (Zeile 9), denn der Bezeichner `lambda` ist ein Schlüsselwort von Python.

Die selbstdefinierte Python-Funktion `welle(i)` in den Zeilen 14 bis 18 hat die Aufgabe, die Daten für die Animation zu berechnen und temporär zu speichern. Dieser Funktion wird die Zählvariable `i` übergeben. Sie zählt von 0 bis zum Speicherüberlauf. Der wird jedoch mit dem Argument `save_count=500` (Zeile 24) verhindert. In Zeile 15 wird mit `i*dt` die Zeit `t` aktualisiert. In Zeile 16 steht die Lösung der Wellengleichung (Formel 10.5). Der Sinus-Funktion werden die aktuellen Werte der Zeit `t` und des Orts `x` für jedes neue `i` übergeben. In Zeile 17 speichert die Anweisung `linie.set_data(x,y)` die *x*,*y*-Koordinatendaten. In Zeile 24 wird der Matplotlib-Methode `FuncAnimation` (fig,welle, ...) die Python-Funktion welle als Argument übergeben. Beim Funktionsaufruf der Python-Funktion welle wird das Tupel linie (Zeile 18) übergeben.

In Zeile 23 erzeugt die Matplotlib-Methode plot([],[],'b-') das Tupel linie. Das Komma ist wichtig. Wenn es fehlt, wird das Programm nicht ausgeführt. Die eckigen Klammern stehen für leere Listen. An dieser Stelle muss noch nicht festgelegt werden, was konkret dargestellt werden soll.

In Zeile 24 erzeugt die Matplotlib-Methode

```
FuncAnimation(fig,welle,interval=20,blit=True,save_count=500)
```

das Objekt ani. Der Name dieses Objekts kann beliebig gewählt werden. Als erstes Argument muss das fig-Objekt aus Zeile 20 übergeben werden. Es folgt der Funktionsaufruf der Python-Funktion welle. Das dritte Argument legt fest, dass das Bild (*frame*) alle 20 ms neu gezeichnet werden soll (Verzögerung zwischen den Frames in Millisekunden). Das Argument blit=True sorgt dafür, dass die Animation flüssiger wirkt. Das Argument save_count legt die Anzahl der Frames fest, die zwischengespeichert werden sollen. Es wird verwendet, wenn für die Zählvariable i kein Endwert vorgegeben wird.

Alternativ kann die Animation auch mit

```
ani = FuncAnimation(fig,welle,frames=x.size,interval=20,blit=True)
```

durchgeführt werden. Die Zählvariable i zählt jetzt von 0 bis 499 (siehe Zeile 21).

Übung: Transversalwelle

Verändern Sie die Zeitschrittweite in Zeile 6 und beobachten Sie die Auswirkungen der Änderungen nach einem Neustart des Programms.

Verändern Sie die Frequenz in Zeile 7 und beobachten Sie die Auswirkungen.

Vertauschen Sie die Reihenfolge des Arguments w*t - k*x in der Sinus-Funktion np.sin(k*x - w*t) (Zeile 16) und beobachten Sie die Auswirkung.

Ersetzen Sie das Minuszeichen durch ein Pluszeichen. Welche Auswirkung hat diese Änderung?

Testen Sie das Programm auch mit einer Kosinus-Funktion.

Animation einer Seilwelle

Ein Seil mit der Länge L = 20 m wird mit einer Kraft von F_s = 50 N gespannt. Für die **Massenbelegung** (Masse pro Länge) wird ein Wert von μ = 0,5 kg/m angenommen. Es wird an einem Ende mit der maximalen Auslenkung von y_{max} = 0,5 m und der Frequenz von f = 2 Hz angeregt. Das andere Ende ist beweglich an einer Schiene reibungsfrei befestigt, sodass sich das Seilende an der Stelle x = 20 m unbehindert auf und ab bewegen kann. Die Seilwelle soll für die gegebenen Daten mit einem Matplotlib-Programm animiert werden. Außerdem soll das Programm die mechanische Leistung der Anregung, die durch die Seilwelle auf das Seilende übertragen wird, berechnen.

Die Wellenzahl kann aus der Wellenlänge mit $k = 2\pi/\lambda$ und die Wellenlänge kann aus der Ausbreitungsgeschwindigkeit mit $\lambda = v/f$ berechnet werden.

Die Ausbreitungsgeschwindigkeit der Seilwelle wird durch die Spannkraft F_s und die Massenbelegung μ bestimmt. Sie ist proportional zur Wurzel aus Spannkraft und umgekehrt proportional zur Wurzel aus der Massenbelegung:

$$v = \sqrt{\frac{F_s}{\mu}} = \sqrt{\frac{50\ \text{N}}{0,5\ \text{kg/m}}} = 10\ \text{m/s}$$

Die von der Seilwelle übertragene Leistung ist proportional zur Massenbelegung μ, proportional zur Ausbreitungsgeschwindigkeit v, proportional zum Quadrat der Kreisfrequenz ω und proportional zur Amplitude der Welle. Für die gemittelte Leistung P_m gilt:

$$P_m = \frac{1}{2}\mu \cdot v \cdot \omega^2 \cdot y_{max}$$

Die Herleitung dieser Formel finden Sie in [Halliday: 476].

Bild 10.4 zeigt eine Momentaufnahme der Animation einer Seilwelle. Die Massepunkte des Seils werden durch blaue Punkte symbolisiert. Die Massepunkte werden durch eine gepunktete Linie miteinander verbunden.

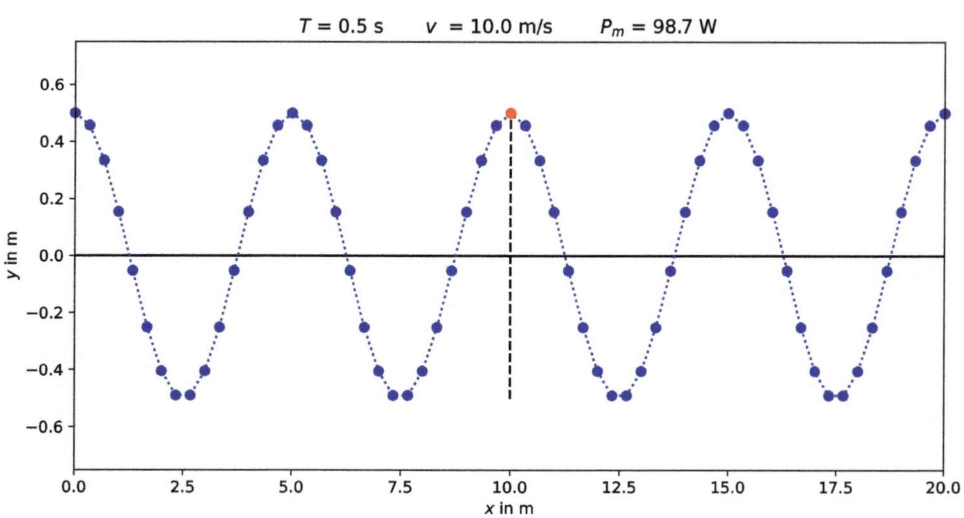

Bild 10.4 Animation einer Seilwelle

Der rote Punkt in der Mittes des Bilds soll verdeutlichen, dass keine Materie transportiert wird: Er bewegt sich auf der gestrichelten Linie auf und ab.

Das Programm *ani_transversalwelle.py* (Listing 10.2) animiert eine Seilwelle und berechnet die von der Welle übertragene Leistung. Die Massepunkte des Seils werden blau markiert.

Listing 10.2 Animation einer Seilwelle

```
#ani_transversalwelle.py
import numpy as np
import matplotlib.pyplot as plt
from matplotlib.animation import FuncAnimation
#Daten
N = 61          #Anzahl der Knoten
L = 20          #Seillänge in m
ymax = 0.5      #Amplitude in m
f = 2.0         #Anregungsfrequenz in Hz
my=0.5          #kg/m
Fs=50           #Spannkraft in N
dt = 5e-3       #Zeitschrittweite in s
#Berechnungen
v=np.sqrt(Fs/my)    #Phasengeschwindigkeit
lamda = v/f         #Wellenlänge in m
w = 2*np.pi*f       #Kreisfrequenz in rad/s
k = 2*np.pi/lamda   #Wellenzahl in rad/m
T=1/f               #Schwingungsdauer in s
Pm=0.5*my*v*w**2*ymax**2 #gemittelte Leistung der Welle in W
xmitte=N//2
#Aktualisierung der Funktionswerte
def transversalwelle(i):
    t = i*dt
    y = ymax*np.cos(k*x - w*t)
    seil.set_data(x,y)
    punkt.set_data([x[xmitte]],[y[xmitte]])
    return seil,punkt
#Grafikbereich
fig, ax = plt.subplots(figsize=(10,5))
x = np.linspace(0,L,N)
ax.axis([0,L,-1.5*ymax,1.5*ymax])
ax.hlines(0,L,0,color='black') #x-Achse
ax.vlines(x[xmitte],-ymax,ymax,color='black',ls='--')
seil, = ax.plot([],[], 'bo:')
punkt, = ax.plot([],[],'ro')
ani = FuncAnimation(fig,transversalwelle,interval=20,blit=True,save_count=500)
#Beschriftungen
ax.set_xlabel('$x$ in m')
ax.set_ylabel('$y$ in m')
ax.set_title('$T$ = %.1f s \t  $v$  = %.1f m/s \t $P_m$ = %.1f W ' %(T,v,Pm))
plt.show()
```

Analyse

Die selbstdefinierte Python-Funktion `transversalwelle(i)` (Zeile 22 bis 27) berechnet die *x,y*-Koordinatendaten für das Seil (Zeile 25) und die Punkte (Zeile 26). Sie gibt diese Werte als Tupel (Zeile 27) zurück.

Die Zeilen 34 und 35 könnte man auch wie folgt zu einer Anweisung zusammenfassen:

```
seil, punkt = ax.plot([],[],'bo:',[],[],'ro')
```

Der Parameter `bo:` bewirkt, dass eine blaue Punktlinie gezeichnet wird.

10.3 Animation einer Longitudinalwelle

Bei Longitudinalwellen erfolgt die Auslenkung parallel zur Ausbreitungsrichtung. Schallwellen sind ein typisches Beispiel für Longitudinalwellen. Durch eine Schallquelle (z. B. Lautsprecher) wird die Dichte der Luftmoleküle periodisch geändert: Sie wird im Takt der Frequenz vergrößert bzw. verkleinert. Da in einem Gas der Druck proportional zur Dichte ist, ändert sich auch der Luftdruck periodisch. Es entstehen abwechselnd Schwankungen mit hohem Luftdruck und Schwankungen mit niedrigem Luftdruck. Diese periodischen Luftdruckschwankungen breiten sich mit einer konstanten Geschwindigkeit, der Schallgeschwindigkeit von v = 343 m/s (bei 20 ° Celsius) aus. Für die Auslenkung $s(x,t)$ einer Longitudinalwelle gilt:

$$s\left(x,t\right)=s_{max}\sin\left(\omega t-kx\right) \tag{10.6}$$

Die Druckwelle $p(x,t)$ ist um 90° phasenverschoben:

$$p\left(x,t\right)=p_{max}\cos\left(\omega t-kx\right) \tag{10.7}$$

Die Druckamplitude $p_{\max}$ ist zur Luftdichte ρ, zur Kreisfrequenz ω, zur Schallgeschwindigkeit v und zur maximalen Auslenkung $s_{\max}$ proportional:

$$p_{max}=\rho\cdot\omega\cdot v\cdot s_{max}$$

Die ersten drei Größen sind bekannt. Es stellt sich nun die Frage, in welcher Größenordnung die Auslenkung $s_{\max}$ liegt. Das menschliche Ohr kann einen maximalen Schalldruck von etwa 28 Pascal (N/m^2) ertragen [Halliday: 501]. Für eine Frequenz von 1000 Hz erhält man die maximal zulässige Auslenkung einer Schallwelle:

$$s_{max}=\frac{p_{max}}{\rho\cdot\omega\cdot v}=\frac{28\,\frac{\mathrm{N}}{\mathrm{m}^2}}{1,21\,\frac{\mathrm{kg}}{\mathrm{m}^3}\cdot 2\pi\cdot 1000\frac{1}{s}\cdot 343\,\frac{\mathrm{m}}{\mathrm{s}}}=1,074\cdot 10^{-5}\,\mathrm{m}\approx 11\,\mu\mathrm{m}$$

Dieser geringe Wert ist erstaunlich. Er zeigt, wie empfindlich das menschliche Ohr ist. Bei einer Frequenz von 50 Hz erhält man eine maximale Auslenkung von etwa 200 µm.

Das Matplotlib-Programm *ani_longitudinalwelle.py* (Listing 10.3) animiert eine Schallwelle mit einer Anregung von 50 Hz. Bild 10.5 zeigt einen Screenshot der Animation. Die Luftmoleküle werden als blaue Punkte dargestellt.

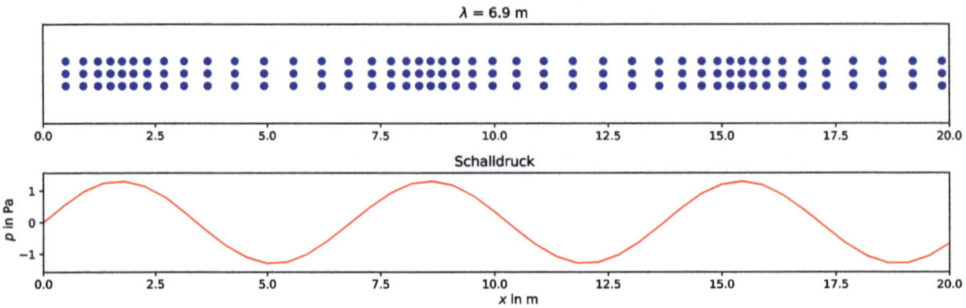

Bild 10.5 Animation einer Longitudinalwelle

An den Stellen, bei denen die blauen Punkte dicht beieinander liegen ist der Schalldruck am größten. Der Schalldruck hat einen sinusförmigen Verlauf. Zu beachten ist, dass er dem Luftdruck (etwa 1000 hPa) überlagert wird.

Listing 10.3 zeigt die Umsetzung. In den Zeilen 6 bis 10 können Sie Daten ändern.

Listing 10.3 Animation einer Longitudinalwelle

```
1  #ani_longitudinalwelle.py
2  import numpy as np
3  import matplotlib.pyplot as plt
4  from matplotlib.animation import FuncAnimation
5  #Daten
6  N = 45
7  L = 20        #Abstand zwischen Sender und Empfänger in m
8  smax = 10e-6 #maximale Auslenkung der Schallwelle in m
9  f = 50        #Frequenz in Hz
10 v = 343       #Ausbreitungsgeschwindigkeit der Welle in m/s
11 dt = 5e-4     #Zeitschrittweite
12 rho=1.21      #Luftdichte in kg/m^3
13 lamda=v/f     #Wellenlänge in m
14 w = 2*np.pi*f       #Kreisfrequenz
15 k = 2*np.pi/lamda   #Wellenzahl
16 pmax=rho*v*w*smax   #maximaler Schalldruck in Pa
17 #Aktualisierung der Funktionswerte
18 def longitudinalwelle(i):
19     t = i*dt
20     s = smax*np.cos(k*x - w*t)*5e4 #Auslenkung der Moleküle
21     p = pmax*np.sin(k*x - w*t)     #Schalldruck in Pa
22     m1.set_data(x + s,0*s + 0.25)
23     m2.set_data(x + s,0*s)
```

```
24         m3.set_data(x + s,0*s - 0.25)
25         linie.set_data(x,p) #Schalldruck darstellen
26         return m1,m2,m3,linie
27     #Grafikbereich
28     fig, ax = plt.subplots(2,1,figsize=(12, 4))
29     x = np.linspace(0,L,N)
30     ax[0].axis([0,L,-1,1])
31     ax[1].axis([0,L,-1.2*pmax,1.2*pmax])
32     m1,m2,m3 = ax[0].plot([],[],'bo',[],[],'bo',[],[],'bo')
33     linie, = ax[1].plot([],[],'r-')
34     ani = FuncAnimation(fig,longitudinalwelle,interval=30,blit=True,save_count=500)
35     #Beschriftungen
36     ax[0].tick_params(left=False,labelleft=False)
37     ax[0].set_title(r'$\lambda$ = %2.1f m' %lamda)
38     ax[1].set_title('Schalldruck')
39     ax[1].set_xlabel('$x$ in m')
40     ax[1].set_ylabel('$p$ in Pa')
41     fig.tight_layout()
42     plt.show()
```

Analyse

In Zeile 16 wird der maximale Schalldruck `pmax` berechnet. In den Zeilen 20 und 21 werden die aktuellen Werte der Auslenkung der Luftmoleküle `s` und der Schalldruck `p` berechnet. Der Skalierungsfaktor `5e4` (Zeile 20) ist willkürlich gewählt. Er hat die Funktion, die Auslenkungen der Luftmoleküle überhaupt sichtbar zu machen.

In den Zeilen 22 bis 24 speichert die Matplotlib-Methode `set_data(x + s,0*s,...)` die aktuellen Koordinatendaten für die Auslenkung der Luftmoleküle. Es werden drei Reihen dargestellt: `m1`, `m2` und `m3`. Damit nur die horizontale Auslenkung dargestellt wird, muss das zweite Argument mit null multipliziert werden (`0*s`).

10.4 Überlagerung von Wellen

Nach dem Superpositionsprinzip können sich zwei oder mehrere Schallwellen überlagern (addieren). Es entsteht eine neue Schallwelle. Für die erste Welle soll gelten:

$$s_1(x,t) = s_{max} \sin(\omega_1 t - k_1 x)$$

und für die zweite Welle soll gelten:

$$s_2(x,t) = s_{max} \sin(\omega_2 t - k_2 x - \varphi)$$

Für die Überlagerung der beiden Wellen gilt dann:

$$s_{res}(x,t) = s_1(x,t) + s_2(x,t)$$

Bild 10.6 zeigt eine Überlagerung von zwei Wellen mit den Frequenzen f_1 =100 Hz und f_2 = 400 Hz. Die Abbildung wurde mit dem Matplotlib-Programm *ani_ueberlagerung.py* (Listing 10.4) erzeugt.

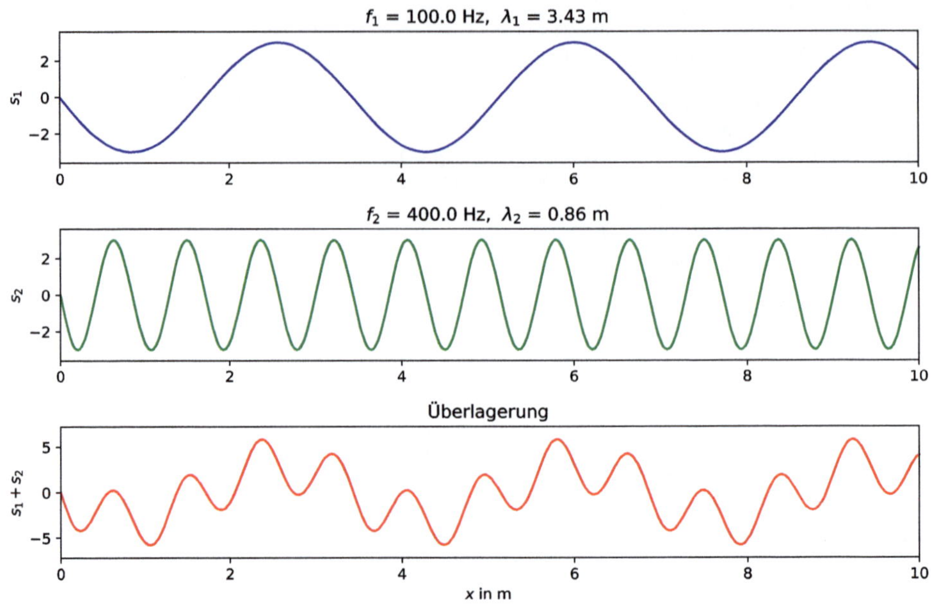

Bild 10.6 Überlagerung von Wellen

Mit Listing 10.4 können Sie die Überlagerung von zwei Schallwellen für verschiedene Situationen animieren. In den Zeilen 6 bis 8 können Sie die Frequenzen und den Phasenverschiebungswinkel ändern.

Listing 10.4 Überlagerung von Wellen

```
1  #ani_ueberlagerung.py
2  import numpy as np
3  import matplotlib.pyplot as plt
4  from matplotlib.animation import FuncAnimation
5  #Daten
6  f1 = 100      #Frequenz in Hz
7  f2 = 400      #Frequenz in Hz
8  phi= 0        #Phasenverschiebung
9  v = 343       #Ausbreitungsgeschwindigkeit in m/s
10 dt=5e-5       #Zeitschrittweite in s
11 xmax,smax=10,3
12 #Berechnungen
13 phi=np.radians(phi)
14 lamda1 = v/f1     #Wellenlänge in m
15 lamda2 = v/f2     #Wellenlänge in m
16 k1=2*np.pi/lamda1 #Wellenzahl
```

```
17 k2=2*np.pi/lamda2 #Wellenzahl
18 w1=2*np.pi*f1     #Kreisfrequenz
19 w2=2*np.pi*f2     #Kreisfrequenz
20 #Aktualisierung der Funktionswerte
21 def ueberlagerung(i):
22     t=i*dt
23     s1=smax*np.sin(w1*t - k1*x)
24     s2=smax*np.sin(w2*t - k2*x + phi)
25     s3=s1+s2
26     linie1.set_data(x,s1)
27     linie2.set_data(x,s2)
28     linie3.set_data(x,s3)
29     return linie1,linie2,linie3
30 #Grafikbereich
31 fig, ax = plt.subplots(3,1,figsize=(9,6))
32 x = np.linspace(0,xmax,500)
33 ax[0].axis([0,xmax,-1.2*smax,1.2*smax])
34 ax[1].axis([0,xmax,-1.2*smax,1.2*smax])
35 ax[2].axis([0,xmax,-2.4*smax,2.4*smax])
36 linie1, = ax[0].plot([],[],'b-')
37 linie2, = ax[1].plot([],[],'g-')
38 linie3, = ax[2].plot([],[],'r-')
39 ani = FuncAnimation(fig,ueberlagerung,interval=10,blit=True,save_count=500)
40 #Beschriftungen
41 ax[0].set_title(r'$f_{1}$ = %2.1f Hz,  $\lambda_{1}$ = %2.2f m' %(f1,lamda1))
42 ax[1].set_title(r'$f_{2}$ = %2.1f Hz,  $\lambda_{2}$ = %2.2f m' %(f2,lamda2))
43 ax[2].set_title('Überlagerung')
44 ax[0].set_ylabel('$s_{1}$')
45 ax[1].set_ylabel('$s_{2}$')
46 ax[2].set_ylabel('$s_{1} + s_{2}$')
47 ax[2].set_xlabel('$x$ in m')
48 fig.tight_layout()
49 plt.show()
```

Analyse

Neu an dem Programm ist die Aufteilung der Animation auf drei Unterdiagramme. Dies wird in Zeile 31 mit der Anweisung `fig,ax =subplots(3,1,...)` festgelegt. Das erste Argument bestimmt die Anzahl der Unterdiagramme und mit dem zweiten Argument wird festgelegt, dass die Unterdiagramme in einer Spalte angeordnet werden sollen. In den Zeilen 36 bis 38 erzeugt die Matplotlib-Methode `plot(...)` die drei Objekte `linie1`, `linie2` und `linie3` für die Darstellung der Wellenzüge.

Übung: Überlagerung von zwei Wellen

Legen Sie für die Frequenz f_1 den Wert von 400 Hz fest (Zeile 6) und ändern Sie den Phasenverschiebungswinkel auf 180° (Zeile 8). Starten Sie das Programm. Sie werden feststellen, dass die resultierende Welle ausgelöscht wird. In der Praxis würden Sie keinen Ton mehr hören. Dieses Phänomen bezeichnet man als destruktive Interferenz.

Weisen Sie für den Phasenverschiebungswinkel den Wert 0 zu und starten Sie das Programm neu. Sie werden feststellen, dass sich die Amplitude verdoppelt hat. Dieses Phänomen bezeichnet man als konstruktive Interferenz.

Versehen Sie die Wellenzahl k_1 mit einem negativen Vorzeichen (Zeile 16) und starten Sie das Programm neu. Sie werden feststellen, dass sich die resultierende Welle weder nach rechts noch nach links ausbreitet. Sie haben eine stehende Welle erzeugt.

10.5 Stehende Wellen

In der letzten Übung haben Sie bereits eine stehende Welle erzeugt: Wenn sich zwei Wellen gleicher Frequenz und gleicher Amplitude mit entgegengesetzter Ausbreitungsrichtung überlagern, entsteht eine stehende Welle, d. h., die überlagerte Welle breitet sich nicht mehr in Richtung der x-Achse aus, es sind nur ihre Auslenkungen in Richtung der y-Achse zu beobachten.

Am Beispiel einer Seilwelle soll demonstriert werden, wie stehende Wellen erzeugt werden können. In Richtung der negativen x-Achse läuft die Welle

$$y_1(x,t) = y_{max} \sin(\omega t + kx) \tag{10.8}$$

und in Richtung positive x-Achse läuft die Welle

$$y_2(x,t) = y_{max} \sin(\omega t - kx) \tag{10.9}$$

Mit dem Additionstheorem

$$\sin\alpha + \sin\beta = \sin\frac{(\alpha+\beta)}{2} \cdot \cos\frac{(\alpha-\beta)}{2}$$

kann man Formel 10.8 und Formel 10.9 umformen:

$$y_{res}(x,t) = 2y_{max} \sin(kx) \cdot \cos(\omega t) \tag{10.10}$$

Im Argument der Kosinus-Funktion verschwindet der Term $k{\cdot}x$, die Welle breitet sich nicht mehr aus. Der Sinusterm bestimmt die Auslenkung an dem Ort x.

Um eine stehende Welle zu erzeugen, muss folgende Bedingung gelten:

$$L = n\frac{\lambda}{2} = n\frac{v}{2f} \tag{10.11}$$

Für n gilt: n = 1,2,3, ... Ein ganzzahliges Vielfaches der halben Wellenlänge $\lambda/2$ muss gleich der Seillänge L sein. Nur wenn diese Bedingung zutrifft, wird eine stehende Welle erzeugt.

Löst man Formel 10.11 nach der Frequenz auf, erhält man die Frequenzen, mit denen das Seil angeregt werden muss, damit stehende Wellen entstehen:

$$f = n\frac{v}{2L}$$

Bild 10.7 zeigt eine Momentaufnahme des Animationsprogramms *ani_stehede_welle.py* (Listing 10.5). Es werden die Daten aus Listing 10.2 übernommen (L = 20 m, v = 10 m/s).

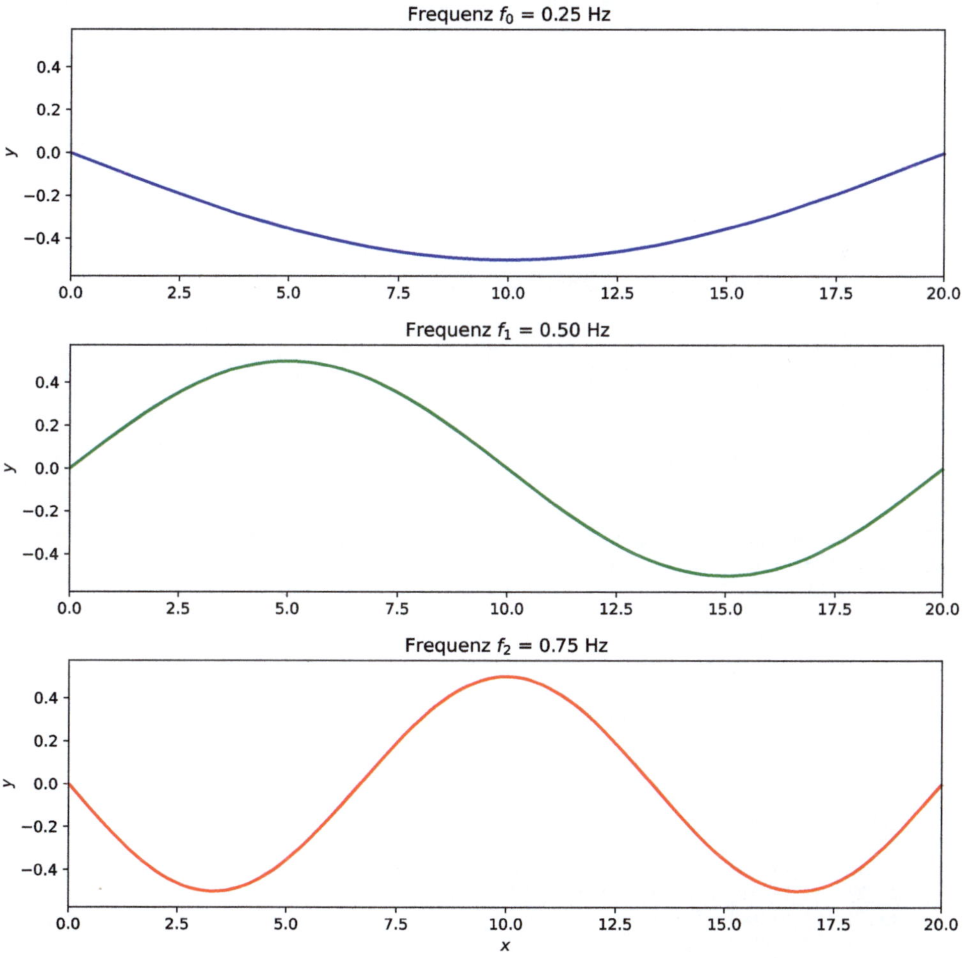

Bild 10.7 Animation von stehenden Wellen

Das Programm *ani_stehede_welle.py* (Listing 10.5) animiert drei stehende Wellen. In den Zeilen 6 bis 8 können Sie die Daten des Seils ändern.

Listing 10.5 Stehende Wellen

```
1  #ani_stehede_welle.py
2  import numpy as np
3  import matplotlib.pyplot as plt
4  from matplotlib.animation import FuncAnimation
5  #Daten
6  L=20      #Länge des Seils in m
7  my=0.5    #Seilmasse pro Meter in kg/m
8  Fs=50     #Spannkraft in N
9  v=np.sqrt(Fs/my) #10 m/s
10 f0=v/L/2
11 ymax=0.25 #Amplidude der Auslenkung in m
12 dt=2e-2   #Zeitschrittweite
13 #Funktionsdefinitionen für stehende Welle
14 def welle(t,n):
15     f=n*f0
16     lamda = v/f
17     k=2*np.pi/lamda
18     return 2*ymax*np.sin(k*x)*np.cos(2*np.pi*f*t)
19 #Änderung der Auslenkung
20 def seil(i):
21     t=i*dt
22     y1=welle(t,1)
23     y2=welle(t,2)
24     y3=welle(t,3)
25     linie1.set_data(x,y1)
26     linie2.set_data(x,y2)
27     linie3.set_data(x,y3)
28     return linie1,linie2,linie3
29 #Grafikbereich
30 fig, ax = plt.subplots(3,1,figsize=(9,9))
31 ax[0].axis([0,L,-2.3*ymax,2.3*ymax])
32 ax[1].axis([0,L,-2.3*ymax,2.3*ymax])
33 ax[2].axis([0,L,-2.3*ymax,2.3*ymax])
34 x = np.arange(0,L,dt)
35 linie1, = ax[0].plot([],[],'b-',lw=2)
36 linie2, = ax[1].plot([],[],'g-',lw=2)
37 linie3, = ax[2].plot([],[],'r-',lw=2)
38 ani = FuncAnimation(fig,seil,interval=10,blit=True,save_count=500)
39 #Beschriftungen
40 ax[0].set_title('Frequenz $f_0$ = %2.2f Hz' %f0)
41 ax[1].set_title('Frequenz $f_1$ = %2.2f Hz' %(2*f0))
42 ax[2].set_title('Frequenz $f_2$ = %2.2f Hz' %(3*f0))
43 ax[0].set_ylabel('$y$')
44 ax[1].set_ylabel('$y$')
45 ax[2].set_ylabel('$y$')
46 ax[2].set_xlabel('$x$')
47 fig.tight_layout()
48 plt.show()
```

Analyse

In den Zeilen 14 bis 18 wird die Python-Funktion `welle(t,n)` für die Darstellung stehender Wellen definiert. Hinter der `return`-Anweisung in Zeile 18 steht Formel 10.10. Beim Aufruf dieser Funktion (Zeile 22 bis 24) bestimmt der Parameter `n` die Frequenz der stehenden Welle. Ansonsten entspricht der formale Aufbau dem Programm *ani_ueberlagerung.py* (Listing 10.4).

10.6 Aufgaben

1. Stellen Sie die Funktionen `y1=np.sin(w*t-k*x)`, `y2=np.sin(k*x-w*t)`, `y3=np.cos(w*t-k*x)` und `y4=np.cos(k*x-w*t)` in vier Unterdiagrammen dar. Analysieren Sie die Unterschiede.
2. Das Zeitbild einer Transversalwelle soll für die Parameter $x = \{0, \pi/6, 2\pi/6, 3\pi/6\}$ als Funktionsplot dargestellt werden. Die Auslenkung beträgt 1 m, die Wellenzahl hat einen Wert von 1 m^{-1} und die Frequenz soll einen Wert von 1 Hz haben. Schreiben Sie ein Matplotlib-Programm, das diese Aufgabe erfüllt.
3. Schreiben Sie ein Matplotlib-Programm, das mit einem Slider-Steuerelement die Ausbreitung einer Transversalwelle simuliert. Es soll gelten: $y_{max} = 1$ m, $f = 1$ Hz und $k = 1$ m^{-1}.
4. Die aktuelle Auslenkungsgeschwindigkeit $u(t)$ des roten Punkts in Listing 10.2 soll auf der Benutzeroberfläche ausgegeben werden. Ergänzen Sie das Programm entsprechend.
5. Die Auslenkung $y(x,t)$ und Auslenkungsgeschwindigkeit $u(x,t)$ einer Seilwelle sollen für $x = \lambda/2$ statisch dargestellt werden. Die Ableitung der Auslenkung soll a) mit dem zentralen Differenzenquotienten und b) mit Numdifftools erfolgen. Folgende Daten sind gegeben: $y_{max} = 0{,}5$ m, $f = 1$ Hz, $v = 1$ m/s. Schreiben Sie ein Matplotlib-Programm, das diese Aufgabe erfüllt.
6. Listing 10.3 kann noch optimiert werden. An der Stelle $x/2$ soll ein roter Punkt eingefügt werden, um zu zeigen, dass die Auslenkung einer Longitudinalwelle um eine feste Gleichgewichtslage erfolgt. Der Linienzug des Schalldrucks soll kontinuierlicher dargestellt werden. Führen Sie die erforderlichen Optimierungen durch.
7. Schreiben Sie ein Matplotlib-Programm, das die für das menschliche Gehör maximal erträgliche Auslenkung $s_{max} = g(f)$ in Abhängigkeit von der Frequenz f darstellt (50 Hz $< f <$ 10000 Hz).
8. Schreiben Sie ein Matplotlib-Programm, das mit einem Slider-Steuerelement die Überlagerung von zwei Wellen simuliert.

11 Anhang

Der Anhang enthält ein Glossar, in dem zentrale Grundbegriffen der Mechanik kurz beschrieben werden, eine Tabelle mit ausgewählten Planetendaten und Tabellen mit wichtigen Funktionen bzw. Methoden der Python-Module NumPy, Matplotlib, SciPy und SymPy.

11.1 Glossar

Die **Arbeit** (engl. *work*) ist das Skalarprodukt aus Kraft- und Wegvektor.

Die **Beschleunigung** (engl. *acceleration*) ist die Ableitung der Geschwindigkeit nach der Zeit.

Der **Drehimpuls** (engl. *angular momentum*) ist das Produkt aus Trägheitsmoment und Vektor der Winkelgeschwindigkeit.

Das **Drehmoment** (engl. *torque*) ist das Kreuzprodukt aus Kraftvektor und Vektor des Hebelarms.

Energie (engl. *energy*) ist das Vermögen, Arbeit zu verrichten.

Die **Geschwindigkeit** (engl. *velocity*) ist die erste Ableitung des Weges nach der Zeit.

Der **Impuls** (engl. *momentum*) ist das Produkt aus Masse und Geschwindigkeitsvektor.

Die **Kraft** (engl. *force*) ist das Produkt aus Masse und Beschleunigungsvektor.

Die **Leistung** (engl. *power*) ist die Arbeit, die pro Zeiteinheit verrichtet wird.

Das **Trägheitsmoment** (engl. *moment of inertia*) ist ein Maß für die Trägheit eines rotierenden Körpers.

Die **Winkelgeschwindigkeit** (engl. *angular velocity*) ist die Ableitung des Drehwinkels nach der Zeit.

Die **Winkelbeschleunigung** (engl. *angular acceleration*) ist die Ableitung der Winkelgeschwindigkeit nach der Zeit.

11.2 Planetendaten

Die Planetendaten können Sie nutzen, um die Gravitationskräfte zwischen den Planeten und der Sonne mit Python-Funktionen zu berechnen.

Die Sonne hat eine Masse von $m = 1{,}989 \cdot 10^{30}$ kg und einen mittleren Radius von $r = 6{,}96 \cdot 10^{5}$ km

Planet	mittlere Entfernung von der Sonne in 10^{6} km	Masse in 10^{24} kg	Radius in km
Merkur	57,9	0,34	2440
Venus	108,2	4,87	6050
Erde	149,6	5,97	6371
Mars	227,9	0,64	3400
Jupiter	778,3	1900	71 400
Saturn	1427	569	60 300

(Quelle: Formelsammlung: Formeln, Tabellen, Daten. Paetec, 2004, Seite 112)

11.3 Funktionen und Methoden der Python-Module

Dieser Abschnitt enthält Tabellen mit kurzen Beschreibungen der Funktionen und Methoden der in diesem Buch benutzten Python-Module. In der dritten Spalte sind die Nummern der Listings eingetragen, in denen die Funktionen oder Methoden verwendet werden. Mithilfe dieser Angabe können Sie gezielt im Buch nach Programmen suchen, in denen diese Funktionen und Methoden im Kontext eines Programms verwendet werden. Sie können sich so exemplarisch über deren Implementierungsdetails informieren.

11.3.1 NumPy-Funktionen

Die Tabelle enthält die im Buch genutzten NumPy-Funktionen. Mehr erfahren Sie in der NumPy-Dokumentation.

Funktion	Beschreibung	Listing
`arange(0,tmax,dt)`	Erzeugt ein eindimensionales Array mit den Intervallgrenzen von 0 bis `tmax`, die Zahlen werden in Abständen von `dt` (Schrittweite) angeordnet. Der Standarddatentyp ist Float64. Diese Funktion wird in allen Matplotlib-Programmen verwendet, in denen die `plot`-Methode benutzt wird. Alternativ können Sie auch die Funktion `linspace()` nutzen.	1.16
`array([[...],[...]])`	Erzeugt ein zweidimensionales Array. Zwischen den verschachtelten Listen werden die Zahlen (Messwerte, Koeffizienten) durch Kommata getrennt eingetragen.	2.6
`cross(F,r)`	Berechnet das Kreuzprodukt aus den Vektoren **F** und **r**.	2.3
`dot(F,s)`	Berechnet das Skalarprodukt aus den Vektoren **F** und **s**.	6.1
`hypot(a,b)`	Berechnet die Hypotenuse eines rechtwinkligen Dreiecks mit den Katheten *a* und *b*.	4.5
`linspace(0,tmax,n)`	Erzeugt ein eindimensionales Array mit *n* Zahlen in dem Intervall zwischen 0 und `tmax`. Der Standarddatentyp ist Float64. Diese Funktion wird in allen Matplotlib-Programmen verwendet, in denen die `plot`-Methode benutzt wird. Alternativ können Sie auch die Funktion `arange()` nutzen.	1.13, 1.14, 3.4, 3.7
`solve(A,b)`	Löst ein lineares Gleichungssystem mit der Koeffizientenmatrix **A** und dem Inhomogenitätsvektor **b**.	2.6

11.3.2 Matplotlib-Methoden

Die Tabelle enthält die im Buch genutzten Matplotlib-Methoden. Mehr erfahren Sie in der Matplotlib-Dokumentation.

Methode	Beschreibung	Listing
`FancyArrowPatch( (x1,y1),(x2,y2), ...)`	Erzeugt einen Pfeil mit den Ursprungskoordinaten `x1,y1` (Pfeilanfang) und den Endkoordinaten `x2,y2` (Pfeilspitze).	2.1, 2.2, 2.4, 2.7, 3.4, 3.7, 4.7, 4.9
`FuncAnimation( fig, update, frames=n, ...)`	Erzeugt eine Animation. Das erste Argument muss ein Figure-Objekt sein. Als zweites Argument wird eine selbstdefinierte Python-Funktion übergeben, in der der Animationsablauf festgelegt wird. Das dritte Argument legt fest, wie viele Bilder (`frames`) gezeichnet werden sollen.	1.16, 4.7, 4. 9, 5.13, 6.7, 9.4, 10.1, 10.2, 10.3, 10.4, 10.5
`plot(x,f(x),...)`	Speichert die *x*-,*y*-Koordinatendaten eines Funktionsgraphen $y = f(x)$. Der Funktionsgraph wird erst mithilfe der Methode `show()` auf dem Bildschirm dargestellt. Diese beiden Methoden werden für alle Funktionsplots und Animationen benötigt.	1.13, 1.14, 1.16, 1.18, 1.19, 3.4, 3.7, 4.1, 4.2, ...
`set_axis_off()`	Blendet alle visuellen Komponenten der *x*- und *y*-Achse aus.	2.2, 2.4, 2.7, 4.8, 6.7
`Slider(ax,label, valmin,valmax, valinit=0.5, valstep = 1, orientation='...' ...)`	Erzeugt ein Slider-Steuerelement mit den Abmessungen `ax`, der Beschriftung `label`, dem Minimalwert `valmin`, dem Maximalwert `valmax`, dem Initialwert `valinit` und die Schrittweite `valstep` (hier 1). Für `orientation` kann `horizontal` oder `vertical` eingesetzt werden. Die Voreinstellung ist `horizontal`.	1.14, 2.1, 2.2, 2.4, 2.7, 3.4, 3.7, 4.1, 4.2, 4.3, 4.5, 4.6, 4.8, 5.5, 5.6, 6.2, 6.3, 6.4, 6.6, 7.2
`fig,ax= subplots(z,s)`	Erzeugt ein `Figure`-Objekt und *n* Axes-Objekte für Unterdiagramme, die in z Zeilen und s Spalten angeordnet werden.	1.18, 9.2, 9.3, 10.3, 10.4
`TextBox(ax, label, initial='...', ..)`	Erzeugt ein einzeiliges Textfeld mit den Abmessungen ax, der Beschriftung `label` und dem Initialwert `'...'`. Die Eingabe wird als Zeichenkette (String) interpretiert.	4.4
`tight_layout()`	Erzeugt Abstände zwischen Unterdiagrammen.	1.18, 10.3, 10.4, 10.5

11.3.3 SciPy-Funktionen

Die Tabelle enthält die im Buch genutzten SciPy-Funktionen. Mehr erfahren Sie in der SciPy-Dokumentation.

Funktion	Beschreibung	Listing
`linregress(x,y)`	Berechnet die Steigung `slope` und den Achsenabschnitt `intercept` auf der *y*-Achse einer Ausgleichsgerade. Im Array x und im Array y sind die Messwerte gespeichert.	5.4
`quad(f,a,b)`	Berechnet das bestimmte Integral aus der selbstdefinierten Python-Funktion `f` in den Grenzen von a bis b.	5.6, 5.7
`solve(A,b)`	Löst ein lineares Gleichungssystem mit der Koeffizientenmatrix **A** und dem Inhomogenitätsvektor **b**. Alternative zu der gleichnamigen NumPy-Funktion.	2.6
`z=solve_ivp(dgl, [0,tm],y0, dense_output=True, ...)`	Löst das Differenzialgleichungssystem `dgl` im Intervall `[0,tm]` mit den Anfangswerten y0. Das vierte Argument legt fest, ob eine kontinuierliche Lösung berechnet werden soll. Mit `y1,y2 = z.sol(t)` werden die Lösungen getrennt.	5.11, 5.12, 5.13, 6.7, 9.2, 9.3, 9.4

11.3.4 SymPy-Methoden

Die Tabelle enthält die im Buch genutzten SymPy-Methoden. Mehr erfahren Sie in der SymPy-Dokumentation.

Methode	Beschreibung	Listing
`diff(f,n)`	Berechnet die *n*-te Ableitung der mathematischen Funktion *f*.	9.1
`dsolve(dgl,ics)`	Löst die Differenzialgleichung `dgl` mit den Anfangsbedingungen `ics`. SymPy kann nur lineare Differenzialgleichungen lösen.	3.1, 3.5, 3.6, 9.1
`evalf(n)`	Erzeugt eine Gleitpunktzahl mit *n* Ziffern. Beispiel: `sqrt(2).evalf(4)` erzeugt die Ausgabe: `1.414`. Alternative: `N(sqrt(2),4)`.	9.1

Methode	Beschreibung	Listing
`integrate(f,(x,a,b))`	Berechnet das bestimmte Integral der mathematischen Funktion *f* in den Grenzen von *a* bis *b*. Die Integrationsvariable und die Integrationsgrenzen müssen in ein Tupel eingetragen werden.	2.9, 2.10, 3.2, 6.5, 8.1
`integrate(f, (x,a,b),(y,c,d))`	Berechnet das Zweifachintegral der mathematischen Funktion *f*. Die Variablen a, b, c und d repräsentieren die Integrationsgrenzen.	2.9, 3.3, 8.1
`integrate(g, (x,a,b),(y,c,d), (z,e,f)`	Berechnet das Dreifachintegral der mathematischen Funktion *g*. Die Variablen a, b, c, d und f repräsentieren die Integrationsgrenzen.	8.1, 8.2, 8.3
`nonlinsolve(([gL1,gL2, ...],[x1,x2,...])`	Löst ein nichtlineares Gleichungssystem mit den Gleichungen `gL1, gL2,gL3, ...`. Die Unbekannten sind `x1,x2,...`.	7.5
`simplify(term)`	Vereinfacht den mathematischen Ausdruck `term`.	7.5, 7.7, 8.1
`solve([gL1,gL2, ...],[x1,x2,...])`	Löst ein Gleichungssystem mit den Gleichungen `gL1,gL2,gL3, ...`. Die Unbekannten sind `x1,x2,...`.	2.5, 7.3, 7.7

11.4 Literaturverzeichnis

Demtröder, Wolfgang: Experimentalphysik 1. *Mechanik und Wärme*. Springer Spektrum, 2021.

Eller, Conrad: Holzmann/Meyer/Schumpich. *Technische Mechanik Statik*. Springer Vieweg, 2015.

Gabbert, Ulrich; Raecke, Ingo: Technische Mechanik für Wirtschaftsingenieure. Hanser, 2013.

Giancoli, Douglas C.: *Physik*. Pearson Studium, 2006.

Gressmann, Michael: *Fahrradphysik und Biomechanik. Technik, Formeln, Gesetze. Moby Dick*, 2010.

Gross, Dietmar; Hauger, Werner; Schröder, Jörg; Wall, Wolfgang A.: *Technische Mechanik 3: Kinetik*. Springer Vieweg, 2021.

Hahn, Ulrich: *Physik für Ingenieure. Band 1: Mechanik, Thermodynamik, Schwingungen und Wellen*. Walter de Gruyter, 2015.

Hagedorn, Peter: *Technische Mechanik. Band 1: Statik*. Harri Deutsch, 2008.

Hagedorn, Peter; Wallaschek, Jörg: *Technische Mechanik. Band 2: Festigkeitslehre*. Europa-Lehrmittel, 2015.

Hagedorn, Peter; Wallaschek, Jörg: *Technische Mechanik. Band 3: Dynamik*. Europa-Lehrmittel, 2017.

Halliday, David; Resnick, Robert; Walker, Jearl: *Physik*. Wiley, 2003.

Klein, Bernd: *Einführung in Python3. Für Ein- und Umsteiger.* Hanser, 2021.

Kuchling, Horst: *Taschenbuch der Physik*. Hanser, 2014.

Meschede, Dieter: *Gerthsen Physik*. Springer, 2006.

Natt, Oliver: *Physik mit Python. Simulationen, Visualisierungen und Animationen von Anfang an*. Springer Spektrum, 2020.

Öchsner, Andreas: *Theorie der Balkenbiegung. Einführung und Modellierung der statischen Verformung und Beanspruchung*. Springer Vieweg, 2016.

Orear, Jay: *Physik*. Hanser, 1982.

Skolaut, Werner (Hrsg.): *Maschinenbau. Ein Lehrbuch für das ganze Bachelor-Studium*. Springer Vieweg, 2014.

Spura, Christian: *Technische Mechanik 1. Stereostatik*. Springer Vieweg, 2019.

Tipler, Paul A.; Mosca, Gene: *Physik für Studierende der Naturwissenschaften und Technik*. Springer Spektrum, 2019.

Willert, Emanuel: *Stoßprobleme in Physik, Technik und Medizin: Grundlagen und Anwendungen*. Springer Vieweg, 2020.

Weigend, Michael: *Python 3. Für Studium und Ausbildung. Einfach lernen und professionell anwenden*. mitp, 2022.

Weltner, Klaus: *Mathematik für Physiker und Ingenieure 1*. Springer Spektrum, 2013.

Weltner, Klaus: *Mathematik für Physiker und Ingenieure 2*. Springer Spektrum, 2013.

Woyand, Hans-Bernhard: *Python für Ingenieure und Naturwissenschaftler. Einführung in die Programmierung, mathematische Anwendungen und Visualisierungen*. Hanser, 2021.

Stichwortverzeichnis

T

U

V

W

Z